U0033268

國家圖書館出版品預行編目資料

西點麵包烘焙教室：乙丙級烘焙食品．技術士考照專書 陳鴻霆、吳美珠著．-- 十二版 --
臺北市：朱雀文化，2018.05
面； 公分. — (Cook ; 2)

ISBN 978-986-96214-4-1 (平裝)

1.點心食譜 2.麵包 3.烹飪

427.16 107006293

全書圖文未經同意不得轉載和翻印

西點麵包烘焙教室

—乙丙級烘焙食品技術士考照專書

(cook50002)

作者 陳鴻霆、吳美珠
攝影 張緯宇、周禎和、徐榕志
封面、版型設計 郭 靖、許維玲
美術編輯 黃祺芸、葉盈君、曾一凡、鄭寧寧、許維玲
企劃統籌 莫少閒
出版者 朱雀文化事業有限公司
地址 北市基隆路二段 13-1 號 3 樓
電話 02-2345-3868
傳真 02-2345-3828
劃撥帳號 19234566 朱雀文化事業有限公司
e-mail redbook@ms26.hinet.net
網址 http://redbook.com.tw
經銷商 大和書報圖書股份有限公司 02-8990-2588
ISBN 978-986-96214-4-1
十二版一刷 2018.05
定價 480 元
出版登記 北市業字第 1403 號

About 買書：

●朱雀文化圖書在北中南各書店及誠品、金石堂、何嘉仁等連鎖書店均有販售，如欲購買本公司圖書，建議你直接詢問書店店員。如果書店已售完，請洽本公司經銷商大和書報圖書股份有限公司 TEL：（02）8990-2588（代表號）。

●●至朱雀文化網站購書（http://redbook.com.tw），可享 85 折起優惠。

●●●至郵局劃撥（戶名：朱雀文化事業有限公司，帳號 19234566），掛號寄書不加郵資，4 本以下無折扣，5～9 本 95 折，10 本以上 9 折優惠。

本書如有缺頁、破損、裝訂錯誤，請寄回本公司調換

乙丙級烘焙食品．技術士考照專書

西點麵包烘焙教室

最新修訂版

專業考照老師指導
陳鴻霆、吳美珠◎著

朱雀文化

How To Use
如何使用這本書

本書編著的主要意旨是提供有心參加「烘焙食品技術士」乙丙級麵包、蛋糕西點類證照考試的烘焙從業人員有應考的準備方向，但由於內容詳實亦可作爲有志成爲「快樂烘焙人」之操作指南。

■ 本書的內容有：

1 成品欣賞

以精心拍製的圖片，展現出產品應有的外觀與內部品質，使操作者有所標準

2 中英文對照的品名

方便中外人士交流學習。

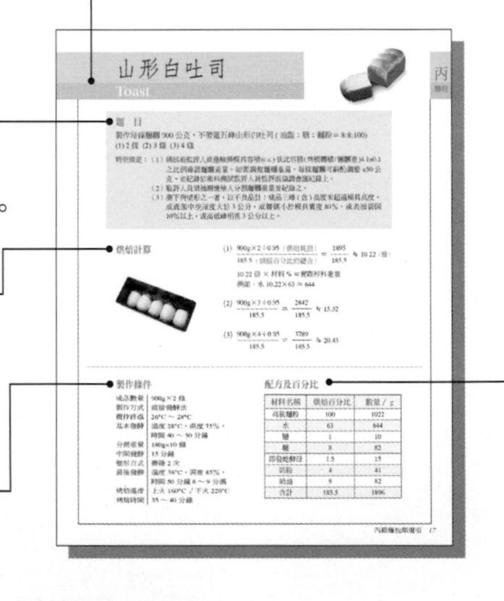

山形白吐司

Toast

● 題 目

● 烘焙計算

(1) $\frac{900g \times 2 \div 0.95}{185.5} = \frac{1895}{185.5} \fallingdotseq 10.22$

(2) $\frac{900g \times 3 \div 0.95}{185.5} = \frac{2842}{185.5} \fallingdotseq 15.32$

(3) $\frac{900g \times 4 \div 0.95}{185.5} = \frac{3789}{185.5} \fallingdotseq 20.43$

● 製作條件

● 配方及百分比

材料名稱	烘焙百分比	數量／g
高筋麵粉	100	1022
水	63	644
鹽	1	10
糖	8	82
即發乾酵母	1.5	15
奶粉	4	41
奶油	8	82
合計	185.5	1896

3 題目

提供歷屆考題，供應考者考前練習與應用，並可清楚知道產品的重量、規格形式及份量。

4 烘焙計算

依題目計算出產品製作時所需要的材料重量，方便讀者計算時參考運用。

5 製作條件

簡要分明列出產品製作大綱，以利讀者一目了然、得心順手做烘焙。

6 配方及百分比

將產品材料、百分比及第一道考題所需之秤料重量一一列出，方便讀者參考。

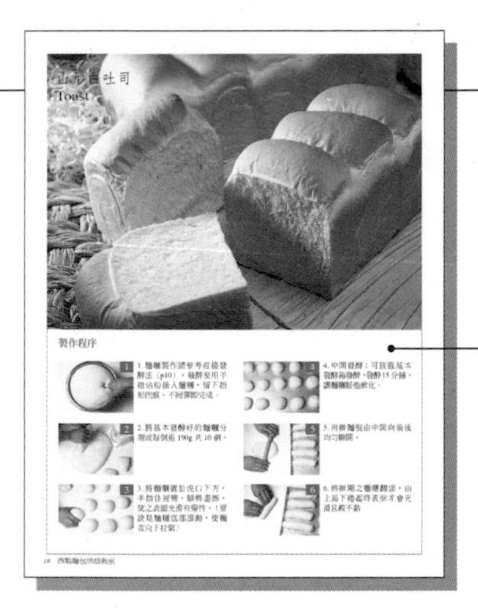

7 製作程序

將產品製作流程分解成步驟圖，並有詳細的文字解說，讓操作者循序漸進，了解製作技巧及訣竅。

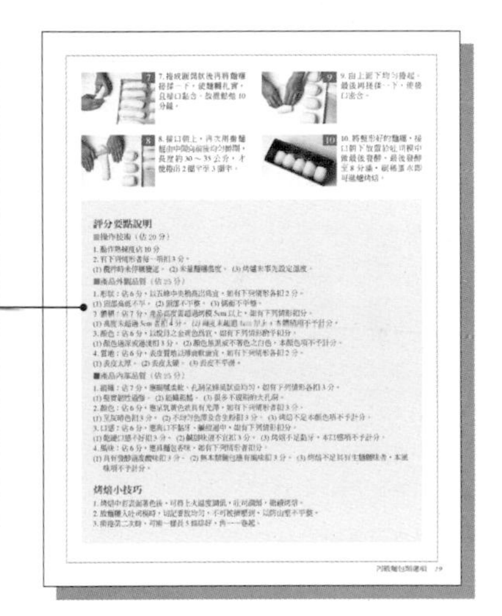

8 評分要點說明

針對產品操作技術，及產品外觀與內部品質，定出標準，讓讀者有所遵循，降低失誤率，製作出最完美的成品。

9 應考心得

在操作上比較容易忽略的重要環節，特別進一步說明其做法與祕訣。

10 烘焙小技巧

將烘焙中極容易忽略的小地方整理出來，使操作者更順利製作出成功的烘焙。

■ 當應考人初次接觸此技術檢定專門書時，應先了解其書目編排（即內容大綱），再從附錄中取得技術士報考的資格及檢定等相關資料，以確定自己的報考項目是丙級或乙級，再去了解各項產品之操作程序。

■ 如果你是一位賢妻良母或新好男人，拿到此書時，爲了讓你的家人朋友吃在嘴裡甜在心裡，也可藉由本書專業的角度，切入基礎的烘焙，進而成爲「快樂烘焙人」。

Preparation

如何準備技術士檢定測驗

01 收集烘焙食品技術士檢定測驗之相關資料。（購買本書就可獲得詳細應考須知）。

02 知道自己所報考的選項後，收集相關考題配方，並勤加練習，方能減少術科考試時的緊張。（本書所提供之配方及製作流程，可供讀者參考，且讀者仍可用自己平常熟練之配方經驗去應考，以降低產品失敗的機率。）

03 每樣產品的烘焙計算都要會算。真正到了檢定報名教室抽到任何的產品時，約有 10 分鐘準備產品配方，再由監考老師帶至術科考場，再抽每樣產品所需製作的重量及數量，所以必須熟練烘焙計算，以爭取時間。切記須看清題意（如數量、規格、重量），以免操作錯誤，影響考試成績。

04 術科考試時，須依抽到的題目，去安排操作流程，和烤爐時間之分配，因為考場每個考生只有一台攪拌機和一盤的烤箱。舉例說明；

(1) 抽到題目為帶蓋白吐司、奶酥皮水果塔、巧克力海綿屋頂蛋糕則

1 攪拌操作順序為

攪拌白吐司發酵→攪拌水果塔皮冷藏→打發海綿蛋糕

2 烤焙的順序為

海綿蛋糕體→水果塔皮→白吐司

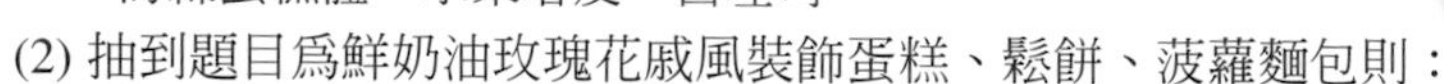

(2) 抽到題目為鮮奶油玫瑰花戚風裝飾蛋糕、鬆餅、菠蘿麵包則：

1 攪拌操作順序為

攪拌甜麵包發酵→攪拌鬆餅鬆弛→攪拌戚風蛋糕體

2 烤焙的順序為

戚風蛋糕體→鬆餅→菠蘿麵包

(3) 如報考為丙級麵包組抽測兩種麵包產品，則攪拌麵糰可採用直接法和中種法，以分配烤爐時間。

05 餅干類產品乍看來簡單，但通過技檢術科考試的機率並不高，因為一般人平時較少有製作餅干的機會（如蘇打餅干），所以在應考時難免操作不順手，建議讀者如果不是非常有把握，盡可能選擇麵包及蛋糕西點兩類項目應考。

06 須將考試評分標準中之操作技術、產品外觀品質及產品內部品質，實際應用在平時操作練習，以改善平時不良習慣，減少扣分。切記產品規格不符、不予計分，同時產品外觀（形狀、體積、顏色）內部（組織、口感、風味）品質，每一小項都可扣分，須注意。

07 考試時間要分配好，因為將產品交出後，須填寫術科產品製作報告（即填寫配方、百分比實際重量、製作流程及條件），還必須將自己所使用過的器具、機器清洗整理乾淨，同時拖地，如無法在時間內完成，視同產品未完成，切記。

08 學科測驗：
本書內即有考古題庫，熟讀即可通過測驗。

09 根據作者學科實戰經驗，有幾點心得：
(1) 烘焙計算中裏油麵糰、鬆餅、乳酪蛋糕是常考題目，且不容易弄懂，需特別注意。
(2) 產品包裝材料必考，如聚乙烯（PE）、聚苯乙烯（PS）、聚氯乙烯（PVC）、聚丙烯（PP）、玻璃紙、鋁箔紙等用途。
(3) 歷屆試題必須熟讀。

10 一般業界的師傅們，術科很容易通過，但學科往往須考多次，因為他們不是從學校（如相關科系、或職業訓練所）畢業，而是師徒口耳相傳的經驗。相對的科班畢業的學生，筆試很簡單，但無實做經驗，所以實際操作又不易過關。綜合以上的結論，須購買技檢相關書籍，有了準備方向、用心經營、方能通過烘焙食品技術士檢定測驗。末祝大家心想事作，考試順利。

烘焙食品製程中的損耗

在乙級題目中有成品重的考題，特別需要注意烘焙食品製程中的損耗。包括
(1) 操作損耗約 5%
(2) 發酵損耗約 5%
(3) 烤焙損耗約 8%
所以在訂定烘焙損耗時，可依個人操作習慣取捨，但需不超過考題 20% 上限之規定。

Contents

目錄

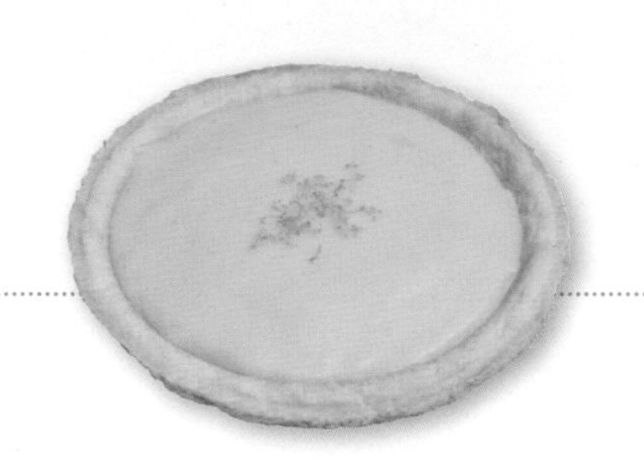

西點麵包烘焙教室

—乙丙級烘焙食品技術士考照專書

丙級西點蛋糕選項

（測驗其中兩種產品，時間 **4** 小時）

乙級麵包項目

（測驗其中三種產品，時間 **6** 小時）

（測驗其中三種產品，時間 **6** 小時）

技檢應考須知

麵包製作攪拌流程圖

直接發酵法

優點：

1. 只有一次攪拌，可節省人力及機器的操作。
2. 發酵時間較中種發酵法短。
3. 以直接發酵法做出來的產品具有較佳的麥香味。
4. 吐司類需攪拌至麵筋完成階段，甜麵包則只需攪拌至麵筋擴展階段。因為吐司麵糰攪拌好後要軟，在烤焙時才較有延展性，能將吐司模充滿，不留空間；而甜麵包不需要。

攪拌流程

1. 將所有材料放入攪拌缸中（奶油、乳化劑除外），測量水溫，看是否需要加冰塊？

2.將攪拌缸裝機，開慢速，開始攪拌。

3. 攪拌至「拾起階段」，將速度切換為中速。

■ 拾起階段的麵糰做法是將配方中所有乾、濕性材料充分混合攪拌（奶油、乳化劑除外）成粗糙且濕的麵糰，此時的麵糰很硬，且無彈性及延展性。

4. 攪拌至「捲起階段」，此時的水分全部被麵粉均勻的吸收，麵筋也開始形成。

■ 捲起階段的麵糰稍硬而無彈性，此時以手指拉麵糰容易斷裂且沒有良好的伸展性，而且麵糰表面很濕。

5.攪拌至「擴展階段」，停機加入奶油和乳化劑。開慢速待奶油吃進麵糰後，切換成中速。

■ 擴展階段的麵糰表面已經漸不黏，且較為光滑及光澤，已具彈性而較為柔軟，用手拉麵糰時雖有伸展性但仍容易斷裂。

6. 攪拌至「完成階段」。

■ 完成階段的麵糰因麵筋已達到充分擴展，且具有良好的伸展性及彈性，同時表面乾燥而有光澤。

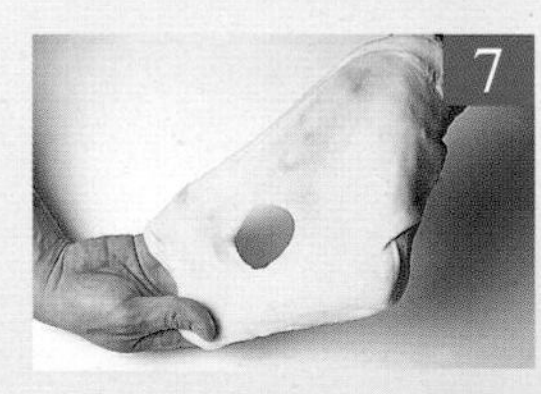

7.以手拉開麵糰光滑而成薄膜狀，且撕裂時為直線而非鋸齒狀；此階段為攪拌的最佳程度。

8. 先於鋼盆中塗油，將麵糰移出攪拌缸，稍滾圓後至於鋼盆中（發酵桶亦可）。測量攪拌終溫，以26°C為理想溫度。

中種發酵法

優點：

1. 適合製作體積較大、且內部結構與組織均較細密和柔軟的麵包。
2. 因發酵的時間，較長比起直接發酵法，配方中酵母的用量可節省約 20%。
3. 發酵時間的彈性較大，如發好的麵糰因故不能馬上分割和整型時，短時間不會影響到烤好麵包的品質。

攪拌流程

1. 第一次攪拌時，將配方中 60 ～ 85%的麵粉和相等於此麵粉重量 50 ～ 60 % 的水，以及所有酵母（約 2%），全部倒入缸中。

2.以慢速攪勻，攪拌時間約爲 3 ～ 5 分鐘，充分攪拌均勻即可，其麵糰稍硬且較無水分。

3. 形成表面粗糙而均勻的麵糰，攪拌終溫爲 25°C，放入基本發酵室（溫度 26°C、濕度 75%），發酵至原來麵糰體積的 4 ～ 5 倍，時間約 3.5 ～ 4.5 小時，且麵糰表面乾燥。

4. 第二次攪拌時，先將發酵好之中種麵糰放入攪拌缸中，和配方中剩餘的材料（奶油除外）一起慢速拌合。

5.待成糰後，再放入配方中的奶油及乳化劑。

6. 使用中速攪拌至麵筋完成階段即可，攪拌後主麵糰的溫度約爲 28°C；繼續發酵，使之鬆弛。

■ 一般麵糰鬆弛的時間是依中種和主麵糰的麵粉比例來決定。原則上麵粉比例爲 85/15（即中種麵糰部分的麵粉 85%，主麵糰部分的麵粉 15%）者，需要延遲發酵 15 分鐘，75/25 者，則需要 25 分鐘，依此類推。

■ 經過延續發酵後的麵糰就可以進行分割和整型，依照正常程序來操作。

蛋糕製作攪拌流程圖

戚風類蛋糕

是以蛋白及蛋黃分開攪拌綜合麵糊類和乳沫類兩種麵糊，改變乳沫類蛋糕的組織和顆粒而成，產品組織鬆軟，水份充足、氣味芬芳、口味清淡、不甜不油膩，由此類麵糊混合而成的蛋糕即爲戚風蛋糕。

攪拌流程

1. 蛋黃加糖、鹽拌勻至糖溶解，加入沙拉油拌勻。

2.加入奶水拌勻後，再加入已過篩的低筋麵粉及發粉一起拌勻。將攪拌完成的麵糊置旁邊待用。

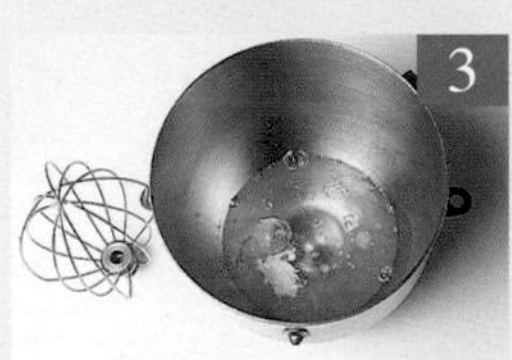

3.蛋白及塔塔粉先攪拌至起泡。

4.糖分 2～3 次加入，以中速攪拌至濕性發泡。

5.再慢速攪拌至偏乾性發泡（比重約 0.45），即蛋白的氣泡均勻而雪白、有光澤，勾起時堅挺，尾端稍稍彎曲。

6. 先取 1/3 蛋白加入麵糊內拌和。

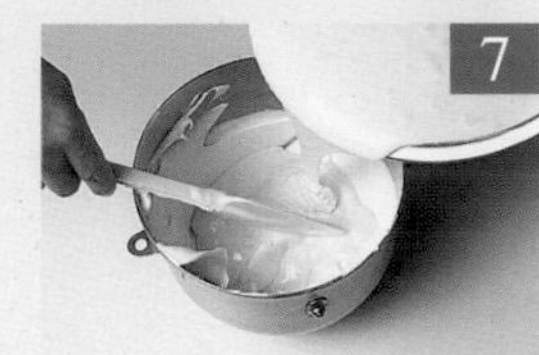

7. 再將麵糊倒回攪拌缸與 2/3 蛋白糖拌勻。

9. 拌至舀起麵糊時，看不到兩種顏色即可。

10. 蛋糕模以活動底爲佳，不可擦油。

11. 出爐時，輕敲蛋糕模（使熱氣跑出），並立即倒扣，待冷卻後脫模。

海綿類蛋糕

以全蛋（含蛋白及蛋黃）或者蛋黃和全蛋混合，作爲蛋糕之基本組織和膨大的原料做成成品因膨大和鬆軟形似海綿，故稱爲海綿蛋糕。

攪拌流程

1.全蛋加糖、鹽、隔水加熱約 38°C（要邊攪拌）。

2.以網狀攪拌器用中速拌至起泡，再以快速攪拌至濃稠、呈乳白色。

3.改中速將大氣泡拌匀至蛋糊紋路較明顯，勾起時不易滴落。

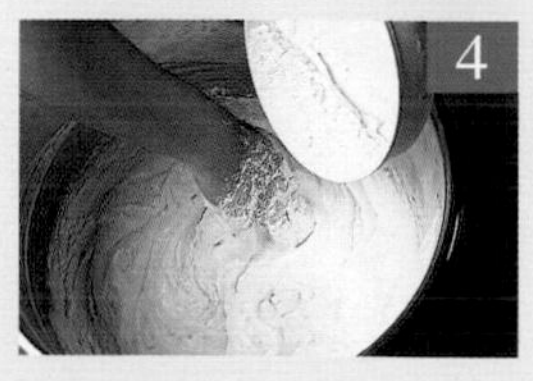

4.將低筋麵粉過篩，加入蛋糊中，並以手或刮板輕輕拌勻。

5.將奶水與沙拉油加熱至約 40°C，再取部分麵糊加入拌勻。

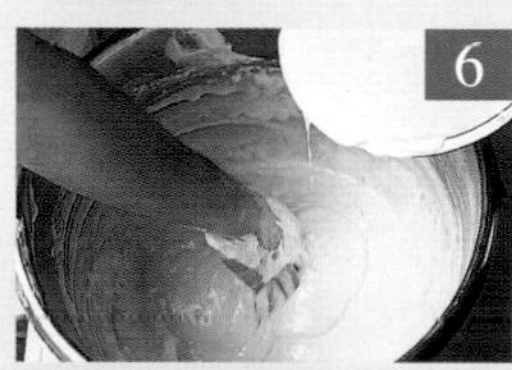

6.再倒回大缸麵糊中拌勻即可。

7.烤模底部可擦一層薄油、撒粉，較易脫模；裝模後需立刻入爐烘烤。

8.出爐後倒扣，於溫熱時脫模，置於網架上，使空氣流通，加速冷卻。

油類拌合法流程圖

粉油拌合法

使用時機：

1. 想要做出組織細密而鬆軟的蛋糕時，如水果蛋糕、重奶油蛋糕。
2. 配方中，油的用量必須在 60%以上，否則會使麵粉出筋，無法得到理想組織。

攪拌流程

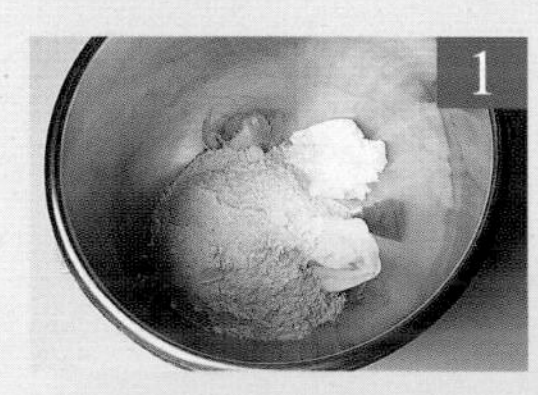

1. 將配方中麵粉和泡打粉過篩，和所有的油類一起放入攪拌缸中，使用槳狀拌打器，慢速攪拌 1 分鐘，使麵粉和油黏合在一起，再切換中速，以免粉飛濺，攪拌過程中需刮缸，約 10 分鐘後，可拌至鬆發。

2. 將配方中之糖、鹽加入已打發之粉油中，開中速攪拌均勻，約 3 分鐘，不可拌太久。

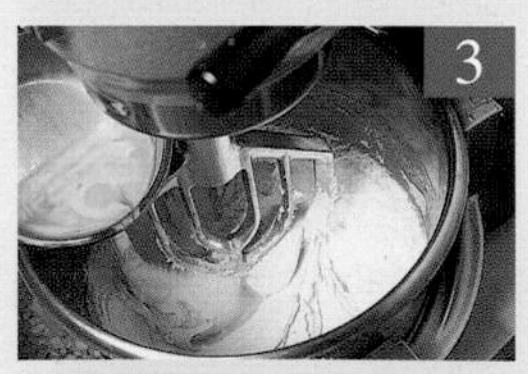

3.改慢速，將配方中 3/4 的奶水緩緩加入，使麵糊拌和均勻，再切換中速，將蛋分次加入、打發。每次吃蛋須停機刮缸。

4. 將剩下 1/4 的奶水最後加入攪拌，繼續用中速攪拌，至糖的顆粒全部溶解爲止。

糖油拌合法

使用時機：

1. 配方中，油的用量如果在 60%以下即可使用。
2. 做法簡單，烤出成品較膨鬆美觀，成功率較高，如棋格蛋糕、大理石蛋糕。

攪拌流程

1.將糖、鹽、奶油，用槳狀拌打器攪拌至糖溶解。

2. 蛋分次加入，以中速攪拌（要常刮缸）。

9.低筋麵粉、泡打粉過篩加入，改慢速攪拌。

4.奶水分次加入拌勻，至光滑均勻即可。

丙級

麵包、西點蛋糕
烘焙選項

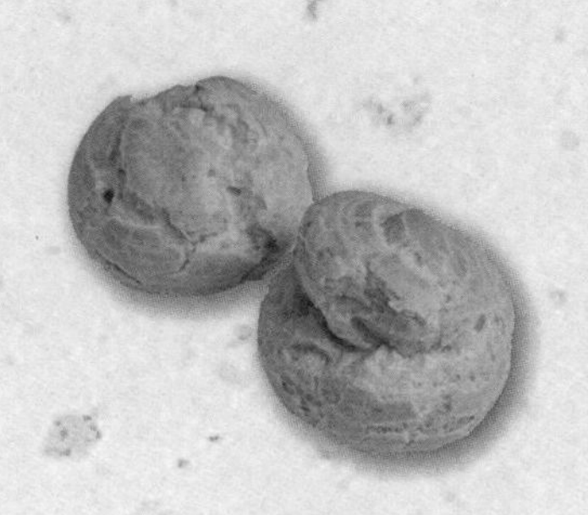

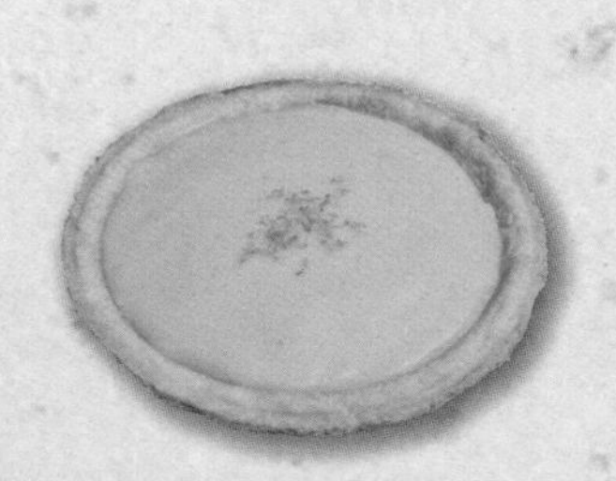

山形白吐司
Toast

山形白吐司
Toast

題　目

製作每條麵糰 900 公克，不帶蓋五峰山形白吐司（油脂：糖：麵粉＝ 8:8:100）
(1) 2 條 (2) 3 條 (3) 4 條

特別規定：（1）測試前監評人員應檢測模具容積(c.c.) 依比容積(烤模體積/麵糰重)4.1±0.1之比例確認麵糰重量。如需調整麵糰重量，每條麵糰可斟酌調整 ±50 公克，並紀錄於術科測試監評人員監評前協調會議紀錄上。
（2）監評人員須抽測應檢人分割麵糰重量並紀錄之。
（3）測下列情形之一者，以不良品計：成品三峰(含)高度未超過模具高度，或底部中空深度大於 3 公分，或腰側小於模具寬度 80%，或表面裂開 10%以上，或高低峰相差 3 公分以上。

烘焙計算

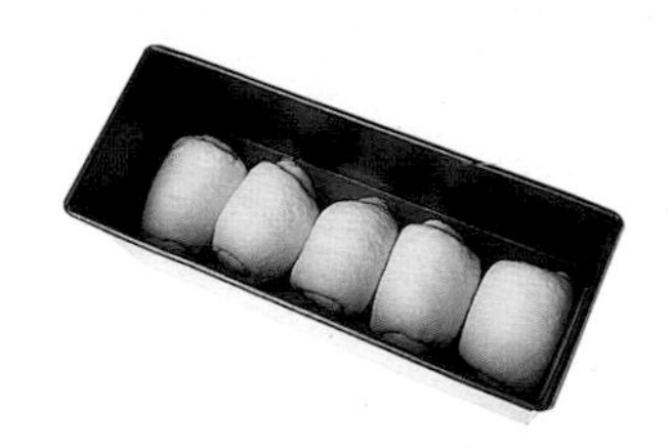

(1) $\frac{900g\times 2\div 0.95\text{（烘焙耗損）}}{185.5\text{（烘焙百分比的總合）}} = \frac{1895}{185.5} \fallingdotseq 10.22\text{（倍）}$

10.22 倍 × 材料 % ＝實際秤料重量
例如：水 10.22×63 ＝ 644

(2) $\frac{900g\times 3\div 0.95}{185.5} = \frac{2842}{185.5} \fallingdotseq 15.32$

(3) $\frac{900g\times 4\div 0.95}{185.5} = \frac{3789}{185.5} \fallingdotseq 20.43$

製作條件

成品數量	900g×2 條
製作方式	直接發酵法
攪拌終溫	26°C ～ 28°C
基本發酵	溫度 28°C，濕度 75%，時間 40 ～ 50 分鐘
分割重量	180g×10 個
中間發酵	15 分鐘
整型方式	擀捲 2 次
最後發酵	溫度 38°C，濕度 85%，時間 50 分鐘 8 ～ 9 分滿
烤焙溫度	上火 160°C ／下火 220°C
烤焙時間	35 ～ 40 分鐘

配方及百分比

材料名稱	烘焙百分比	數量/g
高筋麵粉	100	1022
水	63	644
鹽	1	10
糖	8	82
即發乾酵母	1.5	15
奶粉	4	41
奶油	8	82
合計	185.5	1896

山形白吐司
Toast

製作程序

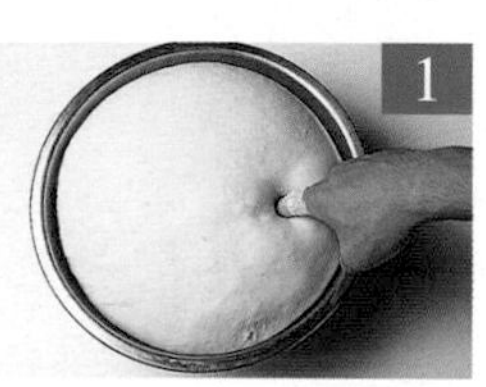

1. 麵糰製作請參考直接發酵法（p10），發酵至用手指沾粉插入麵糰，留下指形凹痕，不回彈即完成。

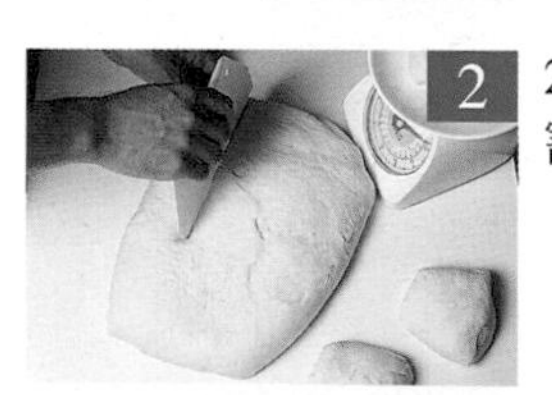

2. 將基本發酵好的麵糰分割成每個重 180g 共 10 個。

3. 將麵糰置於虎口下方，手指往裡彎，順勢畫圓，使之表面光滑有彈性。（要訣是麵糰底部滾動，使麵皮向下拉緊）

4. 中間發酵：可放置基本發酵箱發酵，發酵 15 分鐘，讓麵糰鬆弛軟化。

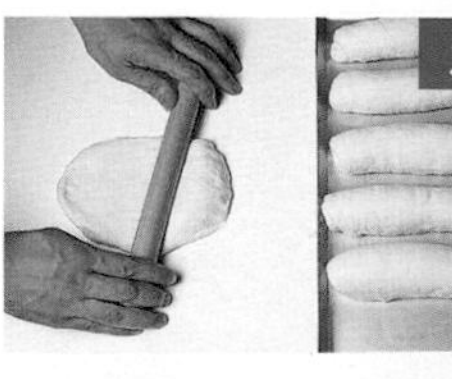

5. 用擀麵棍由中間向前後均勻擀開。

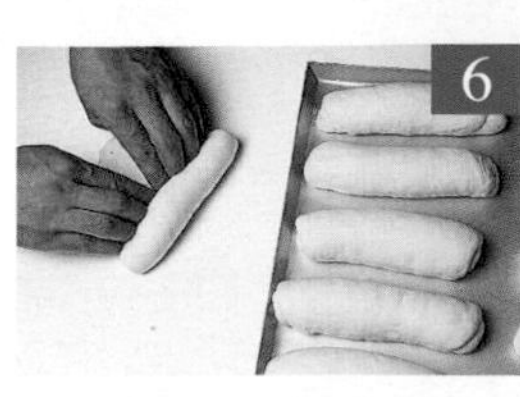

6. 將擀開之麵糰翻面，由上而下捲起時表面才會光滑且較不黏

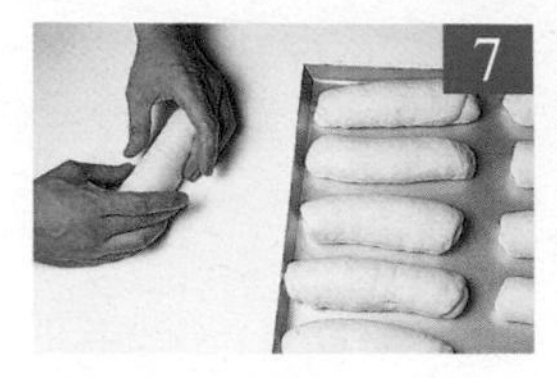

7. 捲成圓筒狀後再將麵糰搓揉一下，使麵糰扎實，且接口黏合。放置鬆弛 10 分鐘。

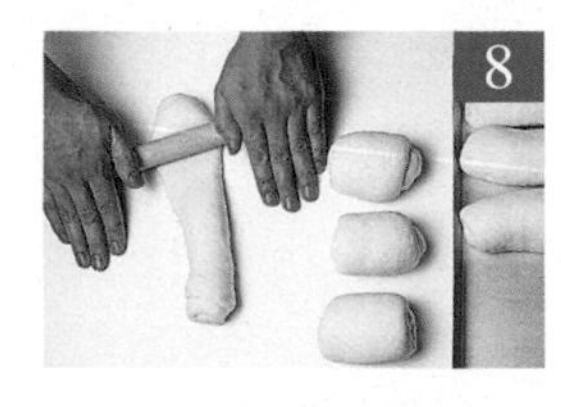

8. 接口朝上，再次用擀麵棍由中間向前後均勻擀開，長度約 30 ～ 35 公分，才能捲出 2 圈半至 3 圈半。

9. 由上而下均勻捲起。最後再搓揉一下，使接口密合。

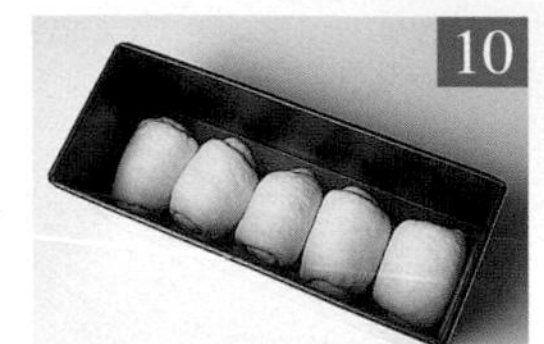

10. 將整型好的麵糰，接口朝下放置於吐司模中做最後發酵，最後發酵至 8 分滿，刷全蛋液即可進爐烤焙。

評分要點說明

■操作技術（佔 20 分）

1. 動作熟練度佔 10 分
2. 有下列情形者每一項扣 3 分。

(1) 攪拌時未停機變速。 (2) 未量麵糰溫度。 (3) 烤爐未事先設定溫度。

■產品外觀品質（佔 25 分）

1. 形狀：佔 6 分，以五峰中央稍高出爲宜，如有下列情形各扣 2 分。

(1) 頂部高低不平。 (2) 頂部不平整。 (3) 側面不平整。

2. 體積：佔 7 分，產品高度需超過烤模 5cm 以上，如有下列情形扣分。

(1) 高度未超過 5cm 者扣 4 分。 (2) 高度未超過 1cm 以上，本體積項不予計分。

3. 顏色：佔 6 分，以悅目之金黃色爲宜，如有下列情形酌予扣分。

(1) 顏色過深或過淺扣 3 分。 (2) 顏色焦黑或不著色之白色，本顏色項不予計分。

4. 質地：佔 6 分，表皮質地以薄而軟而宜，如有下列情形各扣 2 分。

(1) 表皮太厚。 (2) 表皮太硬。 (3) 表皮不平滑。

■產品內部品質（佔 25 分）

1. 組織：佔 7 分，應細膩柔軟、孔洞呈蜂巢狀而均勻，如有下列情形各扣 3 分。

(1) 堅實韌性過強。 (2) 組織粗糙。 (3) 很多不規則的大孔洞。

2. 顏色：佔 6 分，應呈乳黃色並具有光澤，如有下列情形者扣 3 分。

(1) 呈灰暗色扣 3 分。 (2) 不均勻色澤及含生粉扣 3 分。 (3) 烤焙不足本顏色項不予計分。

3. 口感：佔 6 分，應爽口不黏牙、鹹甜適中，如有下列情形扣分。

(1) 乾硬口感不好扣 3 分。 (2) 鹹甜味道不宜扣 3 分。 (3) 烤焙不足黏牙，本口感項不予計分。

4. 風味：佔 6 分，應具麵包香味，如有下列情形者扣分。

(1) 具有發酵過度酸味扣 3 分。 (2) 無本類麵包應有風味扣 3 分。 (3) 烤焙不足具有生麵糰味者，本風味項不予計分。

烤焙小技巧

1. 烤焙中若表面著色後，可將上火溫度調低，吐司調頭，繼續烤焙。
2. 放麵糰入吐司模時，切記要放均勻，不可被擠壓到，以防山形不平整。
3. 擀捲第二次時，可擀一樣長 5 條排好，再一一捲起。

布丁餡甜麵包
Pudding Bread

布丁餡甜麵包
Pudding Bread

題　目

製作每個麵糰 60 公克，布丁餡 30 公克的圓形甜麵包
(1) 18 個 (2) 20 個 (3) 22 個

特別規定：（1）布丁餡由承辦單位提供，軟硬需適中。
（2）監評人員須抽測應檢人分割麵糰及包餡後麵糰重量並紀錄之。
（3）需使用包餡匙包餡，否則以零分計。
（4）成品直徑應為 9.5 公分 (含) 以上，高度 5 公分 (含) 以上，否則以不良品計。
（5）內餡外溢（即底部表面可看到內餡）數量超過 20% 者，以零分計。

烘焙計算

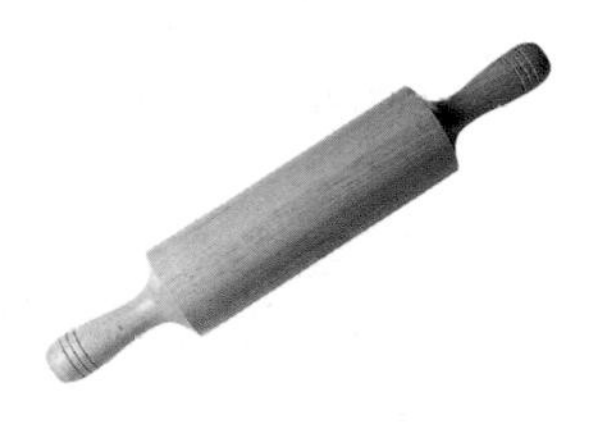

(1) $\frac{60\times18\div0.95}{194.5}=\frac{1137}{194.5}\doteqdot5.85$　布丁餡 $\frac{30\times18\div0.95}{159.5}=\frac{568}{159.5}\doteqdot3.56$

5.85 倍 × 材料 % ＝實際秤料重量

(2) $\frac{60\times20\div0.95}{194.5}=\frac{1263}{194.5}\doteqdot6.49$　布丁餡 $\frac{30\times20\div0.95}{159.5}=\frac{632}{159.5}\doteqdot3.96$

(3) $\frac{60\times22\div0.95}{194.5}=\frac{1389}{194.5}\doteqdot7.14$　布丁餡 $\frac{30\times22\div0.95}{159.5}=\frac{695}{159.5}\doteqdot4.36$

製作條件

成品數量	60g × 18 個
製作方式	直接發酵法
攪拌終溫	26°C ～ 28°C
基本發酵	溫度 28°C，濕度 75%，時間 40 ～ 50 分鐘
分割重量	60g×18 個
中間發酵	15 分鐘
整型方式	包餡 30g
最後發酵	60 分鐘
烤焙溫度	上火 200°C ／下火 200°C
烤焙時間	12 ～ 15 分鐘

配方及百分比

材料名稱	%	數量/g
高筋麵粉	80	468
低筋麵粉	20	117
水	48	281
鹽	1	6
糖	18	105
即發乾酵母	1.5	9
奶粉	6	35
全蛋	10	59
奶油	10	59
合計	194.5	1139

材料名稱	%	數量/g
布丁餡		
鮮奶	100	356
糖	20	71
鹽	0.5	2
玉米粉	4	14
低筋麵粉	6	21
蛋黃	9	32
全蛋	15	53
奶油	5	18
合計	159.5	567

布丁餡甜麵包
Pudding Bread

製作程序

1. 布丁餡：先將鮮奶煮沸。

2. 玉米粉、低筋麵粉加入細砂糖拌勻，將蛋黃加入拌勻成糊狀。

3. 煮沸後的鮮奶慢慢倒入麵糊中拌勻。

4. 續以小火煮至濃稠冒氣泡，即可離火，加入奶油拌勻成奶油布丁餡。

5. 麵糰製作請參考直接發酵法（p10），將基本發酵好之麵糰，分割成每個重 60g 共 18 個。滾圓後蓋保鮮膜進行中間發酵 15 分鐘。

6. 將麵糰輕輕搓圓，使氣泡消失，再用手輕壓，順勢拿起，用包餡匙將 30g 布丁餡包入麵糰中。

7. 將整型好的麵糰接口朝下，放入烤盤進行最後發酵。待麵糰發酵至 2～3 倍且不沾手時，即可刷蛋水入爐烘烤。

8.如外觀無限制，則可作裝飾，如擠上布丁餡或橘子醬成螺旋狀。

評分要點說明

■操作技術（佔 20 分）

1. 動作熟練度佔 10 分。
2. 有下列情形者每一項扣 3 分。

(1) 攪拌時未停機變速。 (2) 未量麵糰溫度。 (3) 烤爐未事先設定溫度。

■產品外觀品質（佔 25 分）

1. 形狀：佔 6 分，以三分之一半球形爲宜，如有下列情形各扣 2 分。

(1) 過份挺立（底部過小）。 (2) 過份扁平（底部過大）。 (3) 表面裝飾紋路不均勻（太粗或太細）。

2. 體積：佔 7 分，麵糰與成品體積比至少爲 1：4，如有下列情形者扣分

(1) 體積比爲三倍以上，不足四倍者扣 4 分。 (2) 體積比爲三倍以下者，本項不予計分。

3. 顏色：佔 6 分，以悅目之金黃色爲宜，如有下列情形者扣分。

(1)顏色過深或過淺扣3分。 (2)烤焙不均勻扣3分。 (3)顏色焦黑或不著色之白色，本顏色項不予計分。

4. 質地：佔 6 分，表皮質地以薄而柔軟爲宜，有下列情形者各扣 2 分。

(1) 表皮太厚。 (2) 表皮太硬。 (3) 表皮不平滑。

■產品內部品質（佔 25 分）

1. 組織：佔 7 分，應細膩柔軟、孔洞小而均勻，如有下列情形各扣 3 分。

(1) 堅實韌性過強。 (2) 組織粗糙。 (3) 很多不規則的大孔洞。

2. 顏色：佔 6 分，應呈乳黃色，並具有光澤，如有下列情形扣分。

(1) 呈灰暗色扣 3 分。 (2) 不均勻色澤扣 3 分。 (3) 烤焙不足本顏色項不予計分。

3. 口感：佔 6 分，應爽口不黏牙、鹹甜適中，烤焙不足黏牙者本口感項不予計分。
4. 風味：佔 6 分，應具麵包及布丁餡香味，如有下列情形扣分。

(1) 具有發酵過度酸味扣 3 分。 (2) 無本類麵包應有風味扣 3 分。 (3) 烤焙不足具有生麵糰味者，本風味項不予計分。

烘焙小技巧

1. 包餡時，收口要確實，以免烤時內餡爆出。
2. 表面如需製作布丁餡裝飾時，將少許布丁餡調軟即可使用；裝飾紋路不可擠太細，否則容易焦掉。
3. 以全蛋液刷表面，烤後顏色較美觀。

橄欖形餐包
Olive Shape Bread

題　目

製作每個麵糰 40 公克的橄欖形餐包
(1) 24 個 (2) 28 個 (3) 32 個

特別規定：（1）監評人員須抽測應檢人分割麵糰重量並紀錄之。
（2）麵糰需全部放入同一烤盤烤焙。
（3）成品長度爲 10±2 公分，高度不得低於 4 公分，否則以不良品計。
（4）底部接縫裂開寬度 1 公分(含)以上者，以不良品計。

烘焙計算

(1) $\frac{40\times24\div0.95}{188.5}=\frac{1011}{188.5}\doteqdot5.36$

5.36 倍 × 材料 % ＝實際秤料重量

(2) $\frac{40\times28\div0.95}{188.5}=\frac{1179}{188.5}\doteqdot6.25$

(3) $\frac{40\times32\div0.95}{188.5}=\frac{1347}{188.5}\doteqdot7.15$

橄欖形餐包
Olive Shape Bread

配方及百分比

材料名稱	%	數量/g
高筋麵粉	80	429
低筋麵粉	20	107
水	54	289
鹽	1	5
糖	10	54
即發乾酵母	1.5	8
奶粉	4	21
全蛋	8	43
奶油	10	54
合計	188.5	1010

製作條件

成品數量	40g×24 個
製作方式	直接發酵法
攪拌終溫	26°C ～ 28°C
基本發酵	溫度 28°C，濕度 75%，時間 40 ～ 50 分鐘
分割重量	40g×24 個
中間發酵	15 分鐘
整型方式	橄欖形
最後發酵	溫度 38°C，濕度 85%，時間 45 分鐘
烤焙溫度	上火 200°C ／下火 200°C
烤焙時間	12 ～ 15 分鐘

製作程序

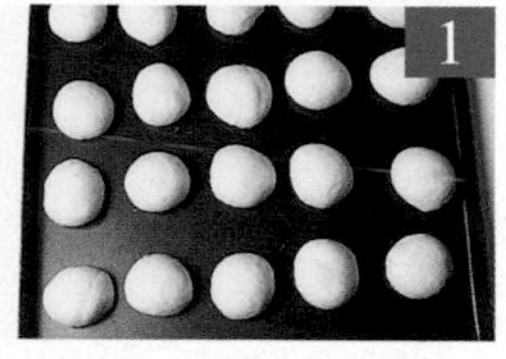

1. 麵糰製作請參考直接發酵法（p10），將基本發酵好的麵糰，分割成每個重 40g 共 24 個，滾圓後蓋保鮮膜，進行中間發酵 30 分鐘。

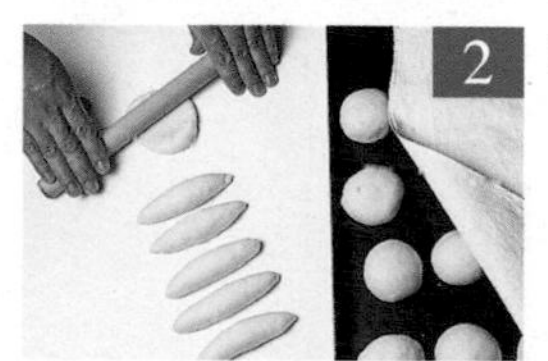

2.將麵糰 擀開成橢圓形。

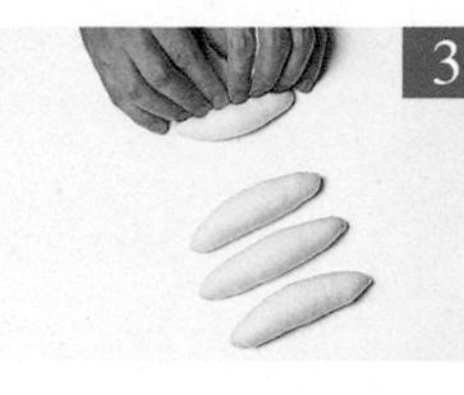

3. 麵糰翻面，兩手指尖由外向內擠捲，使麵糰兩端受力而中間不受力，自然形成橄欖狀。

4. 將整型好的麵糰接口朝下，放入烤盤做最後發酵。發酵至 2 ～ 3 倍時不沾手即可，刷蛋水入爐。

評分要點說明

■操作技術（佔 20 分）
1. 動作熟練度佔 10 分。
2. 有下列情形者每一項扣 3 分。 (1) 攪拌時未停機變速。 (2) 未量麵糰溫度。 (3) 烤爐未事先設定溫度者。

■產品外觀品質（佔 25 分）
1. 形狀：佔 6 分，長 10±2 公分，高度不得低於 4 公分橄欖形爲宜，下列情形扣分。 (1) 過份挺立（底部過小）扣 2 分。(2) 過份扁平（底部過大）扣 2 分。(3) 未具橄欖形狀扣 2 分。 (4) 底部接縫裂開扣 2 分。(5) 表皮收縮嚴重者不予計分。
2. 體積：佔 7 分，麵糰與成品體積比至少爲 1:4，如有下列情形者酌予扣分。 (1) 體積比爲三倍以上，不足四倍者扣 4 分。(2) 體積比爲三倍以下者，本體積項不予計分。
3. 顏色：佔 6 分，以悅目之金黃色爲宜，如有下列情形者扣分。 (1) 顏色過深或過淺扣 3 分。 (2) 顏色焦黑或不著色之白色，本顏色項不予計分。 (3) 烤焙不均勻扣 3 分。
4. 質地：佔 6 分，表皮質地以薄而柔軟爲宜，下列情形者各扣 2 分。 (1) 表皮太厚。 (2) 表皮太硬。 (3) 表皮不平滑。

■產品內部品質（佔 25 分）
1. 組織：佔 7 分，應細膩柔軟、孔洞小而均勻，如有下列情形各扣 3 分。
 (1) 堅實韌性過強。 (2) 組織粗糙。 (3) 很多不規則的大孔洞。
2. 顏色：佔 6 分，應呈乳黃色，並具有光澤，如有下列情形者扣分。
 (1) 呈灰暗色扣 3 分。 (2) 不均勻色澤扣 3 分。 (3) 烤焙不足本顏色項不予計分。
3. 口感：佔 6 分，應爽口不黏牙、鹹甜適中，如有下列情形者扣分。
 (1) 乾硬口感不好扣 3 分。 (2) 甜鹹味道不宜扣 3 分。 (3) 烤焙不足黏牙，本口感項不予計分。
4. 風味：佔 6 分，應具麵包香味，如有下列情形扣分。
 (1) 具有發酵過度酸味扣 3 分。 (2) 無本類麵包應有風味扣 3 分。 (3) 烤焙不足具有生麵糰味者，本風味項不予計分。

圓頂葡萄乾吐司
Raisins Toast

製作程序

1.麵糰製作請參考直接發酵法（p10），發酵完成時，體積約增加一倍，用手指按壓不回彈即可。

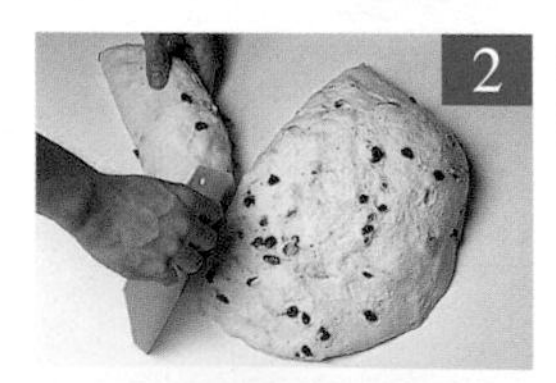

2.將麵糰分割成 560g 共 4 個。

3.將麵糰滾圓，如單手不好搓圓時，可利用雙手，滾圓方法相同，利用桌面與麵糰之摩擦力，加上手掌之推力，使麵糰表面光滑且無氣泡，蓋上保鮮膜，中間發酵 15 分鐘。

4.麵糰左右收成橢圓形，用擀麵棍由麵糰中間向前後均勻擀開。

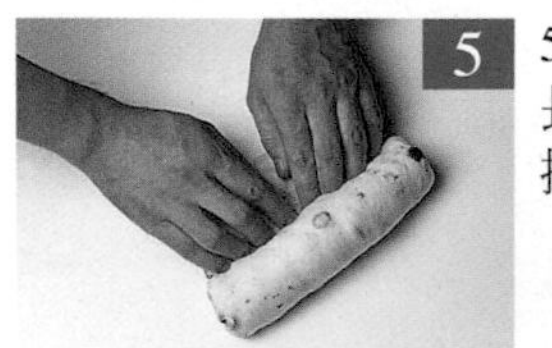

5.將麵糰翻面捲起成長條狀，再將接口搓揉密合。

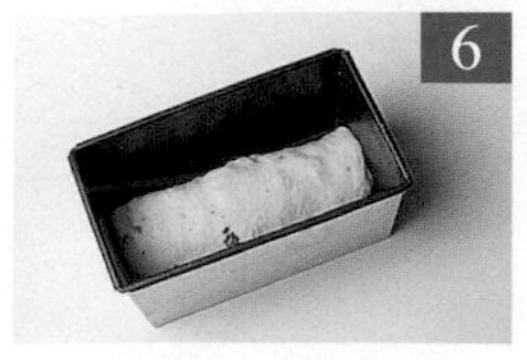

6.將整型好之麵糰接口朝下放入模型中，做最後發酵。發酵至 8 分滿後輕刷全蛋液，即可入爐烤焙。

圓頂葡萄乾吐司

Raisins Toast

題　目

製作圓頂葡萄乾吐司 4 條，麵糰重 560 公克，未浸水葡萄乾佔麵粉重
(1) 20%　(2) 25%　(3) 30%

特別規定：（1）葡萄乾泡水滴乾後，需直接加入攪拌缸中與麵糰攪拌（需經監評人員確認蓋章）。
（2）葡萄乾需均勻分散於麵糰中，否則以零分計。
（3）測試前監評人員應量測模具容積（c.c.）依比容積（烤模體積／麵糰重）3.6±0.1 之比例確認麵糰重量。如需調整麵糰重量，每條麵糰量可調整 ±50 公克。並紀錄於術科測試監評人員監評前協調會議紀錄上。
（4）監評人員須抽測應檢人分割麵糰重量並紀錄之。
（5）成品高度 60%未高於模具高度，或腰側小於模具寬度 80%，或表面破裂超過 10%者，以不良品計。

烘焙計算

(1) $\frac{560 \times 4 \div 0.95}{206.5} = \frac{2358}{206.5} \fallingdotseq 11.42$

11.42 倍 × 材料 % ＝實際秤料重量

(2) $\frac{560 \times 4 \div 0.95}{211.5} = \frac{2358}{211.5} \fallingdotseq 11.15$

(3) $\frac{560 \times 4 \div 0.95}{216.5} = \frac{2358}{216.5} \fallingdotseq 10.89$

製作條件

成品數量	560g × 4 條
製作方式	直接發酵法
攪拌終溫	26°C ～ 28°C
基本發酵	溫度 28°C，濕度 75°C， 時間 40 ～ 50 分鐘
分割重量	560g × 4
中間發酵	15 分鐘
整型方式	擀捲一次
最後發酵	溫度 38°C，濕度 85°C， 時間 50 分鐘 8 分滿
烤焙溫度	上火 160°C ／下火 220°C
烤焙時間	35 ～ 40 分鐘

配方及百分比

材料名稱	%	數量/g
高筋麵粉	100	1142
水	53	605
鹽	1	11
糖	10	114
即發乾酵母	1.5	17
奶粉	6	69
全蛋	9	103
奶油	6	69
葡萄乾	20	228
合計	206.5	2358

圓頂葡萄乾吐司
Raisins Toast

製作程序

1.麵糰製作請參考直接發酵法（p10），發酵完成時，體積約增加一倍，用手指按壓不回彈即可。

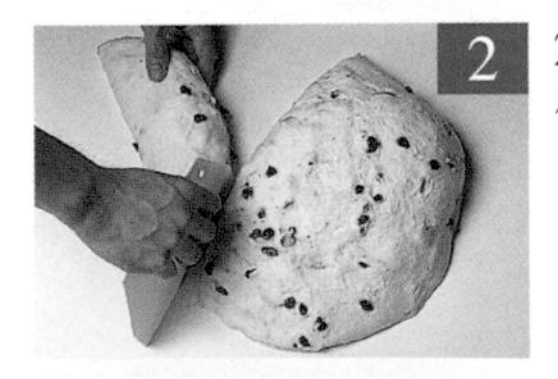

2.將麵糰分割成 560g 共 4 個。

3.將麵糰滾圓，如單手不好搓圓時，可利用雙手，滾圓方法相同，利用桌面與麵糰之摩擦力，加上手掌之推力，使麵糰表面光滑且無氣泡，蓋上保鮮膜，中間發酵 15 分鐘。

4.麵糰左右收成橢圓形，用擀麵棍由麵糰中間向前後均勻擀開。

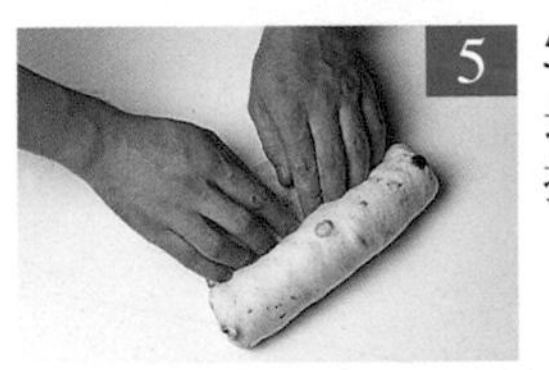

5.將麵糰翻面捲起成長條狀，再將接口搓揉密合。

6.將整型好之麵糰接口朝下放入模型中，做最後發酵。發酵至 8 分滿後輕刷全蛋液，即可入爐烤焙。

評分要點說明

■操作技術（佔 20 分）

1. 動作熟練度佔 10 分。
2. 有下列情形者每一項扣 2 分。

(1) 攪拌時未停機變速。 (2) 分割、整型的麵糰雜亂排放。 (3) 未能適當的安排工作。 (4) 一個個將葡萄乾包入麵糰內。

■產品外觀品質（佔 25 分）

1. 形狀：佔 5 分

(1) 底部不平整扣 2 分。 (2) 頂部不平整扣 3 分。 (3) 兩側不平整扣 2 分。

2. 體積：（以平均高度計算，如差不多高低，由中間那一節的中心切開）。佔 7 分。

(1) 超出烤模高度未達 3cm 者扣 3 分。 (2) 超出烤模高度未達 2cm 者扣 5 分。 (3) 超出烤模高度未達 1cm 者扣 7 分。

3. 顏色：佔 6 分，應呈金黃褐色爲佳品。

(1) 如顏色太淡扣 3 分。 (2) 如顏色焦黑者扣 3 分。 (3) 不均勻者扣 4 分。

4. 表皮質地：佔 4 分。

(1) 表皮韌性過強者扣 3 分。 (2) 表皮過於酥脆者扣 3 分。

■產品內部品質（佔 25 分）

1. 組織：佔 7 分，應細膩柔軟、無粗糙感覺，葡萄乾均勻分佈在麵包內如有下列情形者扣 2 分。

(1) 麵包顆粒粗糙、壁膜厚實。 (2) 壁膜薄而孔洞大。 (3) 內部組織有不規則的大孔洞。 (4) 葡萄乾與麵糰無法緊密結合，鬆散易掉者。

2. 口感：佔 6 分，應爽口、不黏牙、不乾燥、鹹甜適中，如有下列情形者扣 2 分。

(1) 因烤焙不足具有生麵糰味者。 (2) 無本類麵包應有風味。

3. 顏色：佔 6 分，應呈乳黃帶褐色並（依葡萄乾之多寡有深淺之差異）具有光澤，如有下列情形者扣 2 分。

(1) 呈灰暗色。 (2) 有生粉或異物或因烤焙不足，有不均勻色澤者。

烘焙小技巧

1. 吐司麵包烤好後，馬上脫模，以防止收縮。
2. 須依技檢規定來製作（如葡萄乾佔麵粉重 30%，即配方百分比中麵粉爲 100%，葡萄乾爲 30%）
3. 切記題目葡萄乾百分比改變時，總百分比也要隨著增減。
4. 切記依題目規定，必須將葡萄乾加入攪拌缸與麵糰拌合，不可於工作檯上擀捲時才加入，會被嚴重扣分。
5. 可將完成的麵糰切小塊，再放回缸內，沾上葡萄乾用慢速拌成糰。

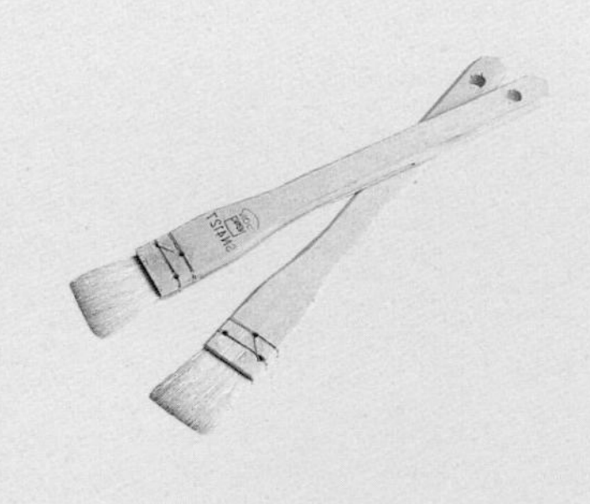

圓頂奶油吐司
Butter Toast

題　目

製作麵糰 560 公克，圓頂奶油吐司（奶油：糖：麵粉 ＝ 10:10:100）

(1) 3 條 (2) 4 條 (3) 5 條

特別規定：

（1）測試前監評人員應檢測模具容積 (c.c.) 依比容積 (烤模體積 / 麵糰重)3.6±0.1 之比例確認麵糰重量。如需調整麵糰重量，每條麵糰可斟酌調整 ±50 公克，並紀錄於術科測試監評人員監評前協調會議紀錄上。

（2）監評人員須抽測應檢人分割麵糰重量並紀錄之。

（3）成品高度 60％未高於模具高度，或腰側小於模具寬度 80％，或表面破裂超過 10％者，以不良品計。

烘焙計算

(1) $$\frac{560\times3\div0.95}{188.5}=\frac{1768}{188.5}\fallingdotseq9.38$$

9.38 倍 × 材料 % ＝實際秤料重量

(2) $$\frac{560\times4\div0.95}{188.5}=\frac{2358}{188.5}\fallingdotseq12.51$$

(3) $$\frac{560\times5\div0.95}{188.5}=\frac{2947}{188.5}\fallingdotseq15.63$$

圓頂奶油吐司
Butter Toast

配方及百分比

材料名稱	%	數量/g
高筋麵粉	100	938
水	52	488
鹽	1	9
糖	10	94
即發乾酵母	1.5	14
奶粉	4	38
全蛋	10	94
奶油	10	94
合計	188.5	1769

製作條件

成品數量	560g×3 條
製作方式	直接發酵法
攪拌終溫	26°C ～ 28°C
基本發酵	溫度 28°C，濕度 75%，時間 40 ～ 50 分鐘
分割重量	560g×3 個
中間發酵	15 分鐘
整型方式	擀捲 1 次
最後發酵	溫度 38°C，濕度 85%，時間 60 分鐘
烤焙溫度	上火 160°C ／下火 220°C
烤焙時間	35 ～ 40 分鐘

製作程序

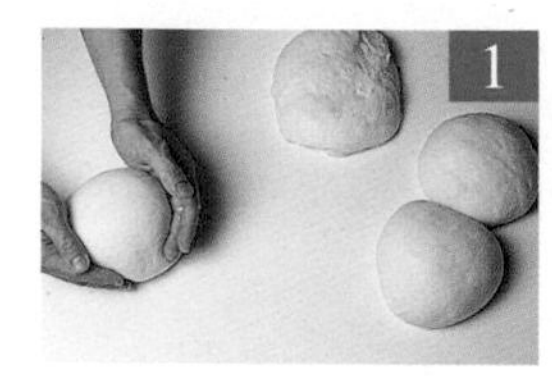

1. 麵糰製作請參考直接發酵法（p10），將基本發酵好的麵糰分割成 560g 共 3 個，麵糰滾圓後蓋保鮮膜，做中間發酵 15 分鐘。

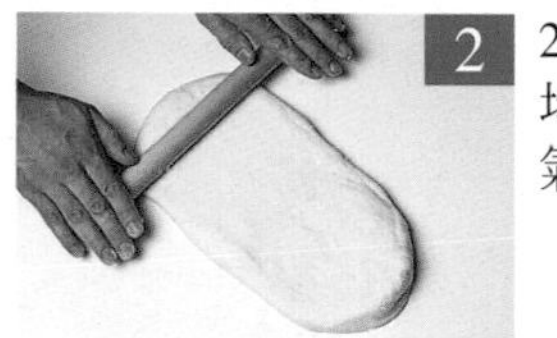

2.用 擀麵棍由中間向前後均勻擀開成橢圓形，內無氣泡。

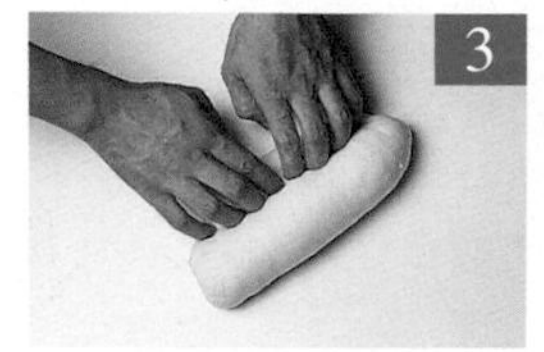

3. 將麵糰翻面捲起成長條狀。捲時四指向下向內壓，雙手使力均勻後成型，再將接口搓揉使之密合。

4. 將整型好的麵糰，接口朝下放入模中做最後發酵。發酵至 8 分滿後輕刷全蛋液，即可入爐烤焙，吐司烤好後立即脫模以防收縮。

評分要點說明

■操作技術（佔 20 分）
1. 動作熟練度佔 10 分
2. 有下列情形者每一項扣 2 分。
(1) 攪拌時未停機變速。 (2) 分割、整型的麵糰雜亂排放。 (3) 未能適當地安排工作。

■產品外觀品質（佔 25 分）
1. 形狀：佔 5 分，頂部應圓潤，兩頭與中央一般高，一側有整齊裂痕爲準。
(1) 底部不平整扣 2 分。 (2) 頂部不圓潤，歪斜扣 2 分。 (3) 兩側向內凹陷扣 3 分。
2. 體積：佔 7 分，出爐後高度應超過烤盤 1 ～ 4cm，取中間節切開計算。
(1) 未達烤盤高度，差 0.5cm 扣 3 分。 (2) 未達烤盤高度，差 1cm 扣 5 分。 (3) 未達烤盤高度，差 2cm 以上者扣 7 分。
3. 顏色：佔 9 分，應呈金黃褐色。 (1) 表皮有黑斑點扣 3 分。 (2) 呈焦黑色扣 3 分。 (3) 烤焙不均勻扣 4 分。
4. 表皮質地：佔 4 分。 (1) 表皮韌性過強者扣 3 分。

■產品內部品質（佔 25 分）
1. 組織：佔 7 分，應細膩柔軟、無粗糙感覺，如有下列情形者扣 3 分。
(1) 麵包顆粒粗糙、壁膜厚實。 (2) 壁膜薄而孔洞大。 (3) 切割時易生碎屑。
2. 口感：佔 6 分，應爽口、不黏牙、不乾燥、鹹甜適中，如有下列情形者扣 3 分。
(1) 乾燥或黏牙。 (2) 咀嚼味道不正。
3. 風味：佔 6 分，應具淡淡香味，無不正異味，如有下列情形扣 3 分。
(1) 因烤焙不足具有生麵糰味者。 (2) 有不正異味。
4. 顏色：佔 6 分，應呈乳黃色，並具有光澤，如有下列情形者各扣 3 分。 (1) 呈灰暗色。 (2) 不均勻色澤。

紅豆甜麵包
Sweet Bean Paste Bread

題　目

製作麵糰重 60 公克，紅豆餡 30 公克的圓形紅豆甜麵包
(1) 18 個 (2) 20 個 (3) 22 個

特別規定：（1）紅豆餡為帶皮紅豆餡，由承辦單位準備。
（2）監評人員須抽測應檢人分割麵糰及包餡後麵糰重量並紀錄之。
（3）需使用包餡匙包餡，否則以零分計。
（4）成品直徑應為 9.5 公分 (含) 以上，高度 5 公分 (含) 以上，否則以不良品計。
（5）內餡外溢（即底部或表面可看到內餡）數量超過 20%者，以零分計。

烘焙計算

(1) $$\frac{60 \times 18 \div 0.95}{194.5} = \frac{1137}{194.5} \fallingdotseq 5.85$$

5.85 倍 × 材料 % ＝實際秤料重量

紅豆餡 $30 \times 18 \div 0.95 = 568$

(2) $$\frac{60 \times 20 \div 0.95}{194.5} = \frac{1263}{194.5} \fallingdotseq 6.49$$

紅豆餡 $30 \times 20 \div 0.95 = 632$

(3) $$\frac{60 \times 22 \div 0.95}{194.5} = \frac{1389}{194.5} \fallingdotseq 7.14$$

紅豆餡 $30 \times 22 \div 0.95 = 695$

紅豆甜麵包
Sweet Bean Paste Bread

配方及百分比

材料名稱	%	數量/g
高筋麵粉	80	468
低筋麵粉	20	117
水	48	281
鹽	1	6
糖	18	105
即發乾酵母	1.5	9
奶粉	6	35
全蛋	10	59
奶油	10	59
合計	194.5	1139

製作條件

成品數量	90g×18 個
製作方式	直接發酵法
攪拌終溫	26°C ～ 28°C
基本發酵	溫度 28°C，濕度 75%，時間 40 ～ 50 分鐘
分割重量	60g×18 個
中間發酵	15 分鐘
整型方式	包餡 30g
最後發酵	溫度 38°C，濕度 85%，時間 60 分鐘
烤焙溫度	上火 190°C ／下火 200°C
烤焙時間	12 ～ 15 分鐘

製作程序

1. 麵糰製作請參考直接發酵法（p10），將基本發酵好的麵糰，分割成 60g 共 18 個。滾圓後蓋保鮮膜進行中間發酵 15 分鐘。

2.將麵糰輕輕搓圓，使氣泡消失，再用手輕壓後順勢拿起；包入市售的紅豆餡後將麵糰接口朝下，放入烤盤中，表面輕壓即可，以防烤焙時脹得太高。

3. 最後發酵至 2 ～ 3 倍，且不沾手即可在表面刷蛋水。

4.麵糰頂部沾上黑芝麻（不沾亦可），入爐烤焙，出爐後趁熱塗奶油，以增美觀。

評分要點說明

■操作技術（佔 20 分）
1. 動作熟練度佔 10 分。
2. 有下列情形者每一項扣 2 分。(1) 攪拌時未停機變速。(2) 分割、整型的麵糰雜亂排放。(3) 未能適當的安排工作。
■產品外觀品質（佔 25 分）
1. 形狀：佔 9 分，以五分之二半球形爲佳，如有下列情形各扣 3 分。
(1) 過份挺立（底部很小）。(2) 過份扁平（底部過大）。(3) 表面過份皺縮。
2. 體積：佔 7 分，麵糰與成品體積比至少 1：4。(1) 未達 4 倍扣 2 分。(2) 未達 3 倍扣 4 分。(3) 達不到 2 倍扣 7 分。
3. 顏色：佔 6 分，應呈悅目金黃褐色，如有下列情形各扣 3 分。(1) 顏色太淡。(2) 顏色焦黑。
4. 烤焙均勻程度：佔 6 分，底部與表皮應具金黃焦色，如有下列情形各扣 3 分。
(1) 表皮著色過深或過淺。(2) 底部著色過深或過淺。
■產品內部品質（佔 25 分）
1. 組織：佔 7 分，應細膩柔軟、孔洞小而均勻，如有下列情形者各扣 3 分。
(1) 麵包顆粒粗糙緊密。(2) 包餡位置不在正中央。(3) 內部組織不規則的大孔洞。
2. 口感：佔 6 分，應爽口、不黏牙、不乾燥、鹹甜適中，下列情形者扣 3 分。(1) 乾燥或黏牙。(2) 咀嚼味道不正。
3. 風味：佔 6 分，應具發酵麥香，無不正異味，下列情形扣 3 分。(1) 具有生麵糰味者。(2) 無本類麵包應具風味。
4. 顏色：佔 6 分，應呈乳黃帶褐色，並具有光澤，如有下列情形者各扣 3 分。
(1) 呈灰暗色。(2) 有不均勻色澤者。(3) 內部組織有不規則的大孔洞。

烘焙小技巧

1. 包餡時，收口要確實，以免烤時內餡流出。
2. 包好餡後，可輕壓調整紅豆餡形狀，以防烤完後，膨脹得太高或包餡位置不在正中央。

奶酥甜麵包
Butter Shortening Bread

製作程序

1.奶酥餡：將糖粉，鹽、奶油、酥油置於缸中混合打發。要充分打發才會爽口。

2.把蛋液分次加入，充分混合，接著加入玉米粉拌勻。

3.奶粉加入，用橡皮刮刀拌成糰即可。

4.麵糰：製作請參考直接發酵法（p10），將基本發酵好的麵糰分割 60g 共 18 個，滾圓後蓋保鮮膜以免乾皮，中間發酵 15 分鐘。

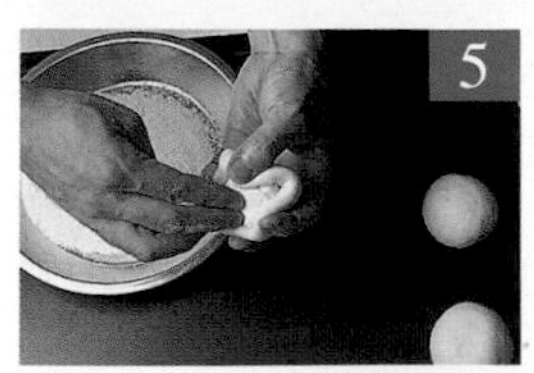

5.將麵糰輕輕搓圓，使氣泡消失，輕壓拿起，包奶酥餡 30g。

6.表面噴水沾椰子粉裝飾後，排盤做最後發酵。發酵完成即可入爐烤焙。（考試不須裝飾）

評分要點說明

■操作技術（佔 20 分）

1. 動作熟練度佔 10 分。
2. 有下列情形者每一項扣 2 分。
(1) 攪拌時未停機變速。 (2) 分割、整型的麵糰雜亂排放。 (3) 未能適當的安排工作。

■產品外觀品質（佔 25 分）

1. 形狀：佔 6 分，以五分之二半形球爲佳，如有下列情形各扣 3 分。
(1) 過份挺立（底部很小）。 (2) 過份扁平（底部過大）。 (3) 表面過份皺縮。
2. 體積：佔 7 分，麵糰與產品體積比至少 1：4。
(1) 未達 4 倍者扣 2 分。 (2) 未達 3 倍者扣 4 分。 (3) 達不到 2 倍者扣 7 分。
3. 顏色：佔 6 分，應呈悅目金黃褐色，如有下列情形各扣 3 分。
(1) 顏色太淡。 (2) 顏色焦黑。
4. 烤焙均勻程度：佔 6 分，底部與表皮應具備金黃焦色，如有下列情形各扣 3 分。
(1) 表皮著色過深或過淺。 (2) 底部著色過深或過淺。

■產品內部品質（佔 25 分）

1. 組織：佔 7 分，應細膩柔軟、孔洞小而均勻，如有下列情形者各扣 3 分。
(1) 麵包顆粒粗糙緊密。 (2) 包餡位置不在正中央。 (3) 內部組織不規則的大孔洞。
2. 口感：佔 6 分，應爽口、不黏牙、不乾燥、鹹甜適中，如有下列情形者扣 3 分。
(1) 乾燥或黏牙。 (2) 咀嚼味道不正。
3. 風味：佔 6 分，應具發酵麥香，無不正異味，如有下列情形扣 3 分。
(1) 具有生麵糰味者。 (2) 無本類麵包應具風味。
4. 顏色：佔 6 分，應呈乳黃帶褐色，並具有光澤，如有下列情形者各扣 3 分。
(1) 呈灰暗色。 (2) 有不均勻色澤者。 (3) 內部組織有不規則的大孔洞。

烘焙小技巧

1. 如果考題未規定外觀，可不作裝飾，依當時考場規定。
2. 包餡時收口要確實，以防烤時內餡爆出。
3. 麵包製作流程中，爲了充分利用時間，可在麵糰基本發酵的空檔，製作奶酥餡。

以零分計情形種類表（麵包＆西點蛋糕）

項目	以零分計情形
1	檢定時間視考題而定，超過時限未完成者。
2	每種產品製作以一次爲原則，未經監評人員同意而重作者。
3	成品形狀或數量與題意不合者（題意含備註說明）。
4	成品重量超過規定 5% 者或不足規定 5% 者（如試題另有規定者，依試題規定評分）。
5	成品平均重量超過規定 5% 者或不足規定 5% 者，平均重量以取該項成品 20% 之重量平均值（試題另有規定者，依試題規定評分，僅乙級適用）。
6	成品烤焙不熟、烤焙焦黑或不成型等不具商品價値者（僅乙級適用）。
7	成品不良率超過 20%（＞ 20%）（試題另有規定者，依試題規定評分）。
8	使用別人機具或烤爐者。
9	經三位監評鑑定爲嚴重過失者，譬如工作完畢未清潔歸位者，剩餘麵糰或麵糊超過規定 10% 者（試題另有規定者，依試題規定評分）。
10	每種產品評分項目分：工作態度及衛生習慣、配方制定、操作技術、產品外觀品質及產品內部品質等五大項目，其中任何一大項目成績被評定爲零分者。

【備註】

第二項未經監評人員同意而重作者，（如考場準備材料錯誤或機具故障、損壞時，需事先提出，經評審確認，如在事後提出者，則不予以採納）。

巧克力戚風蛋糕捲
Chocolate Chiffon Cake Roll

製作程序

1.可可粉過篩，加熱水拌溶備用。

2.蛋黃加糖拌勻後依序加入沙拉油、奶水等拌至糖溶解後，加可可液、低筋麵粉及小蘇打過篩拌勻即可。

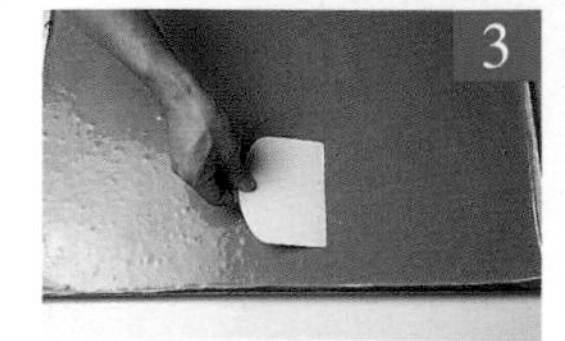

3.蛋白加鹽、細砂糖，用中速拌至偏乾性發泡（比重爲0.15～0.25）後，分兩次與巧克力麵糊拌勻，即可倒入墊紙的平烤盤中入爐烘焙。

4.出爐後馬上移開烤盤，並將邊紙剝開散熱，以防收縮。

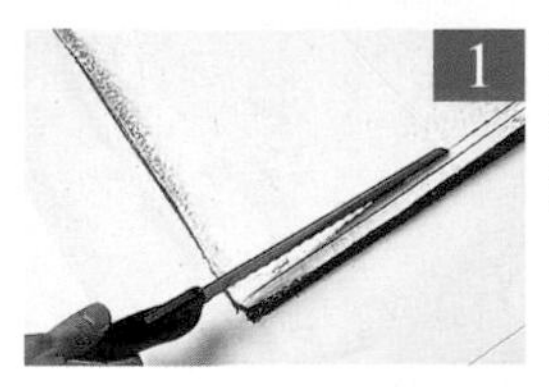

1.整型：蛋糕底墊白紙。表面抹奶油霜，起端輕劃兩刀。

2.利用 擀麵棍由白紙底下反捲，使蛋糕往前捲起。

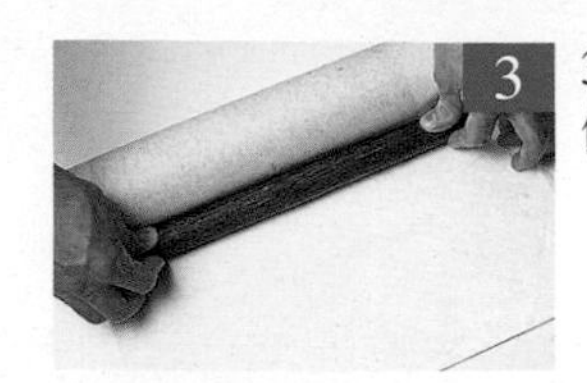

3. 捲到末端以擀麵棍推擠，使蛋糕捲扎實。

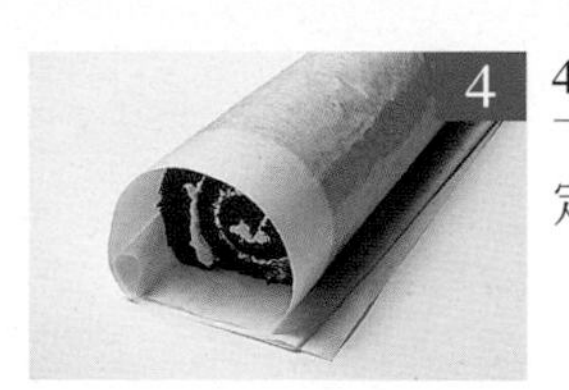

4.蛋糕捲起後，接口朝下，以墊的白紙包起固定。

評分要點說明

■操作技術（佔 20 分）

1. 動作熟練度佔 10 分。
2. 有下列情形者每一項扣 2 分。
   (1) 攪拌時未停機變速。 (2) 未量麵糊比重。 (3) 烤爐未事先設定溫度。 (4) 麵粉未過篩。

■產品外觀品質（佔 25 分）

表皮嚴重裂開者，產品外觀品質不予計分。

1. 形狀：佔 8 分，應折捲粗細一致鬆緊適當，形狀完整。
   (1) 表皮嚴重裂開者本形狀項不予計分。 (2) 折捲塗料（如奶油霜）外溢或污染者扣 2 ～ 3 分。(3) 折捲內部有空隙者扣 2 ～ 3 分。 (4) 折捲粗細不一致者扣 2 ～ 3 分。
2. 體積：佔 8 分，經烘烤後之成品應有適當膨脹體積，如有下列情形者各扣 4 分。
   (1) 麵糊經烘烤後膨脹未達 2cm。 (2) 蛋糕每層厚度在 1cm 以下。
3. 顏色：佔 5 分，宜均勻咖啡色，如有下列情形者各扣 2 分。
   (1) 焦黑或褐白而濕黏者。 (2) 表面有斑點者。 (3) 同一表皮顏色不均一者。 (4) 表皮或底部含有未拌勻蛋白者，本顏色項不予計分。

■產品內部品質（佔 25 分）

1. 組織：佔 9 分，應細緻鬆軟而富彈性，有下列情形者各扣 3 分。
   (1) 鬆散且有不規則大氣孔。 (2) 緊密而堅韌。 (3) 層次鬆軟不一致。
2. 口感：佔 8 分，應清爽可口不黏牙，鹹甜適中，有下列情形者各扣 3 分。
   (1) 乾燥或黏牙。 (2) 咀嚼味道不良。
3. 風味：佔 8 分，應具該種蛋糕特有之濃郁香味，有下列情形者扣分。
   (1) 不良異味者扣8分。 (2) 人工香料味太重者扣3分。 (3) 鹹味太重者扣3分。 (4) 風味淡薄者扣3分。 (5) 具焦苦味者扣 3 分。

烘焙小技巧

1. 可可粉最好先與配方內的熱水拌勻，稍冷卻，再與麵糊拌勻。
2. 如要烤焙口感較佳之戚風蛋糕，可將蛋黃加入砂糖打發至濃稠狀（可留下痕跡約 3 秒），再開始依序分次加入沙拉油及可可液，麵粉加入後混合黏稠即可，不可久拌。
3. 蛋白不可過早打發，以防止消泡，須配合蛋黃麵糊的時間。（葡萄乾戚風瑞士捲亦可使用同種方式）
4. 蛋糕捲起後，接口朝下，以墊底的白報紙包起固定。（如表皮不夠乾爽，則不宜包捲過久，易反潮黏皮於紙上。）
5. 蛋糕出爐後，應馬上將墊底烤盤紙邊緣剝開，並置冷卻架上以防收縮。
6. 注意題意每條長度 30±1cm，決定捲的方向。蛋糕捲法，由正面或反面捲，依考題規定製作。
7. 麵糰攪拌後比重約為 0.4。
8. 烤焙方式：烘烤約 7 分鐘時，麵糊脹起關下火，待上色將烤盤掉頭使顏色均勻後關上火（約 12 分鐘），最後利用剩餘 13 分鐘將成品燜烤至熟。
9. 烤焙時間僅供參考，必須以實際狀態為準（如脹起或上色），否則容易烤焦或不熟。

大理石蛋糕
Marble Cake

製作程序

1. 先將烤模墊紙，剪裁方式如圖。

2. 取奶油麵糊 300g （奶油麵糊製作，請參考糖油拌合法 p14 ）。

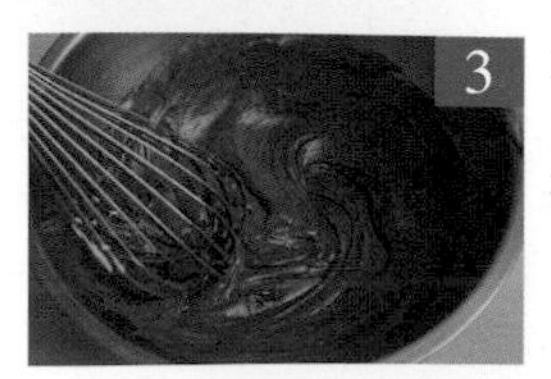

3. 可可粉過篩與熱水拌勻，回溫約 35℃時，加入小蘇打拌勻。

4. 將巧克力麵糊和白麵糊混合成大理石紋路，比例為奶油：巧克力 = 5:1 = 416.7 公克：83.3 公克，整個麵糊重 500 公克。

5. 將混合之麵糊倒入模型中。

6. 再用竹籤或筷子在蛋糕模裡來回畫圈，形成大理石紋路，入爐烤焙。

評分要點說明

■操作技術（佔 20 分）

1. 動作熟練度佔 10 分。
2. 有下列情形者每項扣 2 分。
   (1) 攪拌時未停機變速。 (2) 未量麵糊比重。 (3) 烤爐未事先設定溫度。 (4) 麵粉未過篩。

■產品外觀品質（佔 25 分）

1. 形狀：佔 10 分，長方形，頂部隆起呈弧狀或有整齊裂痕，如有下列情形各扣 3 分。
   (1) 頂部凹陷或平坦。 (2) 表皮破損或缺口。 (3) 四周收縮或上緣突出致形狀不良。
2. 體積：佔 10 分，經烘烤後之成品應有適當膨脹體積，頂部隆起部份應高出烤模 1cm，如有下列情形者扣分。
   (1) 蛋糕高度未達烤模高度 80%扣 10 分。 (2) 蛋糕高度未達烤模 90%扣 5 分。 (3) 蛋糕高度未達烤模高度扣 3 分。
3. 顏色：佔 5 分，應均勻，褐黃色或褐黑相間，如有下列情形者各扣 3 分。
   (1) 過焦或過淺而濕黏。 (2) 表面有斑點者。 (3) 同一表皮顏色不均者。

■產品內部品質（佔 25 分）

1. 組織：佔 10 分，應細緻柔軟而富彈性，大理石條紋明顯均勻，有下列情形者扣分。
   (1) 鬆散而粗糙扣 5 分。 (2) 緊密而無堅韌扣 5 分。 (3) 切面之大理石花紋或分佈不良者扣 5 分。
   (4) 有不規則大氣孔者扣 3 分。 (5) 有水線者扣 3 分。
2. 口感：佔 8 分，應爽口濕潤、不黏牙，鹹甜適中，有下列情形各扣 3 分。
   (1) 乾燥或黏牙。 (2) 咀嚼味道不良。
3. 風味：佔 7 分，應具該種蛋糕濃郁香味，有下列情形者扣分。
   (1) 不良異味者扣 7 分。 (2) 人工香料味太重者扣 2 分。 (3) 鹹味太重者扣 2 分。 (4) 風味淡薄扣 2 分。
4. 顏色：佔 6 分，應呈乳黃色，並具有光澤，如有下列情形者各扣 3 分。 (1) 呈灰暗色。 (2) 不均勻色澤。

海綿蛋糕
Sponge Cake

題　目

製作每個麵糊重 550 公克，直徑 8 吋的海綿蛋糕
(1) 3 個 (2) 4 個 (3) 5 個

特別規定：（1）測試前監評人員應檢測模具容積 (c.c.) 依比容積 (烤模體積 / 麵糊重) 4.1±0.1 確認麵糊重量。如需調整麵糊重量，每條麵糊可斟酌調整 ±50 公克，並紀錄於術科測試監評人員監評前協調會議紀錄上。

（2）成品邊緣高度未達烤模高度者，以不良品計。

（3）底部有顆粒沉澱或組織粗糙者，以不良品計。

（4）內部色澤不均勻者，以不良品計。

烘焙計算

(1) $\frac{550\times3\div0.95}{456} = \frac{1737}{456} \fallingdotseq 3.81$

3.81 倍 × 材料 % ＝實際秤料重量

(2) $\frac{550\times4\div0.95}{456} = \frac{2316}{456} \fallingdotseq 5.08$

(3) $\frac{550\times5\div0.95}{456} = \frac{2895}{456} \fallingdotseq 6.35$

海綿蛋糕
Sponge Cake

配方及百分比

材料名稱	%	數量/g
全蛋	208	792
細砂糖	90	343
鹽	1	4
低筋麵粉	100	381
沙拉油	25	95
奶水	30	114
香草精	2	8
合計	456	1737

製作條件

成品數量	550g×3 個
蛋糕分類	乳沫類（法式海綿法）
攪拌方式	全蛋法
使用模具	8 吋圓模
烤焙溫度	上火 180°C ／下火 170°C
烤焙時間	30 分鐘
裝飾配料	無

1. 全蛋加糖、鹽，隔水加熱約 38°C（要邊攪拌）。

2.以網狀攪拌器用中速拌至起泡，再以快速攪拌至濃稠，呈乳白色後，改中速將氣泡拌勻，至蛋糊紋路較明顯，用手指勾起，可維持約 2 秒後，慢速滴落。

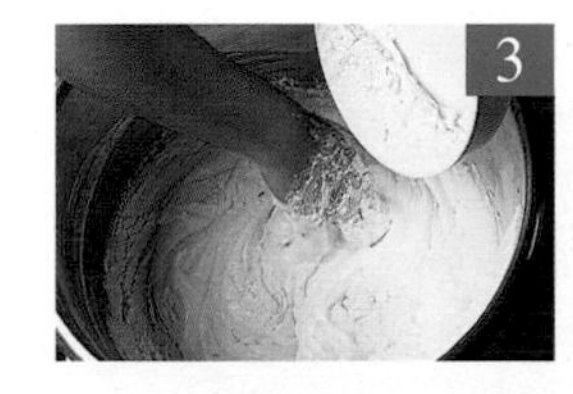

3. 低筋麵粉過篩加入蛋糊中，並以手或刮板輕輕拌匀後，取出部份麵糊與奶水及沙拉油先拌合，再將拌好奶水及油的麵糊倒回大缸麵糊中拌匀即可。

4.出爐後倒扣，冷卻後脫模。

評分要點說明

■操作技術（佔 20 分）
1. 動作熟練度佔 10 分。
2. 有下列情形者每一項扣 2 分。
(1) 攪拌時未停機變速。 (2) 未量麵糊比重。 (3) 烤爐未事先設定溫度。 (4) 麵粉未過篩。

■產品外觀品質（佔 25 分）
1. 形狀：佔 10 分，形狀完整中央隆起，如有下列情形每項扣 3 分。
(1) 表部凹陷或平坦。 (2) 底部凹陷。 (3) 表面破裂或缺口。
2. 體積：佔 10 分，經烘烤後之蛋糕邊緣與烤模邊緣等高，其中央應高出烤模 1 公分。
3. 顏色：佔 5 分，應均勻，褐黃色，有下列情形者每項扣 2 分。
(1) 過焦或太白濕黏。 (2) 表面有斑點。 (3) 同一表皮顏色不均。

■產品內部品質（佔 25 分）
1. 組織：佔 9 分，應細緻鬆軟而富彈性，如有下列情形者每項扣 3 分。
(1) 粗糙而鬆散。 (2) 緊密而堅韌。 (3) 表皮太厚。
2. 口感：佔 8 分，應清爽可口不黏牙，鹹甜適中，如有下列情形每項扣 3 分。
(1) 乾燥或黏牙。 (2) 咀嚼味道不正常。
3. 風味：佔 8 分，應具該種蛋糕特有之濃郁香味，下列情形者扣分。
(1) 不良異味者扣 8 分。 (2) 人工香料味太重者扣 3 分。 (3) 鹹味太重者扣 3 分。 (4) 風味淡薄者扣 3 分。

烘焙小技巧

1. 沙拉油加入時，必須慢慢小心拌勻，不可拌太久，否則會破壞麵糊中氣泡，影響蛋糕體積。
2. 測試蛋糕有無烤熟，可用手指在蛋糕表面輕拍，如感覺堅實有彈性即已熟透，應馬上出爐，翻轉過來置冷卻架上冷卻。
3. 攪拌前如將蛋的溫度加熱 38°C ～ 42°C，可縮短攪拌時間，並增加麵糊的體積產品，組織較為鬆軟。

香草天使蛋糕
Vanilla Angel Food Cake

題　目

製作每個麵糊420公克，直徑8吋空心模香草天使蛋糕 (1) 3個 (2) 4個 (3)5個

特別規定：（1）測試前監評人員應檢測模具容積(c.c.)依比容積(烤模體積/麵糊重)3.8±0.1確認麵糊重量。如需調整麵糊重量，每條麵糊可斟酌調整±50公克，並紀錄於術科測試監評人員監評前協調會議紀錄上。

（2）成品高度未達烤模高度者，以不良品計。

（3）成品外表濕黏、黏牙及無彈性者，以不良品計。

烘焙計算

(1) $\frac{420 \times 3 \div 0.95}{100} = \frac{1326}{100} \fallingdotseq 13.26$

13.26倍 × 材料% ＝實際秤料重量

(2) $\frac{420 \times 4 \div 0.95}{100} = \frac{1768}{100} \fallingdotseq 17.68$

(3) $\frac{420 \times 5 \div 0.95}{100} = \frac{2211}{100} \fallingdotseq 22.11$

香草天使蛋糕
Vanilla Angel Food Cake

丙
蛋糕

配方及百分比

材料名稱	%	數量/g
蛋白	54	716
塔塔粉	0.2	3
鹽	0.3	4
細砂糖	25	332
低筋麵粉	20	265
香草精	0.5	7
合計	100	1327

製作條件

成品數量	8 吋空心模 3 個
蛋糕分類	乳沫類
攪拌方式	蛋白打發
使用模具	空心模
烤焙溫度	上火 180°C ／下火 120°C
烤焙時間	30 ～ 35 分鐘
裝飾配料	無

製作程序

1.蛋白加塔塔粉、鹽攪拌至起泡，再分次加入細砂糖攪拌至濕性發泡。

2.低筋麵粉過篩用手工拌入蛋白糖，再加入香草精拌勻。

3.裝入空心模內（不可擦油），抹平，即可入烤爐。

評分要點說明

■操作技術（佔 20 分）
1. 動作熟練度佔 10 分。
2. 有下列情形者每一項扣 2 分。 (1) 攪拌時未停機變速。 (2) 未量麵糊比重。 (3) 烤爐未事先設定溫度。 (4) 麵粉未過篩。

■產品外觀品質（佔 25 分）
1. 形狀：佔 10 分，形狀完整中央隆起，如有下列情形每項扣 3 分。 (1) 表部凹陷或平坦。 (2) 底部凹陷。 (3) 表面破裂或缺口。
2. 體積：佔 10 分，經烘烤後之蛋糕邊緣與烤模邊緣等高，其中央應高出烤模 1 公分。
3. 顏色：佔 5 分，（白色或褐色）應均勻，表皮呈褐黃色，如有下列情形者每項扣 2 分。 (1) 過焦或太白而濕黏。 (2) 表面有斑點。 (3) 同一表皮顏色不均。

■產品內部品質（佔 25 分）
1. 組織：佔 9 分，應細緻鬆軟而富彈性，如有下列情形者每項扣 3 分。
(1) 粗糙而鬆散。 (2) 緊密而堅韌。 (3) 表皮太厚。
2. 口感：佔 8 分，應清爽可口不黏牙，鹹甜適中，如有下列情形每項扣 3 分。 (1) 乾燥或黏牙。 (2) 咀嚼味道不正常。
3. 風味：佔 8 分，應具該種蛋糕特有之濃郁香味，下列情形者扣分。
(1) 不良異味者扣 8 分。 (2) 人工香料味太重者扣 3 分。

烘焙小技巧

1. 攪拌時，應使用中速，分 2/3、1/3 兩次加入糖，則蛋白打出體積較大，較堅韌。
2. 拌入乾性材料時，避免拌太久，會使麵糊產生韌性，影響蛋糕體積和品質。
3. 裝模後，輕敲烤模，使麵糊內氣泡跑出，組織較無孔洞。
4. 蛋糕表面裂開處之麵糊堅實乾燥而不黏手，即已烤熟，應即出爐，並倒扣使正面向下，防止蛋糕過度收縮。

蒸烤雞蛋牛奶布丁
Baked Custard Pudding

蒸烤雞蛋牛奶布丁

Baked Custard Pudding

題　目

製作底部直徑4.5公分高5.5公分之布丁(1)18個 (2)20個 (3)22個，焦糖每個約重5公克，成品脫模5個。

特別規定：（1）烤模由承辦單位提供。
（2）焦糖(砂糖用量為100公克)，由考生自行製作，須具焦糖色但不得有苦味，否則以零分計。
（3）布丁餡液每個90±10c.c.，成品(未脫模)須達烤模高度80%以上，否則以不良品計。
（4）成品(未脫模)表面裂開超過10%者，以不良品計。
（5）脫模後裂開或形狀崩塌，2個(含)以上者，以零分計。

烘焙計算

(1) $\frac{100\times18}{163}=\frac{1800}{163}\fallingdotseq 11.04$　　11.42倍 × 材料% ＝實際秤料重量

焦糖：每個約5g（依考題砂糖100g的配方來製作焦糖）

(2) $\frac{100\times20}{163}=\frac{2000}{163}\fallingdotseq 12.27$　　12.27倍 × 材料% ＝實際秤料重量

焦糖：每個約5g（依考題砂糖100g的配方來製作焦糖）

(3) $\frac{100\times22}{163}=\frac{2200}{163}\fallingdotseq 13.50$　　13.50倍 × 材料% ＝實際秤料重量

焦糖：每個約5g（依考題砂糖100g的配方來製作焦糖）

製作條件

成品數量	18個
西點分類	蒸烤布丁
攪拌方式	兩部混合
使用模具	布丁模
烤焙溫度	上火170°C／下火180°C
烤焙時間	25～30分鐘
裝飾配料	焦糖

配方及百分比

材料名稱	%	數量/g
布丁蛋液		
牛奶	100	1104
全蛋	31	342
蛋黃	9	99
細砂糖	22	243
香草精	1	11
合計	163	1799

材料名稱	%	數量/g
焦糖		
細砂糖	100	100
水	30	30
合計	130	130

蒸烤雞蛋牛奶布丁
Baked Custard Pudding

製作程序

1.焦糖：細砂糖加水潤濕，並以小火加熱。

2.持續加熱，如鍋邊焦黃，用毛刷沾水刷一下。

3.煮至冒煙成焦黃色（約115℃）離火，加入30g水降溫拌勻，以免焦糖過黑變苦。

4.焦糖倒入布丁杯中，冷卻備用。

5.布丁蛋液：牛奶煮至約60°C，加糖至融化。

6.蛋打散（勿起泡），將熱鮮奶及香草精分次加入拌勻。

3.全部材料過篩。

4.倒入已置焦糖的布丁杯中，隔熱水烤。

評分要點說明

■操作技術（佔 20 分）

1. 動作熟練度佔 10 分。
2. 未事先煮焦糖扣 5 分。
3. 冷水烤焙扣 5 分。

■產品外觀品質（佔 25 分）

1. 形狀：佔 10 分。
   (1) 大小一致，形狀整齊不破裂，本項佔 5 分。 (2) 中間凹陷不平整，本形狀項扣 5 分。
2. 顏色：佔 10 分，呈金黃色，有下列情形者各扣 5 分。
   (1) 顏色呈乳白色。 (2) 顏色呈咖啡色。 (3) 焦糖顏色呈黑咖啡色。 (4) 烤焙後表面呈霧狀。

■產品內部品質（佔 25 分）

1. 組織：佔 10 分，柔嫩，若有下列情形者各扣 5 分。
   (1) 孔洞太多。 (2) 呈現顆粒蛋白。 (3) 烤焙不足。
2. 口感：佔 10 分，滑口黏牙，有下列情形者各扣 5 分。
   (1) 過於堅硬。 (2) 過於鬆散不熟。
3. 風味：佔 10 分，有下列情形扣 5 分。
   (1) 口味不正。 (2) 焦糖苦澀。 (3) 淡而無味。

烘焙小技巧

1. 蒸烤布丁，烤盤內須加熱水，如加冷水不易烤熟。
2. 布丁蛋液倒入模型前，如有泡沫可用面紙或保鮮膜貼於蛋液表面，慢慢倒入模內，即可去掉泡沫。
3. 煮焦糖時，如未著色焦黃前，切勿攪拌，以防砂糖結晶。
4. 輕搖布丁，如不晃動、有彈性，即已烤熟。
5. 蛋液重量可依考場提供的烤模，裝水秤量後決定重量多寡。

奶油空心餅
Cream Puff

製作程序

1.布丁餡：玉米粉加低筋麵粉，加入細砂糖拌勻後，將蛋黃加入拌勻成糊狀。

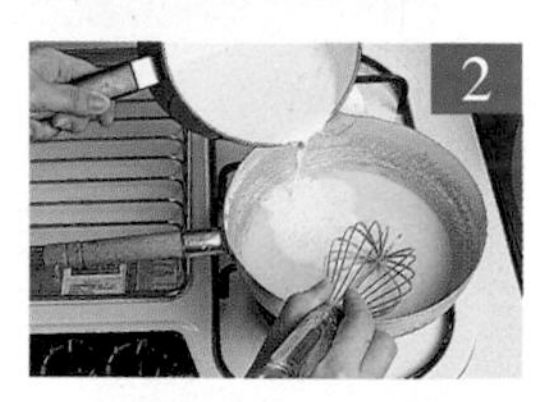

2.鮮奶煮沸後，慢慢倒入麵糊中拌勻。

3.以小火煮成濃稠、冒氣泡後，離火加入奶油拌勻，即成奶油布丁餡，表面覆蓋保鮮膜，置於冰箱冷藏備用。

4.泡芙：沙拉油加水、鹽煮沸。

5高筋麵粉一次倒入沸水內。

6.以小火攪拌至糊化，直至鍋邊有層薄薄的麵糊膜後，即可離火。

7.麵糊置攪拌缸，以槳狀攪拌器拌至約65°C，將蛋分次加入拌勻。

8.攪拌至麵糊拉起慢慢滑下，並呈三角形光滑狀。

9.麵糊裝入擠花袋，以平口花嘴擠立體圓球狀於烤盤上，依考題規定擠出符合之數量。

10.烤前表面噴水即可入爐烤烘。泡芙噴水是為防止表皮太快結皮，影響膨脹，同時也使烤箱內部充滿水氣，有助於泡芙膨脹。

11.填裝內餡：泡芙放涼後，將布丁餡自冰箱取出。以切刀在泡芙 1/3 處切開（不切斷）。

12.布丁餡置於擠花袋中，擠出適量的布丁餡（餡料不得露出泡芙外）。

評分要點說明

■操作技術（佔 20 分）

1. 煮燙麵糊與攪拌情形：佔 10 分
   (1) 麵粉未過篩扣 4 分。 (2) 蛋未打入容器，直接打入攪拌缸者扣 4 分。 (3) 麵糊未量溫度者扣 4 分。
2. 整型手法：佔 5 分。
   (1) 大小不一致扣 2 分。 (2) 擠放位置不整齊者扣 2 分。
3. 烤焙方法：佔 5 分。
   (1) 進爐前未噴水扣 1 分。 (2) 用嘴巴噴水者扣 3 分。 (3) 烤爐未事先定溫度者扣 1 分。

■產品外觀品質（佔 25 分）

1. 體積：佔 10 分
   (1) 未達麵糊厚度 4 倍者扣 2 分。 (2) 未達麵糊厚度 3 倍者扣 4 分。 (3) 未達麵糊厚度 2 倍者扣 10 分。
2. 形狀：底部闊圓平整，佔 10 分。
   (1) 不挺立者扣 2 ～ 4 分。 (2) 龜裂痕跡不明顯者扣 3 分。 (3) 頂端平而有腰者扣 2 分。 (4) 多粒黏合在一起者扣 2 分。 (5) 底部呈凹形者扣 3 分。
3. 顏色：悅目，佔 5 分。
   (1) 顏色慘淡無光澤扣 3 分。
4. 烤焙均勻程度：色澤一致，佔 5 分。
   (1) 底部顏色過淺或過焦，不均勻者扣 2 分。 (2) 頂部顏色過淺或過焦，不均勻者扣 2 分。
5. 表皮質地：酥鬆不具韌性，佔 5 分。
   (1) 過份柔軟無酥鬆性者扣 3 分。

■產品內部品質（佔 25 分）

1. 口感：佔 7 分，應求爽口、不黏牙、不濕黏、鹹甜適中，如有下列情形者各扣 3 分。
   (1) 濕黏或黏牙。 (2) 咀嚼味道不正確。
2. 組織與結構：佔 8 分，應求中空，如有下列情形者各扣 3 分。
   (1) 內部呈網狀結構者。 (2) 組織粗糙多顆粒。

烘焙小技巧

1. 麵糊的軟硬度，可以剩餘未加入之蛋液作調整，如已呈三角形光滑狀，則蛋可不必加完。
2. 可將刮板置於磅秤上，秤量 40g 的麵糊，依其大小擠製。
3. 烤焙時產品會脹至兩倍大，所以擠麵糊時，相隔距離約 5 公分，以防黏附，並使產品受熱較均勻。
4. 進爐烤焙定型後，可將爐火關小，繼續烤到裂痕處顏色均勻，用手指輕測產品腰部，有堅硬易脆裂的程度，即可出爐。
5. 烤焙至 20 分鐘以前，不可開爐門且將通氣閥門關上，以避免冷空氣進入影響膨脹。

檸檬布丁派
Lemon Pudding Pie

製作程序

1.麵粉過篩、加入奶油拌合後，加入與糖、鹽拌勻的冰水，拌合成糰。

2.以塑膠袋包好壓平，冷藏約 30 分鐘備用。

3. 取 250g 麵糰以擀麵棍擀成約 0.3 ～ 0.4 公分厚之派皮。

4.以 擀麵棍捲起派皮置於派盤底部。

5. 派皮整型好用叉子刺洞（要刺到底，才不會凸起），鬆弛約 20 分鐘後入爐烤焙。

6.內餡：水煮開加糖、鹽拌溶解，玉米粉加水及蛋黃拌勻，兩者拌在一起。

7. 再用小火煮至膠凝光亮後離火，趁熱將檸檬汁及奶油加入拌勻。

9.表面以抹刀抹平，靜置冷卻即成。

8.內餡趁熱倒入已烤好的派皮中抹平。

評分要點說明

■操作技術（佔 20 分）

1. 動作熟練度佔 10 分。
2. 烤爐未事先設定溫度者扣 2 分。
3. 派皮厚度不一致者扣 4 分。
4. 進爐前未鬆弛扣 4 分。

■產品外觀品質（佔 25 分）

1. 形狀：佔 5 分，宜完整，邊緣與派盤等大，有下列情形者，每一項扣 2 分。
   (1) 派皮邊緣太厚。 (2) 派皮縮入派盤內緣。 (3) 派皮底部隆起變形者。 (4) 派皮不渾圓而有破碎者。
2. 顏色：佔 4 分，應具金黃色澤，有下列情形者，每一項扣 2 分。
   (1) 顏色過淺而不具焦黃色。 (2) 顏色過深呈褐色。
3. 烤焙均勻程度：佔 5 分，顏色深淺須一致，有下列情形者，每一項扣 2 分。
   (1) 焦黑而有斑點。 (2) 底部與邊側顏色不勻。
4. 酥性：佔 6 分，應酥鬆而呈片狀，有下列情形者，每一項扣 2 分。
   (1) 無片狀層次。 (2) 酥硬而不鬆。 (3) 脆硬而不酥鬆。

■產品內部品質（佔 25 分）

1. 顏色：佔 5 分，應呈奶黃色，而具有光澤透明感，如有下列情形者，每一項扣 2 分。
   (1) 色澤渾濁不清。 (2) 顏色太深。
2. 凝凍情形：佔 15 分，應可切割，挺立而抖動，不可堅硬如羊羹，無法凝凍者不予計分，如有下列情形者，每一項扣 5 分。
   (1) 堅硬缺乏彈性。 (2) 凝凍而不挺立呈糊狀，難以切割。
3. 口味：佔 10 分，應酸甜合宜，且具有檸檬香味，如有下列情形者，每一項扣 2 分。
   (1) 過酸而不甜。 (2) 過甜而不酸。 (3) 淡而無味。 (4) 內餡不爽口呈糊狀，有黏嘴感。

烘焙小技巧

1. 派皮整型好先刺洞，須鬆弛 15 分鐘以上再入爐烤焙，以免派皮收縮及凸起。
2. 蛋白霜攪拌以中速拌至濕性發泡即可，如打至太乾性發泡，則勾起之紋路較不明顯。
3. 檸檬布丁餡須趁熱裝入熱派皮內，冷卻變 Q 硬後就不易整型抹平。
4. 熱蛋白糖裝飾製作與否，需依考場規定。

墨西哥麵包
Mexican Bread

製作程序

1. 基本發酵完成後，將麵糰分割成61g共28個，滾圓後蓋保鮮膜（中間發酵15分鐘）備用。

2. 奶酥餡：將糖粉過篩，鹽、奶油、酥油置於缸中混合打發。

3. 分次將蛋液加入，充分混合。

4.奶粉、玉米粉過篩加入拌勻，即可冷藏備用。

5. 將麵糰輕輕滾圓壓扁，包奶酥餡30g，排盤進發酵箱做最後發酵。

6. 墨西哥麵糊：將糖粉、奶油、和鹽置於盆中，拌勻即可，不可打發，否則流動性差，表面孔洞大。

7. 蛋分次加入。

8. 須回復原狀才可再加蛋，以防油水分離。

9.將低筋麵粉過篩倒入。

10.攪拌成糰即可。

11.最後發酵完成後，入爐烘烤前須先擠上麵糊，麵糊量要小心控制以防不足。

應考心得

1. 麵包出爐顏色，請自行控制爐溫。因爲上部覆蓋麵糊，所以上火大，當麵包烤焙至稍有顏色時，將烤盤調頭，待顏色均勻時，關上火，至快熟時，再視當時顏色開上火，烤至所需色澤。
2. 請於麵糰基本發酵時，製作奶酥餡。
3. 請於麵包做最後發酵時製作墨西哥麵糊。裝飾時麵糊約 30g，且佔麵包表面 1/2 的面積。
4. 包餡時，收口要確實，以防烘烤時爆出。
5. 包入餡時須注意：
   (1) 餡的軟硬度 ── 餡硬時，麵糰中間發酵鬆弛時間可縮短，餡軟時麵糰中間發酵鬆弛時間可增長，兩者軟硬度須配合。
   (2) 餡的溫度 ── 溫度不可過低，否則麵糰中之酵母遇低溫，會不易發酵或死亡。
6. 麵糰表面有裝飾重量時，最後發酵不可發得太充足，以防下塌。

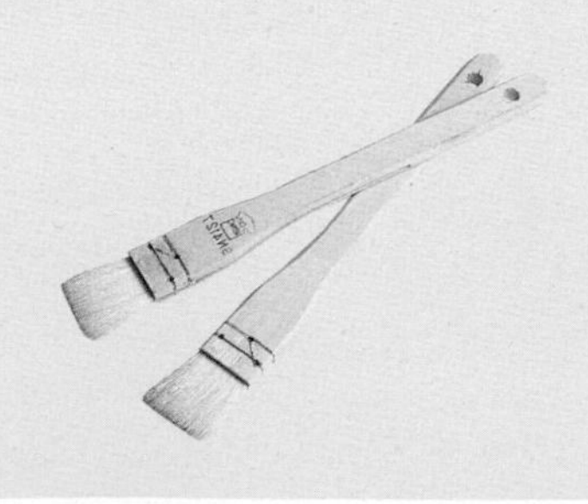

半月形牛角麵包
Croissant

半月形牛角麵包
Croissant

題　目

製作每個成品重 40±5 公克的牛角麵包：(1) 28 個 (2) 30 個 (3) 32 個。
（其中未裹油麵糰：裹入油爲 100：30）

特別規定：
（1）本試題請監評人員評核應檢人整型後、最後發酵前麵糰重量，並蓋確認章。
（2）裹油後麵皮嚴重破裂者(監評人員需於製作過程中評定)，以零分計。
（3）剩餘麵糰不得超過 20%，否則以零分計。
（4）取成品數量 20% 秤重，每個平均重量必須控制在規定範圍內，否則以零分計。
（5）有下列情形之一者，以不良品計：成品外觀無捲三捲以上(三層以上)，或成品兩角內側距離大於 5 公分，或成品高度低於 4.5 公分，或無明顯層次，或未發酵麵皮厚度超過 0.3 公分。

烘焙計算

(1) $40 \times 28 \div 0.8 = 1400$（含裹入油總麵糰重量）

$1400 \times \dfrac{30\text{（裹入油）}}{(100+30)\text{總比例}} = 323$（裹入油重量）

$1400 \times \dfrac{100\text{（麵糰）}}{(100+30)\text{總比例}} = 1077$（麵糰重量）

$\dfrac{1077}{182.5} \fallingdotseq 5.9$　5.9 倍 × 材料 % ＝實際秤料重量

(2) $40 \times 30 \div 0.8 = 1500$

$1500 \times \dfrac{30}{(100+30)} = 346$

$1500 \times \dfrac{30}{(100+30)} = 1154$

$\dfrac{1154}{182.5} \fallingdotseq 6.32$

(3) $40 \times 32 \div 0.8 = 1600$

$1600 \times \dfrac{30}{(100+30)} = 369$

$1600 \times \dfrac{30}{(100+30)} = 1231$

$\dfrac{1231}{182.5} \fallingdotseq 6.75$

製作條件

成品數量	40g × 28 個
製作方式	直接發酵法
攪拌終溫	24°C
基本發酵	常溫 20 分鐘後，冷凍鬆弛至適當
擀折次數	3 折 ×3 次（英式包油法）
分割重量	50g×28 個
整型方式	牛角狀
最後發酵	溫度 30°C，濕度 55%，時間 40 ～ 60 分鐘
烤焙溫度	上火 210°C ／下火 190°C
烤焙時間	15 ～ 20 分鐘

配方及百分比

材料名稱	%	數量/g
高筋麵粉	80	472
低筋麵粉	20	118
水	50	295
鹽	1	6
糖	10	59
即發乾酵母	1.5	9
奶粉	6	35
全蛋	10	59
奶油	4	24
合計	182.5	1077

半月形牛角麵包
Croissant

製作程序

1. 以直接發酵法製作麵糰，攪拌至擴展階段，麵糰光亮光滑撐開不易破，且薄膜較厚。置於桌上基本發酵鬆弛20分鐘後，於冷凍中鬆弛至手指可壓下去的程度最佳。

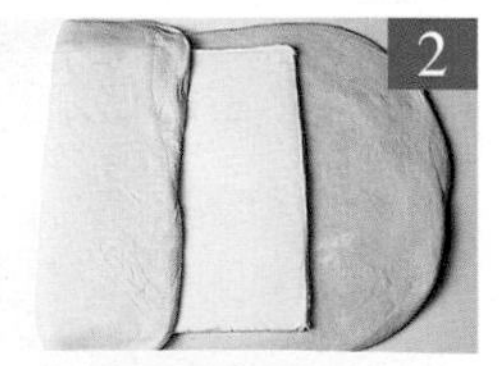

2. 包油時，將麵糰□成裏入油脂大小的2倍大，把裏入油置於中間包好。（油脂最好與麵糰相同軟硬度）。

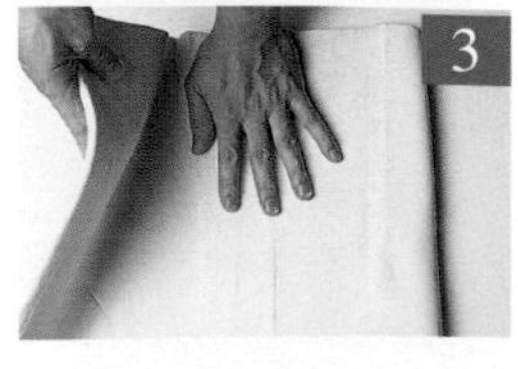

1. 製作流程同三辮丹麥吐司（p96），但於3折3次冷凍鬆弛後，將麵糰擀開厚約0.3cm，長90× 寬30cm。

2. 先切割成三片。

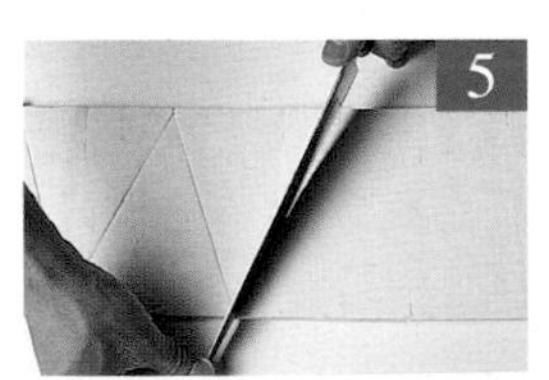

3.將三片重疊，量尺寸後再一起切割較迅速。

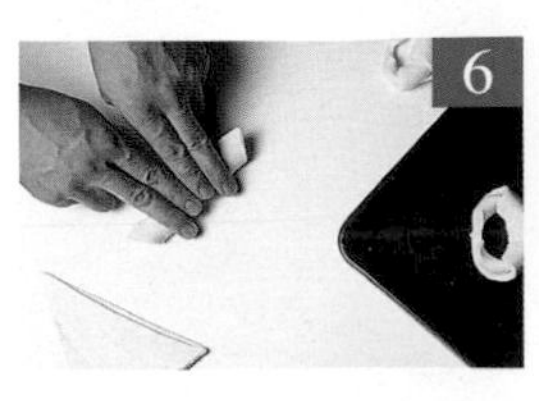

6.將片狀三角麵糰底部中間切開約2.5cm，從切割處向外向下捲起。

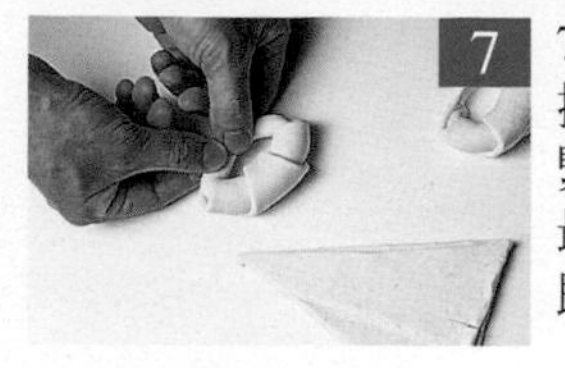

7. 將三角尖端朝下壓住，捲彎成牛角形，兩邊捏緊。整型好之牛角裝盤做最後發酵。發酵完成後，即可刷蛋，入烤爐。

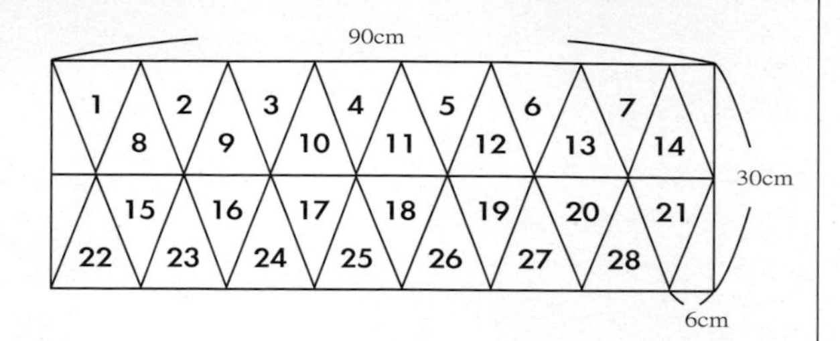

應考心得

1. 若欲製作 30 個，可擀成長 66× 寬 45 公分；製作 32 個時可將麵皮擀成長 54× 寬 60 公分來切割。
2. 注意事項及折疊要領，可參考丹麥吐司。
3. 麵糰分割完成後不可剩餘過多，否則烤焙後成品重量會不足，剩餘麵糰要平均包入每個牛角麵糰。
4. 牛角層次要分明時，最後發酵時間要短（油脂厚），若要牛角體積大時，最後發酵時間要長（油脂薄無層次）。
5. 牛角要捲 3 ～ 4 圈，並將兩角向外搓長捲起，接合時才不致彈開。
6. 裹油類麵包最好用新鮮酵母，夏天要加冰塊（因爲新鮮酵母最抗凍）。
7. 捲彎牛角形時，若麵皮麵粉太多或太乾，不易捲起時，刷蛋水或水可改善。
8. 麵糰冷藏或冷凍溫度約 0 ～ 5°C，勿超過 5°C 以上，因溫度低，酵母會凍傷，溫度高則會發酵。
9. 最後發酵溫度：使用安佳奶油時爲 30°C，瑪琪琳時爲 38°C，混合油時爲 30 ～ 32°C。
10. 分割時須使用利刀，產品層次會較佳。
11. 烤焙溫度並先預備爐溫爲上火 190°C ／下火 190°C，入爐後調溫上火 210°C ／下火 190°C。出爐後應立即敲烤盤，使熱氣散出，產品馬上定型。

菠蘿甜麵包
Pineapple-Skin Bread

製作程序

1. 麵糰：麵糰製作請參考直接發酵法（p10），完成麵糰攪拌，進行基礎發酵。

2. 基本發酵好後，將麵糰分割成 62g 共 28 個，滾圓後蓋保鮮膜進行中間發酵 15 分鐘備用。

3. 製作菠蘿皮：將糖粉、酥油、鹽及奶粉略微打發，加入全蛋拌匀，加入低粉，用橡皮刮刀拌成糰。分割成 22g 共 28 個。

4. 製作奶酥餡：將糖粉、酥油置於缸中混合打發。

5.把蛋液分次加入，充分混合，接著加入玉米粉拌匀。

6.將奶粉加入，用橡皮刮刀拌成糰即可。

7.將麵糰由外向內捏緊，至菠蘿皮約覆蓋麵糰的2/3。

8.工作檯先撒些麵粉，放上菠蘿皮，再將麵糰往上壓，順勢取起。

5.將麵糰由外向內捏緊，至菠蘿皮約覆蓋麵糰的2/3。

6.排盤後即可進發酵箱做最後發酵，發酵至2～3倍大時，菠蘿皮會自然裂開，刷上蛋黃後即可入爐烤焙。

應考心得

1. 麵糰：奶酥餡：菠蘿皮＝60g：24g：24g（實際秤料重量）。
2. 奶酥餡配方請參照本書P.67之配方百分比，依規定重量製作。
3. 請於麵糰基本發酵時，準備菠蘿皮，在加低筋粉拌成糰時，調整軟硬度，不黏手可搓長即可，分割後須蓋保鮮膜以防水份蒸發，使得包菠蘿皮時易分裂，不好包。
4. 整型好之菠蘿麵包，表面馬上塗蛋黃液，以防產品乾裂。
5. 在作最後發酵時，因爲外表包覆菠蘿皮所以不必濕度，故於夏天製作時，可以在室內發酵即可。
6. 烤焙溫度上火較大，烤至上色即調頭，均勻後關上火，至出爐前再看顏色作決定是否再開上火，烤焙至所需程度。

起酥甜麵包
Sweet Croissant Bread

製作程序

1. 麵糰：麵糰製作請參考直接發酵法（p10），完成麵糰攪拌，進行基礎發酵。

2. 基本發酵完成後，將麵糰分割成 50g 共 28 個，滾圓後蓋保鮮膜中間發酵 15 分鐘備用。

3. 起酥皮麵糰以直接法攪拌，至擴展階段可得一厚膜。裏入油方式同三角鬆餅 3 折 ×4 次。冷凍鬆弛 30 分鐘後，將麵糰擀開成 48×84cm，要修邊，鬆弛 15 分鐘，分割成 12×12 共 28 片，冷凍備用。

4.將麵糰再次滾圓，即可排盤進行最後發酵。

5.將麵糰輕輕滾圓壓扁，包蜜紅豆餡 21g，排盤進發酵箱做最後發酵。

6. 麵糰發酵完成後，將起酥片取出，表面刷上蛋黃液。

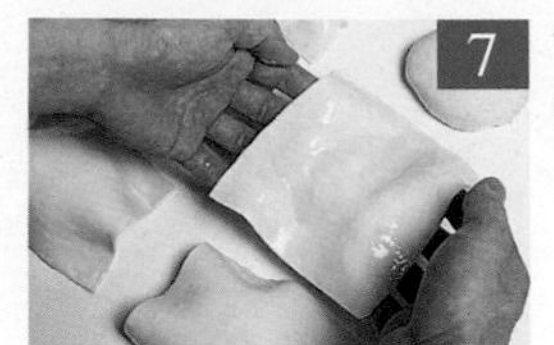

7. 麵糰表面刷水蓋上起酥片，即可入爐烘烤。

8. 出爐後立刻重敲烤盤，置於一旁放涼。

應考心得

1. 麵糰：蜜紅豆粒：起酥皮＝ 50g：21g：29g（實際秤料分割重量）。
2. 入爐開上火，看起酥脹起定型，顏色呈金黃後，關上火燜至完成。
3. 裹入油的方式同丹麥類麵包，冷凍鬆弛即可。
4. 技術檢定時：須先製作起酥皮到 3 折 ×1 次後，再製作麵包麵糰，因爲發酵好的麵包不能等起酥皮。
5. 麵糰中油脂量愈高，烤出來的麵包愈酥。
6. 麵糰在折疊時須用手將多餘的粉刷掉，以防止產品層次不理想，影響產品不酥鬆。

帶蓋全麥吐司 Wheat Toast

題　目

(1) 製作每條成品重 1000±30 公克，全麥吐司三條（全麥粉：麵粉＝ 50：50）
(2) 製作每條成品重 970±30 公克，全麥吐司三條（全麥粉：麵粉＝ 45：55）
(3) 製作每條成品重 950±30 公克，全麥吐司三條（全麥粉：麵粉＝ 40：60）

特別規定：（1）測試前監評人員應檢測模具容積 (c.c.)，並紀錄於術科測試監評人員監評前協調會議紀錄上。（2）每條吐司麵糰須分割為 5 個再整型。（3）成品重量必須控制在規定範圍內，否則以不良品計。（4）側腰凹陷處小於模具 80%者，以不良品計。（5）成品高度未達模具高，差 1 公分以上者，以不良品計。（6）成品頂部長度或寬度溢出模具 0.3 公分以上，以不良品計。（7）成品表皮裂開超過 10%者，以不良品計。

烘焙計算

(1) $\dfrac{1000\times3\div0.85\text{（操作及烤焙耗損）}}{187.5}$

$=\dfrac{3529}{187.5}\fallingdotseq 18.82$

18.82 倍 × 材料 % ＝實際秤料重量

(2) $\dfrac{970\times3\div0.85}{187.5}=\dfrac{3424}{187.5}\fallingdotseq 18.26$

(3) $\dfrac{950\times3\div085}{187.5}=\dfrac{3353}{187.5}\fallingdotseq 17.88$

帶蓋全麥吐司
Wheat Toast

配方及百分比

材料名稱	%	數量/g
全麥粉	50	941
高筋麵粉	50	941
水	48	903
鹽	1	19
糖	10	188
即發乾酵母	1.5	28
奶粉	4	75
全蛋	15	282
奶油	8	151
合計	187.5	3528

製作條件

成品數量	1000g×3 條
製作方式	直接發酵法
攪拌終溫	26°C ～ 28°C
基本發酵	溫度 28°C、濕度 75%、時間 40 ～ 50 分鐘
分割重量	220g×15 個
中間發酵	15 分鐘
整型方式	擀捲 2 次
最後發酵	溫度 38°C、濕度 85%、時間 60 分鐘
烤焙溫度	上火 220°C ／下火 230°C
烤焙時間	35 ～ 40 分鐘

製作程序

1. 麵糰製作請參考直接發酵法（p10），基本發酵完成時，手指按壓不彈回即可。

2. 將麵糰分割成 220g 共 15 個後，滾圓，蓋上保鮮膜放置，中間發酵 15 分鐘。

3. 將麵糰擀開翻面做第一次擀捲，雙手手指緊貼麵糰，向下向內擠壓，至捲完，接口再搓揉一下，使之密合。鬆弛 10 分鐘。

4. 將麵糰接口上，再次用擀麵棍由中間向前後均勻擀開，長度約 30 ～ 35 公分，才能捲出 2 圈半至 3 圈。

5.由上而下均勻捲起，最後再搓揉一下使接口密合。

6. 將整型好的麵糰接口朝下，均勻放置於模中，不互相擠壓，即可做最後發酵。發酵至 9 分滿後進爐烤焙。吐司出爐後立即脫模置於網架上，以防收縮。

應考心得

1. 因考題要求成品重，故烘焙計算中為顧及製作損耗及烤焙水份蒸發，需除以 0.85 來計算。
2. 須依照技檢規定來製作（如全麥粉：麵粉＝ 50：50，即配方中之烘焙百分比，全麥粉為 50%，麵粉為 50%）。
3. 如配方中新鮮酵母改成快發酵母（乾酵母）時，用量除以 3 即可。
4. 麵糰攪拌完成後，放入基本發酵桶或缸盆中前，需塗抹奶油，以放止沾黏不易取下麵糰。
5. 分割麵糰時，應將擀剩餘麵糰平均加回 15 個麵糰中，以免烤焙後成品重量不足。
6. 麵糰整型時，勿擀捲太緊，以防影響最後發酵及烤焙彈性。
7. 麵糰最後發酵時的發酵高度，取決於麵糰量的多寡。麵糰量少時（如 950g）9 分滿入烤爐。麵糰量多時（如 1000g）8 分滿入烤爐。
8. 麵包烤焙約 30 分鐘後關火，燜 10 分鐘，共烤 40 分鐘。
9. 麵包烤焙時間未到 35 分鐘時，切忌推開蓋子看。若稍微推開蓋子時有阻力，則表示吐司還沒熟，但若稍離模時則熟，待烘烤至所需顏色，即可出爐。
10. 最後發酵如遇擋爐時可先以手沾水，輕輕將麵糰消些氣，否則蓋上蓋子後烤會出角，且發酵過度會影響分數。

帶蓋白吐司
Toast

帶蓋白吐司

Toast

題　目

製作每條成品重 900±30 公克，帶蓋白吐司三條，配方限用麵粉 100%
(1) 糖含量 2%，油脂含量 2%，(2) 糖含量 3%，油脂含量 3%，(3) 糖含量 4%，油脂含量 4%，以上均以直接發酵法製作。

特別規定：
（1）測試前監評人員應檢測模具容積 (c.c.)，並紀錄於術科測試監評人員監評前協調會議紀錄上。
（2）新鮮酵母限用 3.5%（或即發酵母粉限用 1.2%）以下。
（3）攪拌前麵粉、糖、油脂及酵母等四項材料必須經由監評委員確認重量並蓋確認章。
（4）每條吐司麵糰須分割爲 5 個再整型。
（5）成品重量必須控制在規定範圍內，否則以不良品計。
（6）側腰凹陷處小於模具 80% 者，以不良品計。
（7）成品高度未達模具高，差 1 公分以上者，以不良品計。
（8）成品頂部長度或寬度溢出模具 0.3 公分以上，以不良品計。
（9）成品表皮裂開超過 10% 者，以不良品計。

烘焙計算

(1) $\frac{900\times3\div0.85}{173.2}=\frac{3176}{173.2}\fallingdotseq 18.34$

18.34 倍 × 材料 % ＝實際秤料重量

(2) $\frac{900\times3\div0.85}{175.2}=\frac{3176}{175.2}\fallingdotseq 18.13$

(3) $\frac{900\times3\div0.85}{177.2}=\frac{3176}{177.2}\fallingdotseq 17.92$

製作條件

成品數量	900g × 3 條
製作方式	直接發酵法
攪拌終溫	26°C ～ 28°C
基本發酵	溫度 28°C，濕度 75%，時間 40 ～ 50 分鐘
分割重量	200g×15 個
中間發酵	15 分鐘
整型方式	擀捲 2 次
最後發酵	溫度 38°C，濕度 85%，時間 60 分鐘
烤焙溫度	上火 220°C ／下火 230°C
烤焙時間	35 ～ 40 分鐘

配方及百分比

材料名稱	%	數量/g
高筋麵粉	100	1834
水	63	1155
鹽	1	18
糖	2	37
即發乾酵母	1.2	22
奶粉	4	73
奶油	2	37
合計	173.2	3176

帶蓋白吐司
Toast

製作程序

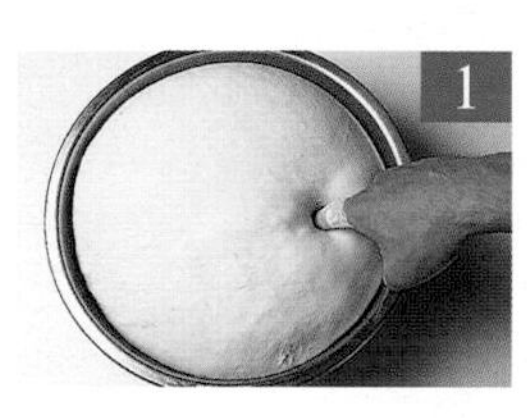

1. 製作麵糰請參考直接發酵法（p10），發酵至用手指沾粉插入麵糰，留下指形凹痕，不回彈即可。

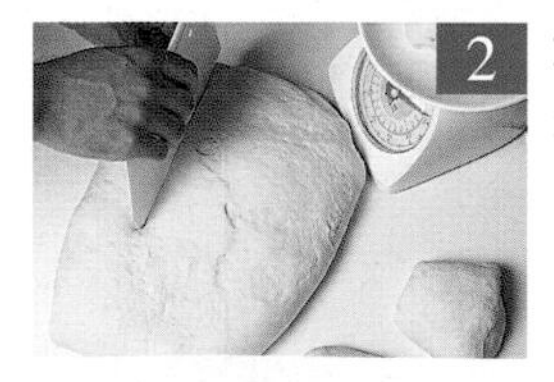

2. 將麵糰分割成每個 200g 共 15 個。

3. 將麵糰置於虎口下方，手指往裡彎，順勢畫圓，使之表面光滑有彈性。

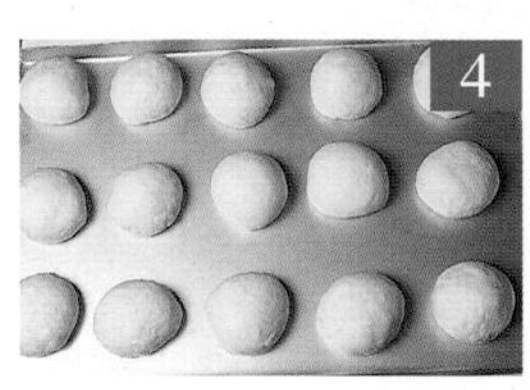

4. 放置工作檯上發酵 15 分鐘，讓麵糰鬆弛軟化。

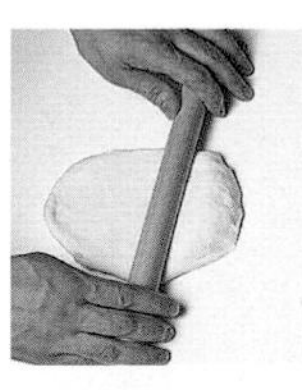

5. 用 擀麵棍由中間向前後均勻擀開。

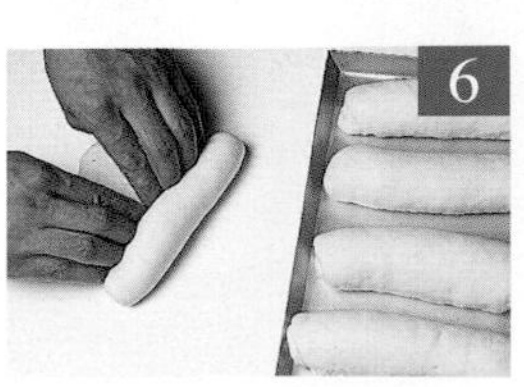

6. 將擀開之麵糰翻面，由上而下捲起時表面才會光滑且較不黏。

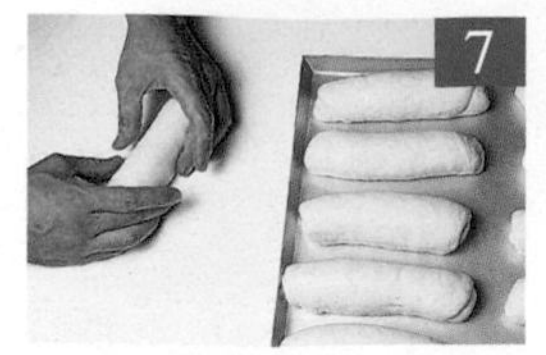

7.捲成圓筒狀後，再將麵糰搓揉一下，使麵糰扎實，放置鬆弛 10 分鐘。

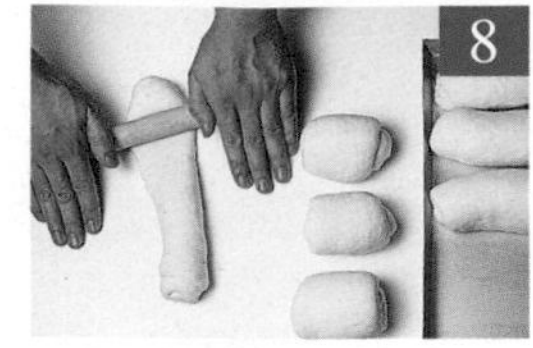

8. 將麵糰接口朝上，再次用擀麵棍由中間向前後均匀擀開，長度約 30 ～ 35cm，才能捲出 2 圈半至 3 圈半。

9.由上而下均勻捲起，最後再搓揉一下，使接口密合。

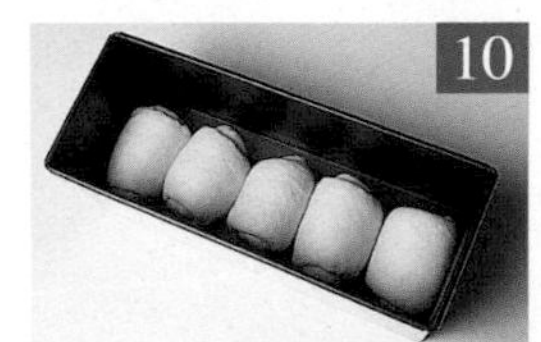

10. 將整型好的麵糰，接口朝下放置於模中即可做最後發酵。發酵至 9 分滿即可裝蓋子進爐烤焙。麵包烤好立即脫模。

應考心得

1. 麵包烤焙約 30 分鐘後關火燜 10 分鐘，共烤約 35 ～ 40 分鐘。
2. 未烤至 35 分鐘時，勿開蓋看。若稍微推開蓋子有衝壓力時，則表示吐司還沒熟，但若稍離模時則熟，待烤至所需顏色即可出爐。
3. 須依技檢規定來製作。如配方百分比中限麵粉為 100%，糖為 2%，油脂為 2%，並以直接法製作。
4. 基本發酵的判斷：可將手指沾高粉插入麵糰中，若不縮彈表示發酵完成，若縮彈表示發酵不足，若表面塌陷則表示發酵過度。
5. 吐司模蓋切勿塗油，否則產品出爐後易收縮。
6. 滾圓的要訣是利用手刀及大拇指使麵糰底部滾動，進而使表面麵皮向下拉緊。
7. 中間發酵時，麵糰表面須蓋上濕毛巾或保鮮膜，防止麵糰表面乾裂。
8. 最後發酵如遇撞爐時可先以手沾水，輕輕將麵糰消些氣，否則蓋上蓋子後烤會出角，且發酵過度會影響分數。

辮子麵包
Zopf

辮子麵包

Zopf

四辮　五辮　六辮

題　目

製作成品長度 30±3 公分之
(1) 六辮麵包，（每辮麵糰重 100 公克）4 條
(2) 五辮麵包，（每辮麵糰重 100 公克）5 條
(3) 四辮麵包，（每辮麵糰重 100 公克）6 條

特別規定：

（1）成品長度必須控制在規定範圍內，否則以不良品計。
（2）每辮粗細差異太大，每辮直徑差距 0.5 公分以上者，以不良品計。
（3）表面不光滑、或斷裂超過 20% 者，以不良品計。
（4）辮子紋路不明顯，以不良品計。
（5）成品不是直線型，以不良品計。

烘焙計算

六辮 (1) $\frac{100\times(6\times4)\div0.95}{180.5}=\frac{2526}{180.5}\fallingdotseq 13.99$

13.99 倍 × 材料 % ＝實際秤料重量

五辮 (2) $\frac{100\times(5\times5)\div0.95}{180.5}=\frac{2632}{180.5}\fallingdotseq 14.58$

四辮 (3) $\frac{100\times(4\times6)\div0.95}{180.5}=\frac{2526}{180.5}\fallingdotseq 13.99$

製作條件

成品數量	辮子麵包 5 條
製作方式	直接發酵法
攪拌終溫	26°C ～ 28°C
基本發酵	溫度 28°C，濕度 75%，時間 40 ～ 50 分鐘
分割重量	100g×25 個
中間發酵	15 分鐘
整型方式	編辮子
最後發酵	溫度 38°C，濕度 85%，時間 60 分鐘
烤焙溫度	上火 200°C ／下火 190°C
烤焙時間	25 ～ 30 分鐘

配方及百分比

材料名稱	%	數量/g
高筋麵粉	100	1399
水	54	755
鹽	1	14
糖	8	112
全蛋	8	112
即發乾酵母	1.5	21
奶油	8	112
合計	180.5	2525

辮子麵包
Zopf

製作程序

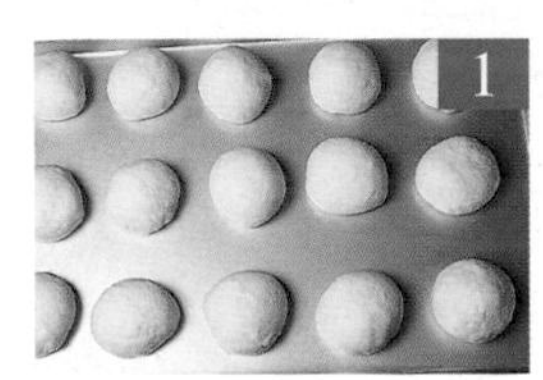

1. 麵糰製作請參考直接發酵法（p10），基本發酵完成後，將麵糰分割成 100g 共 25 個，滾圓後蓋保鮮膜放置，中間發酵 15 分鐘。

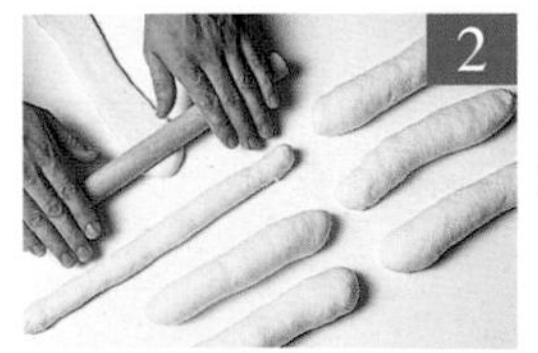

2. 整型：將麵糰擀捲一次，全部做完，再從第一條開始搓長。

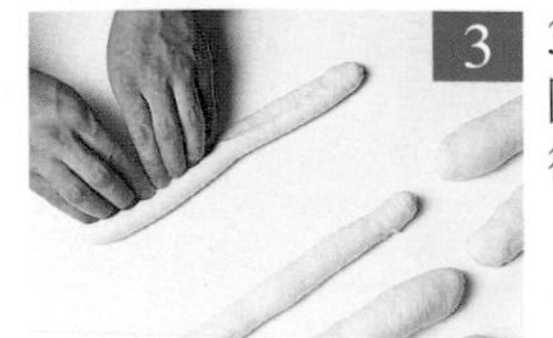

3. 將麵糰對折後稍搓長（像法國麵包整型般），再鬆弛一下後再搓。

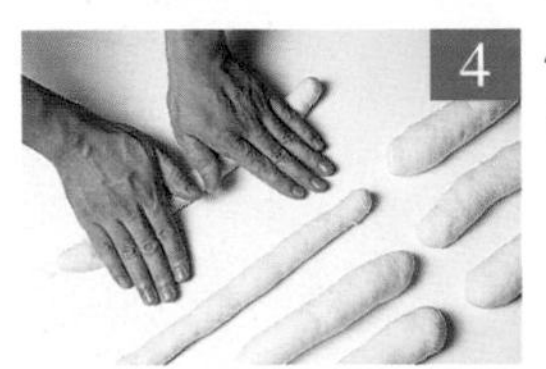

4. 反複鬆弛及搓長，使長度有 40 ～ 45cm。

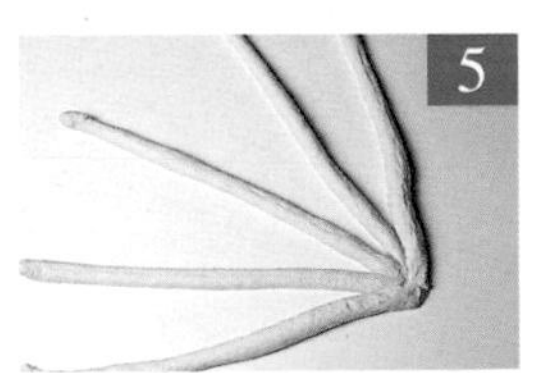

5.取五條麵糰，接頭捏緊，以防鬆脫。

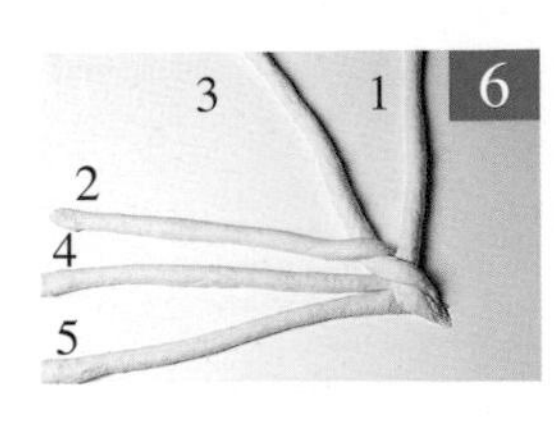

6. 開始五辮結法口訣：2 上 3，第 2 條壓上第 3 條。

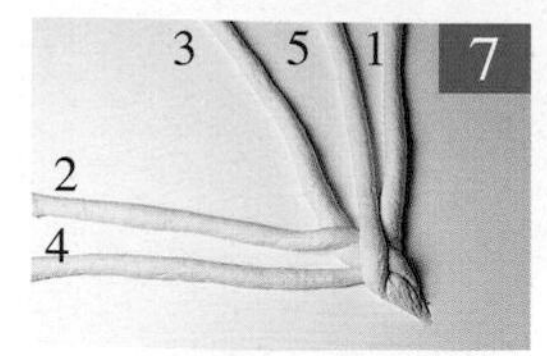

7.口訣：5上2，第5條壓過第2條。

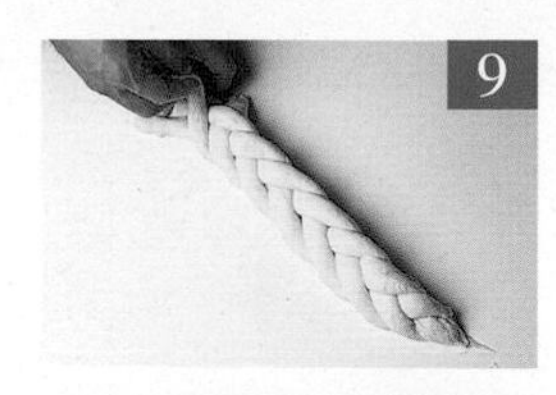

9. 重複編，須牢記五辮口訣2上3，5上2，1上3。

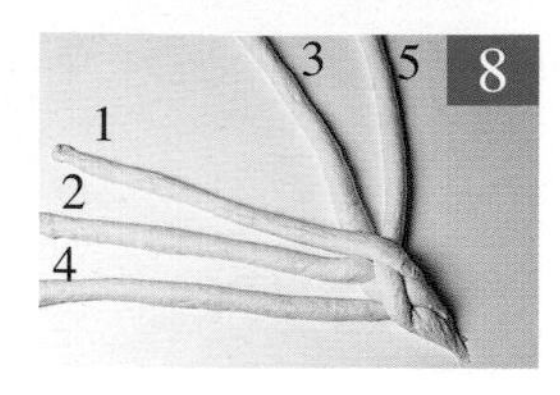

8. 口訣：1上3，第1條壓過第3條

10.編好後翻 45 度角，要看到辮子，不可看到孔洞。排盤後刷蛋水做最後發酵，完成後入爐，入爐前再刷一次蛋水即可烘烤。著色後關上火。

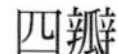
四瓣

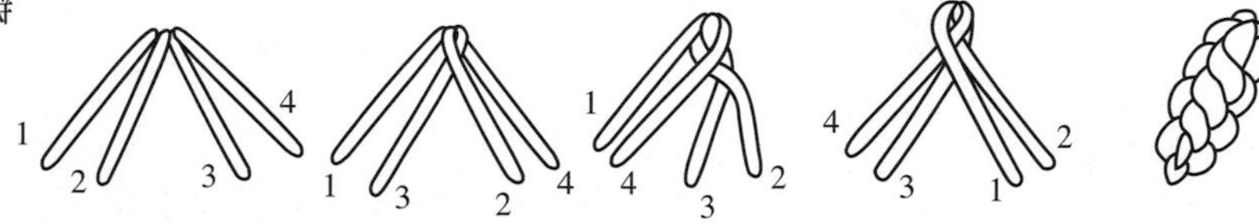

口訣：2上3　4上2　1上3

六瓣

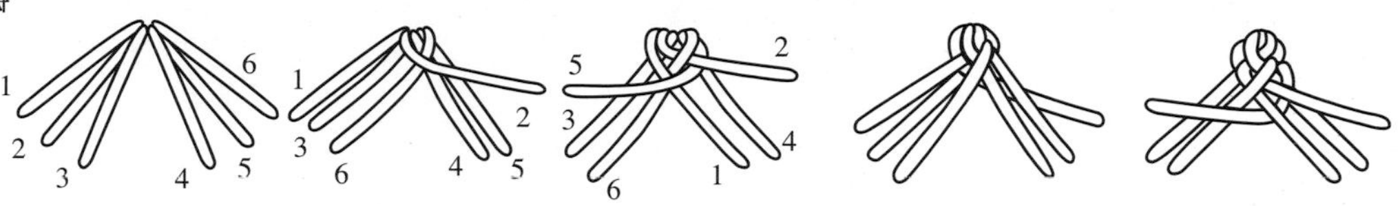

口訣：6上4　2上6　1上3　5上1

應考心得

1. 因考題要求麵糰重，故烘焙計算中爲顧及製作損耗，須除以 0.95 來計算。
2. 須注意麵包成品長度 30±3 公分。
3. 辮子麵包的麵糰大小要一致，氣泡要擠出，搓光滑。
4. 麵糰在攪拌時如太硬，可添加少許蛋加以改善。
5. 麵糰於分割滾圓後，假如沒時間做整型，可先放冷藏以減緩發酵，要蓋上塑膠袋以防結皮，等有空檔時再做此方法，可幫助術科考試時操作時間之分配。
6. 注意麵糰上下的接頭要緊密，但編結成辮時不可太緊，否則發酵後易爆裂開來。
7. 麵糰基本發酵時間 40 ～ 50 分鐘，是裝飾用麵糰，因較好成型搓長。若要食用時，基本發酵時間 70 分鐘，吃的口感會較佳。
8. 考前須將口訣記牢，且編法多練習幾次。

三辮丹麥吐司
Danish Toast

三辮丹麥吐司

Danish Toast

題　目

製作每條裹油後麵糰重 360 公克之三辮丹麥吐司。
(1) 6 條 (2) 7 條 (3) 8 條。
（其中未裹油：麵糰裹入油爲 100：25）

特別規定：
（1）測試前監評人員應檢測模具容積 (c.c.)，並紀錄於術科測試監評人員監評前協調會議紀錄上。
（2）本試題請監評人員評核考生整型後，最後發酵前麵糰重量並蓋確認章。
（3）剩餘麵糰不得超過 10%，否則以零分計。
（4）成品高度未超過烤模高度 2 公分者，以不良品計。
（5）辮子紋路及層次不明顯者，以不良品計。
（6）腰側凹陷處之產品寬度未達 6 公分者，以不良品計。
（7）無明顯層次者，以不良品計。
（8）未發酵麵皮厚度超過 0.3 公分者，以不良品計。

烘焙計算

(1) $360 \times 6 \div 0.9 = 2400$（含裹入油總麵糰重量）

$2400 \times \frac{25\text{（裹入油）}}{\text{（100+25）總比例}} = 480$（裹入油重量）

$2400 \times \frac{100\text{（麵糰）}}{\text{（100+25）總比例}} = 1920$（麵糰重量）

$\frac{1920}{182.5} \fallingdotseq 10.52$　10.52 倍 × 材料 % ＝實際秤料重量

(2) $360 \times 7 \div 0.9 = 2800$

$2800 \times \frac{25}{(100+25)} = 560$

$2800 \times \frac{100}{(100+25)} = 2240$

$\frac{2240}{182.5} \fallingdotseq 12.27$

(3) $360 \times 8 \div 0.9 = 3200$

$3200 \times \frac{25}{(100+25)} = 640$

$3200 \times \frac{100}{(100+25)} = 2560$

$\frac{2560}{182.5} \fallingdotseq 14.03$

製作條件

成品數量	360g × 6 條
製作方式	直接發酵法
攪拌終溫	24°C
基本發酵	常溫 20 分鐘，冷凍鬆弛至適當
擀折次數	3 折 ×3 次（英式包油法）
分割重量	360g×6 條
整型方式	3 條辮子
最後發酵	溫度 30°C，濕度 55%，時間 60 分鐘 8 分滿
烤焙溫度	上火 180°C ／下火 210°C
烤焙時間	35 分鐘

配方及百分比

材料名稱	%	數量/g
高筋麵粉	80	842
低筋麵粉	20	210
水	50	526
鹽	1	11
糖	10	105
奶粉	6	63
全蛋	10	105
即發乾酵母	1.5	16
奶油	4	42
合計	182.5	1920

三辮丹麥吐司
Danish Toast

製作程序

1. 以直接發酵法製作麵糰，攪拌至擴展階段，麵糰光亮光滑撐開不易破，且薄膜較厚。置於桌上基本發酵鬆弛20分鐘後，於冷凍中鬆弛至手指可壓下去的程度最佳。

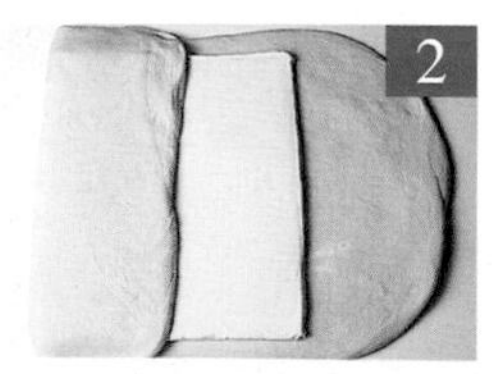

2. 包油時將麵糰擀成裹入油脂大小的2倍大，把裹入油置於中間包好。（油脂最好與麵糰相同軟硬度）。

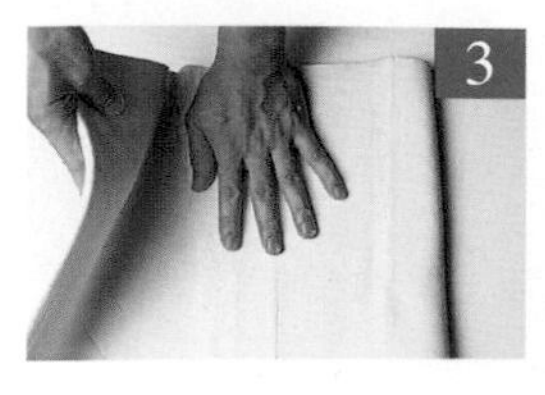

3. 將包好油的麵糰擀開約長100× 寬30cm，3折第1次，再擀開3折第2次，放入冷凍20～30分鐘，拿出擀開3折第3次，於入冷凍20～30分鐘，冰硬才好操作。

4.分割：擀成長30× 寬30 cm，先左右修邊，切割分成6等份，每等份360g，再分切成3條，不要切斷較好編辮子。

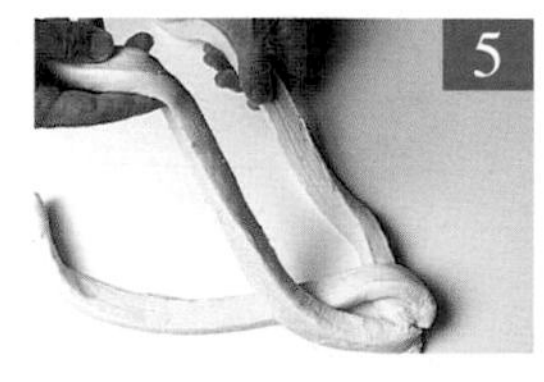

5. 整型編成3條辮子，把花紋層次朝上，將右邊辮帶向中間。

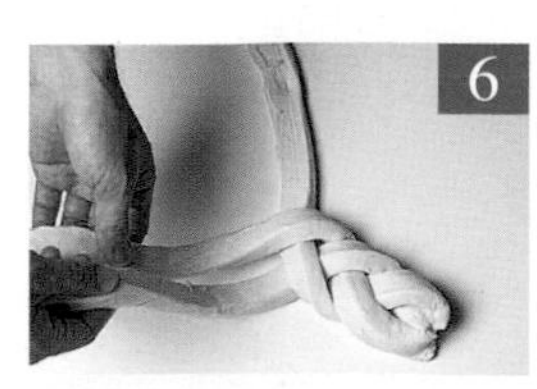

6.將左邊4辮帶向中間，如此反複左右交叉編成辮子形。

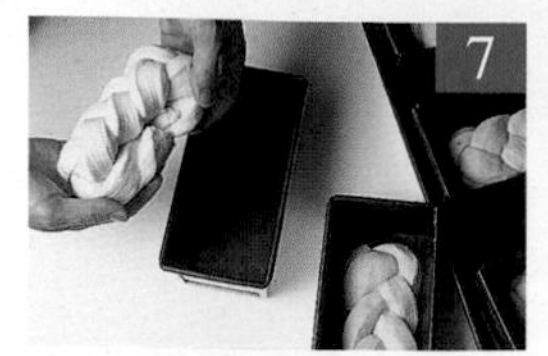

7. 將前後兩端壓緊後，翻至後面疊放，表面可見 4 結辮。

8. 置於小長方模中，以拳頭輕壓，做最後發酵，麵糰膨脹至 8 ～ 9 分滿即可，再刷全蛋液入爐烤焙。出爐後立即敲模並脫模，以防下塌收縮。

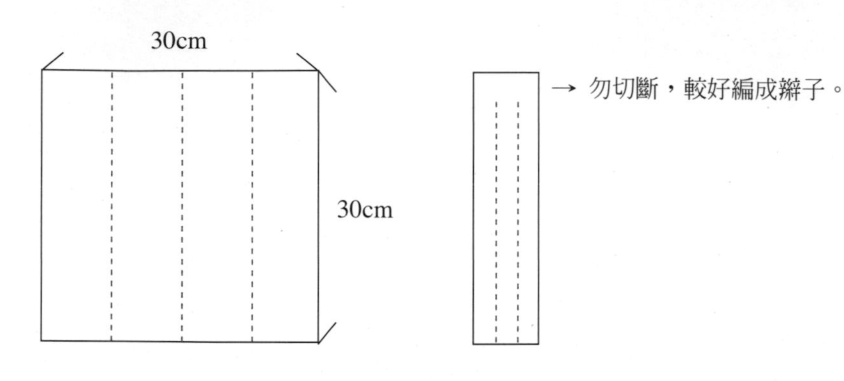

應考心得

1. 可先將裹入油延壓，使其較具延展性，不易碎裂。
2. 裹入油的軟硬度應與麵糰一致，否則延壓時容易破損或漏油。
3. 包油麵糰冷凍過度時裹入油易凍裂結塊，層次會不明顯。而冷凍不足時，油脂在擀壓時會不均勻，造成每個產品含油量不同，影響成品的膨脹性。
4. 折疊時須將防黏的麵粉清掉，以免包在麵糰中，影響產品。
5. 出爐後馬上正面震敲一下，可讓氣體快速達到壓力平均以免下塌。
6. 最後發酵前和進爐前須刷蛋水，可增加產品光亮度。
7. 烤焙方式：約烤 25 分鐘時調頭，使之上色均勻，看所需之顏色，即可關火燜至熟。
8. 整型編辮時注意要點：
   (1) 勿編太緊，以防烤焙時間爆裂開來。
   (2) 斷面層次朝上，烤焙出爐時才會美觀。
9. 麵糰整型後未發酵前，可先自行秤重，如重量不足規定時，可將多餘麵糰包入，以免重量不足。

玫瑰花戚風裝飾蛋糕

Chiffon Cake with Fresh Cream Rose Ganache

題　目

製作每個麵糊重 300 公克，直徑 8 吋戚風蛋糕
(1) 3 個 (2) 4 個 (3) 5 個
取其中兩個組合，以鮮奶油裝飾成一個蛋糕。

特別規定：(1) 測試前監評人員應檢測模具容積 (c.c.)，並紀錄於術科測試監評人員監評前協調會議紀錄上。(2) 鮮奶油限用 400 克。(3) 以花瓣花嘴擠 3 朵 10 瓣粉紅色之玫瑰花（不含花心）。(4) 以花瓣花嘴於表面及側邊作不同樣式之邊飾。(5) 以平口花嘴書寫粉紅色「生日快樂」四字。(6) 蛋糕體高度未達烤模 70%者，以不良品計。

烘焙計算

(1) $\frac{300\times3\div0.9}{504.5}=\frac{1000}{504.5}\fallingdotseq1.98$

1.98 倍 × 材料 % ＝實際秤料重量

(2) $\frac{300\times4\div0.9}{504.5}=\frac{1333}{504.5}\fallingdotseq2.64$

(3) $\frac{300\times5\div0.9}{504.5}=\frac{1666}{504.5}\fallingdotseq3.30$

玫瑰花戚風裝飾蛋糕

Chiffon Cake with Fresh Cream Rose Ganache

製作條件

成品數量	300g×3 個
蛋糕分類	戚風類
攪拌模式	分蛋法（別立法）
使用模具	8 吋圓模
烤焙溫度	上火 180°C ／下火 180°C
烤焙時間	25 ～ 30 分鐘
裝飾配料	鮮奶油，食用色素

配方及百分比

材料名稱	%	數量/g
蛋黃	60	119
細砂糖	50	99
鹽	1	2
沙拉油	50	99
奶水	60	119
香草精	1	2
低筋麵粉	100	198
泡打粉	2	4
蛋白	120	238
塔塔粉	0.5	1
細砂糖	60	119
合計	504.5	1000

製作程序

1. 鮮奶油打發至濕性發泡，作抹面夾心用，再取1/3 繼續攪拌更堅挺些，加食用紅色色素調成粉紅色，作爲擠玫瑰花用。

2.取一片蛋糕體，表面塗抹鮮奶油，抹平，蓋上另一片蛋糕體，稍微壓緊。

3.再用鮮奶油將四周表面抹平後冰硬。

4.冰硬蛋糕體取出，裝盤置轉台上，以花瓣花嘴於表面及側邊作不同樣式的邊飾。

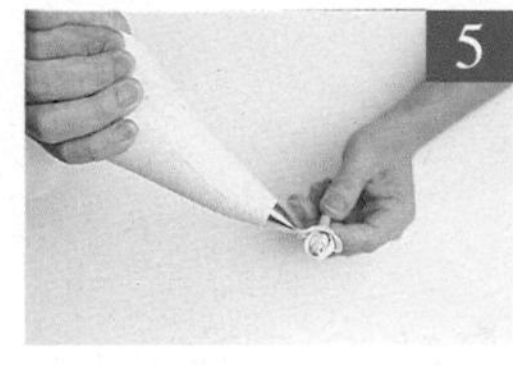

5. 取一支筷子一邊轉動，於尖端擠上 10 瓣的玫瑰花。

6. 以剪刀剪下玫瑰花，移至蛋糕上，一共 3 朵。

7.於蛋糕表面裝飾上綠葉。

8.以平口花嘴書寫上「生日快樂」四字即成。

應考心得

1. 擠玫瑰花時，規定 3 朵，不可多擠，與題意不符。
2. 鮮奶油打發後先行冷藏，較好操作。
3. 玫瑰花須依規定，調成粉紅色，勿以白色擠出。並要記得書寫「生日快樂」四字。
4. 裝飾好的蛋糕先置冰箱冷凍，以免鮮奶油高溫軟化影響外觀。
5. 擠花要確實練習，當場才不會手忙腳亂。

巧克力海綿屋頂蛋糕
Chocolate Sponge Roof Cake

巧克力海綿屋頂蛋糕

Chocolate Sponge Roof Cake

題　目

製作每盤麵糊重
(1) 1000 公克 (2) 1050 公克 (3) 1100 公克
巧克力海綿蛋糕一盤，取其中一半蛋糕切成 4 片裝飾成長 37±2 公分之直立八層三角形屋頂蛋糕。

特別規定：

（1）裝飾蛋糕時，夾心奶油霜飾由承辦單位提供，造型做好之後需再淋上嘉納錫 (GANACHE)(此考生需自己製作)，等定型後，切寬 3 公分 5 片，與剩餘部份連同一半蛋糕體一併繳交評分。
（2）巧克力海綿蛋糕體以全蛋打法製作，可可粉對麵粉量 20%（含）以上。
（3）製作嘉納錫時，限用巧克力 200 公克 (不得另加損耗)。嘉納錫不均勻及表面不光滑，或有白色條紋者，以零分計。
（4）三角形底部寬需為 10±3 公分，否則以零分計。
（5）糕體高度未達 0.5 公分，或蛋糕體有顆粒沉澱者，以零分計。

烘焙計算

(1) $\frac{1000 \div 0.9}{448} = \frac{1111}{448} \doteqdot 2.48$

2.48 倍 × 材料 % ＝實際秤料重量

(2) $\frac{1050 \div 0.9}{448} = \frac{1166}{448} \doteqdot 2.60$

(3) $\frac{1100 \div 0.9}{448} = \frac{1222}{448} \doteqdot 2.73$

製作條件

成品數量	1000g × 1 盤
蛋糕分類	乳沫類
攪拌模式	全蛋法（共立法）
使用模具	平烤盤
烤焙溫度	上火 200°C ／下火 180°C
烤焙時間	20 分鐘
裝飾配料	嘉納錫、奶油霜

配方及百分比

材料名稱	%	數量/g
巧克力海綿蛋糕體		
全蛋	160	397
細砂糖	110	273
鹽	1	2
低筋麵粉	100	248
泡打粉	1	2
小蘇打	1	2
可可粉	20	50
奶水	10	25
沙拉油	45	112
合計	448	1111

材料名稱	%	數量/g
嘉納錫（巧克力淋醬）		
巧克力	100	200
鮮奶油	100	200
合計	200	400

巧克力海綿屋頂蛋糕
Chocolate Sponge Roof Cake

製作程序

1. 海綿蛋糕麵糊：全蛋、糖、鹽隔水加熱，打發至濃稠綿密狀態。

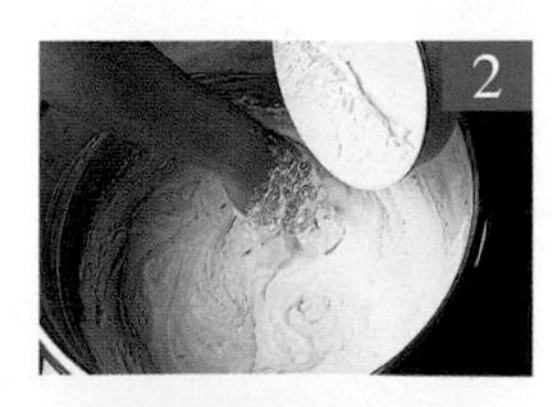

2.低筋麵粉、小蘇打粉、泡打粉過篩，加入蛋糊中，拌勻至無粉類。

3. 奶水加可可粉及沙拉油先拌勻備用，海綿蛋糕麵糊打好後（p13），先取一部份與可可液拌勻。

4.再將麵糊全部加入，輕輕拌勻即可。

5.平烤盤墊上烘焙紙（僅須底部即可），倒入麵糊，並將表面抹平，入爐烤焙，出爐後拉出烤盤冷卻。

6.蛋糕切成兩片，取其中一片再切成等寬 4 等份。塗抹奶油霜，疊好稍壓緊。

7蛋糕靠緊桌邊緣，對角切成兩個三角形。

8. 嘉納錫：將鮮奶油加熱至 80°C 左右，加入切碎的巧克力攪拌至巧克力溶化成濃稠光亮狀即可。

9.將兩個三角形抹奶油霜，合併壓緊後再將斜面塗奶油霜並抹平冷凍，以使奶油硬化。

10.取出蛋糕體，趁巧克力溫熱光亮時，由頂端淋在蛋糕體兩面自然滑下成型。

應考心得

1. 蛋糕體要依主辦單位規定，以全蛋打法製作。
2. 成品切片時，須冰涼後用熱刀（用熱水泡刀子再擦乾）切，切口較平整漂亮。
3. 奶油霜抹面好時，要冰硬，再淋溫熱的巧克力淋醬，且要一次淋滿蛋糕，才會光亮。
4. 注意組合後蛋糕紋路成直線，並有 8 層，才符合規定。
5. 切對角時，可用木板或木尺輕壓蛋糕表面，施力平均切口較平整。

水浴蒸烤乳酪蛋糕
Steam Cheese Cake

水浴蒸烤乳酪蛋糕

Steam Cheese Cake

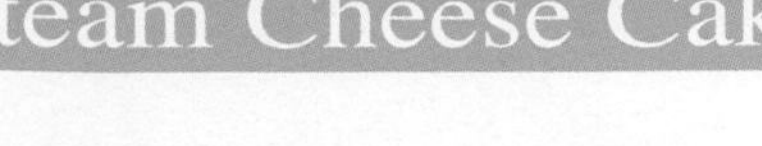

題　目

製作每個麵糊重 700 公克，直徑 8 吋之乳酪蛋糕 3 個，限用乳酪總量
(1) 400 公克 (2) 500 公克 (3) 600 公克

特別規定：
（1）測試前監評人員應檢測模具容積 (c.c.)，並紀錄於術科測試監評人員監評前協調會議紀錄上。
（2）監評人員須確認應檢人配方中乳酪含量百分比。
（3）需以海綿蛋糕體爲底，蛋糕體由承辦單位提供。
（4）麵粉或澱粉用量需在麵糊總量 15%以下。
（5）必須用水浴蒸烤，否則以零分計。
（6）冷卻後三個均需刷亮光液 (由承辦單位提供) 並取一個蛋糕切成八片，否則以零分計。
（7）成品高度未達模具高 60%，或表面破裂或皺縮面積超過 60%者，以不良品計。
（8）有硬塊沉底超過 0.5 公分者，或組織有顆粒者，以不良品計。

烘焙計算

(1) $700 \times 3 \div 0.95 = 2211$（麵糊總重量）
$2211 - 400 = 1811$
$1811 \div 374.4 = 4.84$
4.84 倍 × 材料 %（乳酪除外）＋乳酪重＝實際秤料重量

(2) $700 \times 3 \div 0.95 = 2211$
$2211 - 500 = 1711$
$1711 \div 374.4 = 4.57$

(3) $700 \times 3 \div 0.95 = 2211$
$2211 - 600 = 1611$
$1611 \div 374.4 = 4.30$

製作條件

成品數量	乳酪蛋糕 700g×3 個
蛋糕分類	戚風類
攪拌方式	分蛋法
使用模具	8 吋圓模
烤焙溫度	上火 230°C ／下火 140°C 烤 10 分鐘 上火 140°C ／下火 140°C 烤 60 分鐘
烤焙時間	70 分鐘
裝飾配料	鏡面亮光液

配方及百分比

材料名稱	%	數量/g
奶油	32	155
牛奶	100	484
蛋黃	50	242
低粉	32	155
蛋白	100	484
塔塔粉	0.4	2
細砂糖	60	290
合計	374.4	1812
乳酪	83	400

水浴蒸烤乳酪蛋糕
Steam Cheese Cake

製作程序

1.將軟化之乳酪加 1/3 奶水隔熱水溶化，拌勻後備用。

2.蛋黃加入 1/3 奶水拌勻後，加入融化奶油拌勻，加入過篩之低筋麵粉拌勻。

3.將溶化之乳酪拌入後，再將 1/3 奶水及檸檬汁加入輕輕拌勻。

4.將蛋白加糖打發至濕性發泡，勾起時尾端呈現有彈性微彎。

5.先取 1/3 蛋白與麵糊拌合。

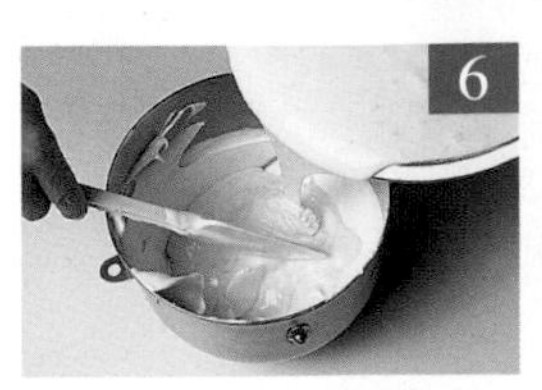

6.再將麵糊倒回攪拌缸中與剩餘 2/3 蛋白糖拌勻，此時麵糊應保持餘溫較佳。

7. 拌至與麵糊完全融合均勻即可（不可拌太久以免消泡）。

8.烤模底部放入烘焙紙，放上蛋糕體，再將拌好的麵糊倒入蛋糕體上方。

應考心得

1. 所謂水浴法，即烘烤時烤盤放水約 1cm 高。
2. 烤箱預熱 230°C/140°C，待表面著色後，稍打開爐門慢慢降溫至 140°C/140°C，續烤 60 分鐘。出爐前輕拍蛋糕表面，具有彈性才可將蛋糕從烤箱中取出，出爐後稍冷卻方可脫模，表面塗亮光液。
3. 烤模勿塗太多油，否則成品表面會不平而無法產生圓弧度。
4. 烤焙乳酪蛋糕時，如果膨脹得很厲害，可以加冰塊於烤盤內降溫，以防裂開。
5. 乳酪量愈多愈好操作，但份量仍須依技檢規定來製作。
6. 杏桃果醬加點水煮成稠狀，即可成表層亮光液。
7. 出爐後稍冷卻，再脫模，輕輕旋轉蛋糕模，使蛋糕周邊脫離不黏於烤模，即可倒扣於紙盤上，再快速扣回另一紙盤。

棋格雙色蛋糕
Checkerboard Cake

棋格雙色蛋糕

Checkerboard Cake

題　目

長方形奶油蛋糕每條麵糊重 500g

(1) 其中原味蛋糕 3 條，巧克力奶油蛋糕 2 條，共 5 條蛋糕。

(2) 其中原味蛋糕 4 條，巧克力奶油蛋糕 2 條，共 6 條蛋糕。

(3) 其中原味蛋糕 5 條，巧克力奶油蛋糕 2 條，共 7 條蛋糕。

取其中奶油蛋糕 1 條，巧克力蛋糕 1 條，製作黑白相間 9 格之棋格蛋糕 2 條。

特別規定：

（1）測試前監評人員應檢測模具容積 (c.c.)，並紀錄於術科測試監評人員監評前協調會議紀錄上。

（2）奶油霜飾由承辦單位提供，用量不得超過 300 克。

（3）棋格蛋糕以蛋糕屑沾邊，頂部用巧克力米裝飾。

（4）成品規格長 16±1 公分寬 7±0.5 公分高 7±0.5 公分，不在範圍內以不良品計。

（5）外觀破損超過 20%者，以不良品計。

（6）蛋糕體未及烤模高者，以不良品計。

烘焙計算

(1) 奶油麵糊：

$$\frac{500\times5\div0.9}{396.9}=\frac{2778}{396.9}\fallingdotseq 7$$

7 倍 × 材料 % ＝實際秤料重量

巧克力麵糊：

$$\frac{500\times2\div0.9}{113.9}=\frac{1111}{113.9}\fallingdotseq 9.75$$

(2) $$\frac{500\times6\div0.9}{396.9}=\frac{3333}{396.9}\fallingdotseq 8.4$$

(3) $$\frac{500\times7\div0.9}{396.9}=\frac{3889}{396.9}\fallingdotseq 9.8$$

製作條件

成品數量	500g × 5 條，製成棋格 2 條
蛋糕分類	麵糊類
攪拌方式	麵粉油脂拌合法
使用模具	長條蛋糕模
烤焙溫度	190°C
烤焙時間	40 ～ 45 分鐘
裝飾配料	蛋糕屑、巧克力米

配方及百分比

材料名稱	%	數量/g
奶油麵糊		
低筋麵粉	100	700
泡打粉	0.9	6
奶油	80	560
乳化劑	3	21
糖	100	700
鹽	1	7
全蛋	88	616
奶水	24	168
合計	396.9	2778

材料名稱	%	數量/g
巧克力麵糊		
奶油麵糊	100	930
可可粉	6	55.8
小蘇打	0.4	3.7
熱水	7.5	69.7
合計	113.9	1059.2

棋格雙色蛋糕
Checkerboard Cake

製作程序

1.奶油麵糊：將低筋麵粉和發粉過篩，和所有油類及乳化劑一齊放入攪拌缸中，使用槳狀拌打器攪拌至鬆發。

2.加入糖、鹽，轉中速攪拌。

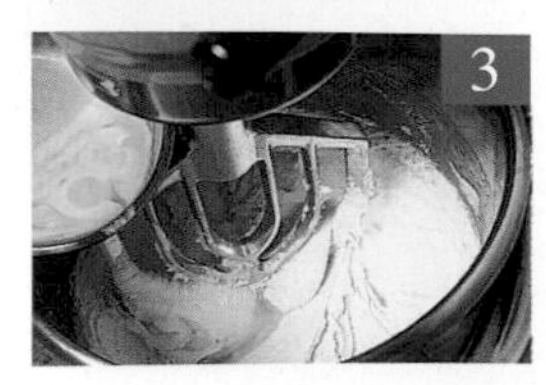

3.轉爲慢速，加入 3/4 奶水後，改中速將蛋分次加入，打發後，加入剩下 1/4 的奶水，攪拌至糖全部溶解。

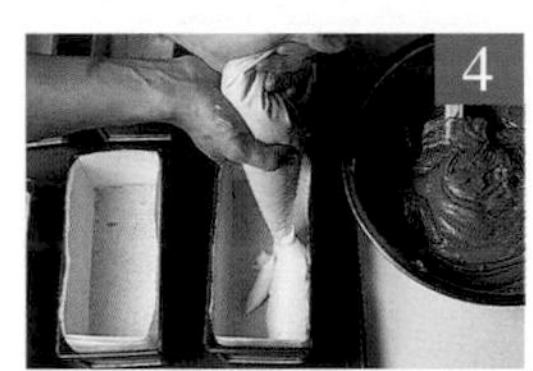

4.墊烤盤紙後，將奶油麵糊分裝成 500g 共 3 模。

5.過篩之可可粉，溶入熱水，冷卻後再加入小蘇打溶解拌成膏狀。

6.取 930g 的奶油麵糊拌入可可膏攪拌均勻成巧克力麵糊。

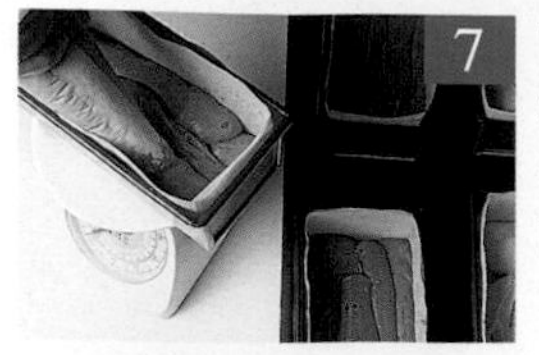

7.將巧克力麵糊分裝成500g×2模。約7分滿抹平入烤爐。烤至中間裂開飽滿處有金黃色之著色。

8.出爐冷卻後，先將頂部修齊，分割成3片（黑白各一）。

9.黑白相間疊起成 3片，中間塗奶油霜飾。

10.各縱切成三等份。

11.再黑白相間、中間塗奶油霜飾。

12.修邊:三面塗奶油霜飾，將多餘的蛋糕屑用粗篩網過篩搓成細顆粒，兩邊沾蛋糕屑，頂部沾巧克力米，前後修邊顯現出9個棋格。

應考心得

1. 蛋糕烤好後，可放至冷凍庫冷卻後，再裝飾，冷卻後切割才不會碎裂。
2. 奶油霜飾之基本配方比爲奶油：奶油：轉化糖漿或糖粉 =1:1:2。製作方式爲奶油和奶油充分打發，再加轉化糖漿繼續打發，最後用少許沙拉油來調軟硬度，還可加少許蘭姆酒增加香氣。
3. 修邊時須注意成品規格（長16公分， 寬7公分，高7公分）
4. 產品出爐後如果側邊縮得很多，表示攪拌時糖未完全溶解。
5. 配方中雪奶油份量愈多，打發性愈好，因爲油的溶點不同，所以夏天時宜雪奶油多，冬天則奶油份量稍多較佳。
6. 蛋糕入爐烤30分鐘後關下火，35分鐘後調頭，40分鐘後關上火，繼續燜熟。

水果蛋糕
Fruits Cake

題　目

製作每個麵糊重 600 公克的奶油水果蛋糕，綜合蜜餞水果佔麵粉量 100%。

(1) 5 個 (2) 6 個 (3) 7 個

特別規定：

（1）測試前監評人員應檢測模具容積 (c.c.)，並紀錄於術科測試監評人員監評前協調會議紀錄上。

（2）成品不得添加核桃等核果。

（3）有下列情形之一者，以不良品計：蛋糕邊緣低於模具高度 1 公分，或最高處未高出模具高度 2 公分，或表面有白斑超過 20%，或蜜餞水果沉澱於蛋糕體下方 1/3，或組織堅硬，或死麵 (未膨發) 超過 50%。

烘焙計算

(1) $\frac{600 \times 5 \div 0.9}{514.5} = \frac{3333}{514.5} \doteqdot 6.48$

6.48 倍 × 材料 % ＝實際秤料重量

(2) $\frac{600 \times 6 \div 0.9}{514.5} = \frac{4000}{514.5} \doteqdot 7.77$

(3) $\frac{600 \times 7 \div 0.9}{514.5} = \frac{4667}{514.5} \doteqdot 9.07$

水果蛋糕

Fruits Cake

製作條件

成品數量	600g×5 個
蛋糕分類	麵糊類
攪拌方式	粉油拌合法
使用模具	長條蛋糕模
烤焙溫度	上火 170°C ／下火 190°C
烤焙時間	45 分鐘
裝飾配料	蜜餞水果

配方及百分比

材料名稱	%	數量/g
高筋麵粉	100	648
泡打粉	0.5	3
奶油	100	648
乳化劑	3	19
糖	100	648
鹽	1	6
全蛋	100	648
奶水	10	65
蜜餞水果	100	648
合計	514.3	3333

製作程序

1. 高筋麵粉、奶油、乳化劑以槳狀拌打器中速攪拌至鬆發（約需 10 分鐘）。

2. 糖、鹽加入繼續攪拌 3 分鐘，蛋分次加入拌勻，再加入奶水拌勻。

3.加入已經泡過濾乾水份的蜜餞水果至麵糊內，用橡皮刮刀拌勻。

4.將麵糊裝入墊烤盤紙之烤模即可入爐烘烤。

應考心得

1. 蜜餞水果拌入前須拭乾水份。
2. 使用粉油拌合法或糖油拌合法均可，可依個人常用有把握的手法，避免失敗。
3. 砂糖在加蛋之後須充分溶解無顆粒，否則烤出產品表面會有白色一點一點，影響外觀。
4. 入爐烤時，烤盤可放一杯水，延緩蛋糕表皮焦化。
5. 烤焙約 30 分鐘，表面裂痕出現後，可關下火續烤至熟透。

虎皮戚風蛋糕捲
Tiger Skin Chiffon Roll Cake

虎皮戚風蛋糕捲
Tiger Skin Chiffon Roll Cake

題　目

製作麵糊重 1800 克戚風捲一盤及麵糊 (1)600 克 (2)650 克 (3)700 克虎皮一盤，各切一半，再各取一半製作 1 條長度 37±2 公分虎皮捲，剩餘一半蛋糕體及虎皮需一併繳交評審。

特別規定：
（1）奶油霜由承辦單位提供，用量不得超過 500 克。
（2）虎紋模糊不明顯或虎皮黏紙者（底部不平整），以零分計。
（3）蛋糕厚度低於 2 公分者，以零分計。
（4）蛋糕捲表皮破裂超過 20%者，以零分計。

烘焙計算

蛋糕體：

$$\frac{1800 \div 0.9}{645.5} = \frac{2000}{645.5} \fallingdotseq 3.10$$

虎皮：

(1) $$\frac{600 \div 0.9}{140} = \frac{667}{140} \fallingdotseq 4.76$$

(2) $$\frac{650 \div 0.9}{140} = \frac{722}{140} \fallingdotseq 5.16$$

(3) $$\frac{700 \div 0.9}{140} = \frac{788}{140} \fallingdotseq 5.56$$

製作條件

成品分類	1800g×1 盤，600g×1 盤
蛋糕分類	戚風蛋糕體，虎皮蛋糕
攪拌模式	分蛋法，蛋黃打發法
使用模具	平烤盤，平烤盤
烤焙溫度	蛋糕捲：上火 190°C ／ 170°C， 虎皮捲：上火 230°C ／ 200°C
烤焙時間	蛋糕捲：25 ～ 30 分鐘 虎皮捲：6 ～ 8 分鐘
裝飾配料	奶油霜

配方及百分比

材料名稱	%	數量/g
戚風蛋糕體		
蛋黃	100	310
細砂糖	30	93
鹽	1	3
沙拉油	50	155
牛奶	40	124
香草精	2	6
低筋麵粉	100	310
泡打粉	2	6
蛋白	200	620
塔塔粉	0.5	2
細砂糖	120	372
合計	645.5	2001

材料名稱	%	數量/g
虎皮		
蛋黃	100	476
細砂糖	20	95
糖粉	10	48
玉米粉	10	48
合計	140	667

虎皮戚風蛋糕捲
Tiger Skin Chiffon Roll Cake

製作程序

1.蛋黃加糖、鹽拌勻至糖溶解後，加入沙拉油、奶水及粉類拌勻後，將麵糊放旁邊備用。

2.蛋白及塔塔粉攪拌至起泡，糖分次加入，以中速攪拌至偏乾性發泡。

3.先取 1/3 蛋白加入麵糊內拌合，再將剩餘 2/3 蛋白倒入，拌勻至麵糊舀起滴落看不見痕跡。

4.將戚風蛋糕麵糊倒滿並抹平，入爐烤焙。

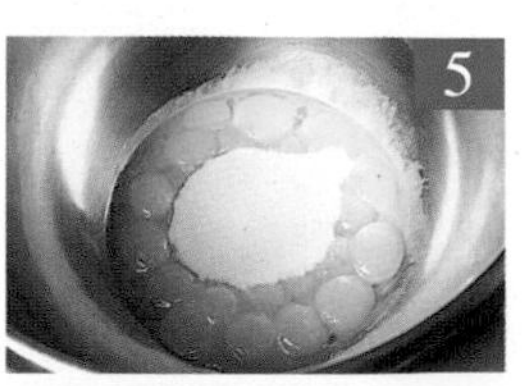

5.虎皮：蛋黃加糖及糖粉快速攪拌至乳白色，濃稠、光亮且紋路明顯。

6.玉米粉過篩加入，以慢速攪拌均勻。

7. 烤盤底部鋪上烘焙紙，倒入麵糊倒入墊好烘焙紙之平烤盤內，抹平，入爐烤焙。

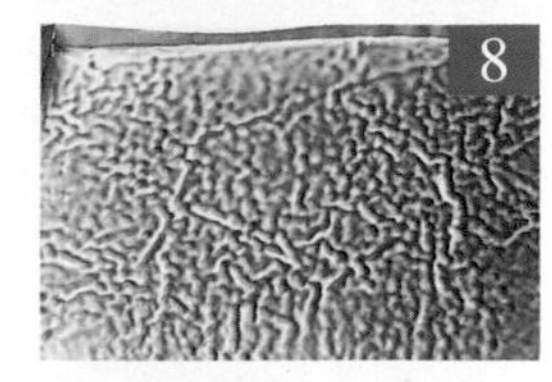

8. 出爐後，不需脫模，可利用烤盤餘溫將蛋糕底部燜熟，不致濕黏。

9. 將戚風蛋糕切成兩片，取其中一片，抹奶油霜，用墊底牛皮紙，以擀麵棍捲起成型。

10. 虎皮也切成兩片，取其中一片，面朝下，底部抹上薄薄的一層奶油霜，將捲好的蛋糕捲接口放在虎皮起端，輕輕捲起。

11. 利用墊紙將虎皮、蛋糕一齊輕壓捲起。

應考心得

1. 捲虎皮時，虎皮底面須抹一層奶油霜，才易黏著。
2. 蛋糕捲須依規定長度爲 37±2cm。
3. 剩餘一半蛋糕及虎皮不需捲起，即可繳交評審。
4. 烘烤虎皮蛋糕時，先將烤盤置於中層，利用強火烤至虎紋出現且稍上色（約烤 3～4 分鐘），將烤盤調頭且移至下層，上色均勻後即可出爐。

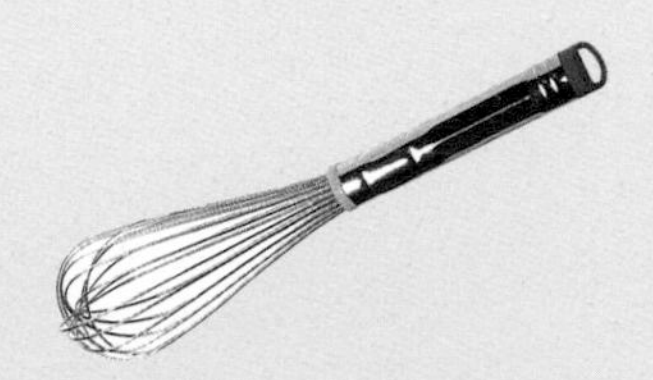

裝飾海綿蛋糕
Sponge Cake with Icing

裝飾海綿蛋糕

Sponge Cake with Icing

題　目

製作每個麵糊 310 公克，直徑 8 吋海綿蛋糕。
(1) 3 個 (2) 4 個 (3) 5 個
取其中兩個組合，以披覆用翻糖及杏仁膏裝飾成 1 個蛋糕。

特別規定：
（1）測試前監評人員應檢測模具容積 (c.c.)，並紀錄於術科測試監評人員監評前協調會議紀錄上。
（2）披覆翻糖前，以奶油霜飾夾心及抹面，翻糖、杏仁膏、奶油霜飾（用量不得超過 300 公克）、熔化黑色巧克力等由承辦單位提供。
（3）以 400 公克披覆用翻糖披覆蛋糕體，翻糖厚度爲 0.4±0.05 公分，剩餘翻糖搓成直徑 0.5 公分條狀圍底邊。
（4）以 100 公克杏仁膏製作粉紅色 10 瓣玫瑰花（不含花心）2 朵及綠色葉子 4 片以上（玫瑰花每朵至少 20 公克以上）。
（5）以熔化黑色巧力書寫「Happy Birthday」字樣。
（6）蛋糕高度低於烤模 1 公分者，以不良品計。
（7）有下列情形之一者，以零分計：披覆蛋糕之翻糖邊緣或底部有皺折或裂紋，或披覆蛋糕之翻糖披覆凹凸不平，或玫瑰花未製作，或半數玫瑰花瓣不足，或玫瑰花不成形，或蛋糕體底部嚴重結粒，或蛋糕體組織粗糙，或蛋糕體堅硬。

烘焙計算

(1) $\frac{310 \times 3 \div 0.9}{397} = \frac{1033}{397} \fallingdotseq 2.60$

(2) $\frac{310 \times 4 \div 0.9}{397} = \frac{1378}{397} \fallingdotseq 3.47$

(3) $\frac{310 \times 5 \div 0.9}{397} = \frac{1752}{397} \fallingdotseq 4.34$

製作條件

成品數量	310g×4 個
蛋糕分類	乳沫類
攪拌方式	全蛋法（共立法）
使用器具	8 吋圓模
烤焙溫度	上火 190°C ／下火 170°C
烤焙時間	25 分鐘
裝飾配料	翻糖、杏仁膏

配方及百分比

材料名稱	%	數量/g
海綿蛋糕體		
全蛋	150	390
細砂糖	100	260
鹽	1	3
低筋麵粉	100	260
沙拉油	20	52
奶水	24	62
香草精	2	5
合計	397	1032

材料名稱	%	數量/g
翻糖		
糖	10	26
水	10	26
糖粉	90	234
奶油	10	26
吉利丁片	1	3
合計	121	315
奶油霜		
奶油	100	依規定重量製作
雪奶油	100	
西點糖漿	200	
合計	400	

裝飾海綿蛋糕
Sponge Cake with Icing

製作程序

1. 全蛋加糖、鹽，隔水加熱約 38°C（要邊攪拌）。

2.以鋼絲拌打器用中速拌至起泡，再以快速攪拌至濃稠、呈乳白色。

3.改中速將大氣泡拌勻至蛋糊紋路較明顯，勾起時不易滴落。

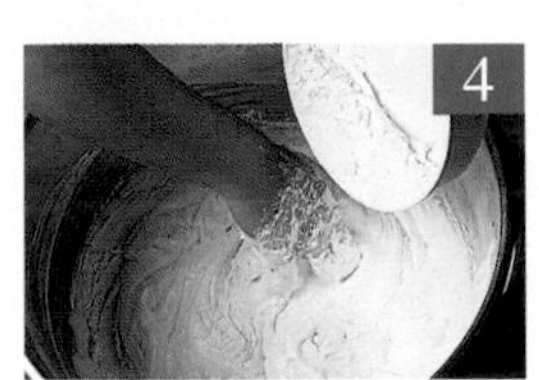

4.將低筋麵粉過篩，加入蛋糊中，並以手或刮板輕輕拌勻。

5.先取出部份麵糊，與奶水、沙拉油拌合。

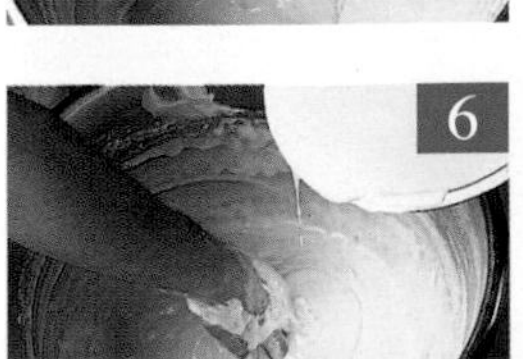

6.再倒回大缸麵糊中拌勻即可。

7. 平均倒入烤模內，入爐烤焙。

8. 取其中兩個蛋糕體作組合，先用一個蛋糕體表面抹奶油霜作夾心，再蓋上另一個蛋糕體，同時將蛋糕抹台完成。

9. 將擀好的翻糖利用擀麵棍捲起，披覆至蛋糕體上，再將多餘的翻糖搓成長條圍底。

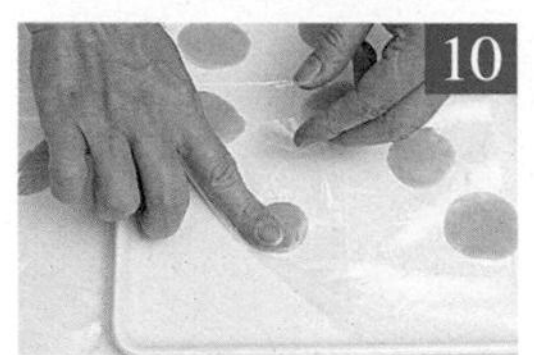

10. 杏仁膏調成粉紅色及綠色後搓成圓球，置於塑膠膜上，再覆上一層塑膠膜以手推平以免沾黏。

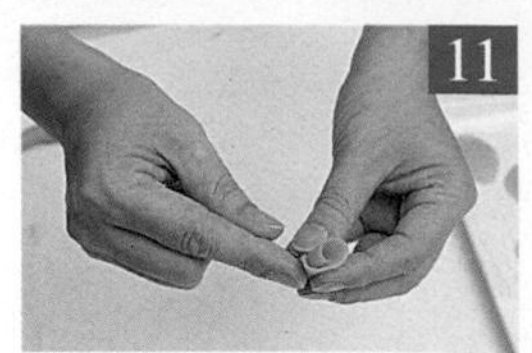

11. 取 1 片花瓣捲起成花心，再貼上另 1 片花瓣以交叉方式貼至 10 瓣。

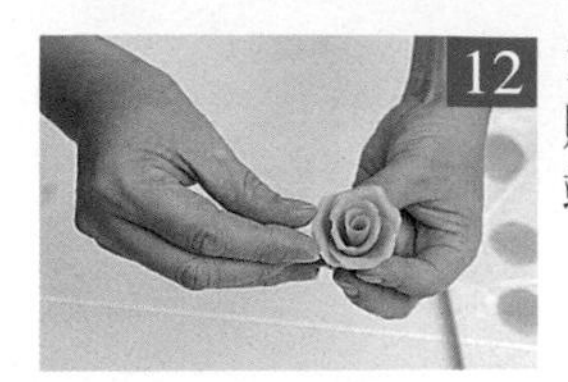

12. 將花瓣逐片繞著花心貼上，並以手指將花瓣末端稍壓朝向展開。

13. 將 2 朵玫瑰花及 4 片綠葉置於蛋糕上，以黑巧克力寫上「Happy Birthday」即成。

翻糖作法

1. 將糖與水一起煮沸。
2. 吉利丁片泡冰水軟化後，加入糖水中溶化。
3. 將糖粉與奶油置於缸中以慢速攪拌，再加入糖水攪拌成糰。
4. 取出用手搓揉至光滑即可。

應考心得

1. 海綿蛋糕出爐時，應即刻翻轉倒扣於冷卻架上，以防收縮。
2. 如需製作奶油霜，則將奶油雪奶油以中速打發至乳白再慢慢加入糖漿，打至顏色變白，軟硬適中即可。
3. 翻糖置於檯面上搓揉時，可以糖粉作爲手粉，以防沾黏。
4. 披覆翻糖之直徑，應爲蛋糕直徑再加左右兩側蛋糕高度。
5. 披覆翻糖時，爲避免產生皺折，應於翻糖皺折處側邊剪開一刀，將多餘翻糖剪除，使缺口貼合即可。
6. 推壓杏仁膏花瓣時，可將尾端稍推薄一點，較爲美觀。

巧克力慕斯
Chocolate Mousse

題　目

製作 8 吋圓形巧克力慕斯 1 個，底層採用 1 公分巧克力海綿蛋糕體，並用 (1) 雙色木紋巧克力 (2) 雙色片狀巧克力 (3) 單色片狀巧克力圍邊，表面淋嘉納錫。

特別規定：（1）限用 300 公克 (不得另加損耗) 巧克力海綿蛋糕麵糊擠製直徑 8 吋蛋糕體 2 片，1 片製作慕斯，1 片繳交評審。（2）模框高度 5 公分。（3）慕斯內餡總量不得超過 600 公克。（4）巧克力圍邊需比模框高 1±0.5 公分，否則以零分計。（5）以 200 公克巧克力製作 3 朵扇形巧克力（長、寬各 5±1 公分），3 支煙捲巧克力（直徑 0.5 公分以上，長度 8±1 公分），裝飾表面。（6）蛋糕麵糊不可直接擠壓在以筆做記號的紙上，或動物膠以生水泡，或內餡用手放入，或刮巧克力時用手摩擦、搓巧克力者，衛生品質項以零分計。（7）蛋糕體高度未達 0.5 公分或底部不平整、黏紙，或慕斯餡高度未超過 3 公分，或嘉納錫表面無光澤或不平整，或片狀、扇形或煙捲巧克力破裂超過 10%，或巧克力片未雙面平滑者，以零分計。（8）巧克力圍邊高度未按題意規定製作或脫落，或慕斯內餡不凝固、分離或有顆粒者，以零分計。

烘焙計算

(1) 慕斯餡：

$$\frac{600 \times 1}{271} = \frac{600}{271} \doteqdot 2.21$$

(2) 蛋糕體麵糊：

$$\frac{300 \times 1}{413.5} = \frac{300}{413.5} \doteqdot 0.73$$

巧克力慕斯

Chocolate Mousse

製作條件

成品數量	8 吋 ×1 個
蛋糕分類	慕斯類
攪拌模式	依序拌合法
使用模具	8 吋慕斯圈
成形方式	冷凍
成形時間	2 小時
裝飾配料	海綿蛋糕體、雙色（單色、木紋）巧克力片、嘉納錫、扇形及煙捲巧克力

配方及百分比

材料名稱	%	數量/g
巧克力慕斯餡		
巧克力	100	221
鮮奶油	50	111
蛋黃	11	24
鮮奶油	100	221
巧克力酒	10	22
合計	271	599

材料名稱	%	數量/g
海綿蛋糕體		
全蛋	160	117
細砂糖	100	73
鹽	1.5	1
低筋麵粉	100	73
小蘇打粉	2	1
可可粉	10	7
沙拉油	20	15
奶水	20	15
合計	413.5	302

製作程序

1. 巧克力慕斯餡：鮮奶油加蛋黃拌勻，加熱至 65°C 離火。

2.加入切碎之巧克力，拌至融化，降至常溫。

3. 鮮奶油打發，分次加入輕拌勻後，加酒拌勻。

4.如慕斯餡還太軟，可隔冰水冷卻。

5.慕斯模底放烤好的巧克力蛋糕一片（作法見海綿蛋糕 p51），倒入慕斯抹平，冷凍備用。

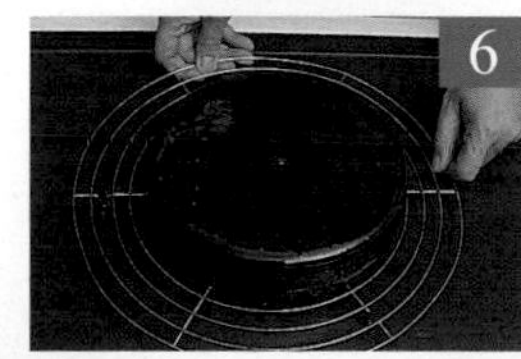

6.將巧克力與鮮奶油隔水加熱成嘉納錫，再淋於冷凍冰硬之慕斯中央，均勻覆蓋於慕斯蛋糕上，再依考題所需裝飾完成。

應考心得

1. 照規定製作巧克力海綿蛋糕，以手擠方式擠於烤紙上，以螺旋狀擠成圓形，約 8 吋模大小，再入爐烤焙。
2. 慕斯餡製作重量一個約為 600g。
3. 製作雙色木紋巧克力片時，先以木紋模沾融化黑巧克力，在量好尺寸的塑膠片上畫出木紋，冷卻硬時再抹上一層融化之白色巧克力，在快硬時圍於冰硬之慕斯邊上。依考場規定如需製成片狀，製作方式如應考心得 4 之雙色片狀巧克力製法。
4. 製作雙色片狀巧克力，先以融化黑色巧克力用三角紙作成的擠花袋在塑膠片上畫紋路花樣，硬時再抹上一層溶化白巧克力，在快硬時，量出需要之尺寸，並切塊，硬時再剝片作圍邊裝飾。
5. 海綿蛋糕體可用法式海綿法製作，成功率較高。
6. 嘉納錫之製作方式，請參照 P.105 之圖 8。

蘋果塔
Apple Tart

蘋果塔
Apple Tart

題　目

製作 7 吋蘋果塔 2 個，生皮熟餡 (一次烤焙)，餅皮採用塔皮，表面用蘋果片排列環狀裝飾，內餡爲
(1) 奶油布丁餡（粉：蛋水＝ 1：10）
(2) 肉桂布丁餡（粉：蛋水＝ 1：10）
(3) 香草布丁餡（粉：蛋水＝ 1：10）

特別規定：
（1）成品冷卻後表面淋洋菜凍（製作總量不得超過 400 公克）至塔皮高度，凝固劑爲洋菜粉。
（2）蘋果切成 0.2±0.1 公分薄片，需先處理再排列於產品表面，進爐烤焙。
（3）烤焙前塔皮重量每個不得超過 230 公克。
（4）布丁餡蛋水爲配方中液體材料，每個盛裝煮好的餡不得超過 500 公克。
（5）塔模爲高 2.5 cm活動菊花模。
（6）成品有下列情形之一者，以零分計：內餡爲肉桂布丁餡不具有肉桂風味，或蘋果片不在 0.2±0.1 公分規定，或蘋果片褐變超過數量 10%。
（7）成品有下列情形之一者，以不良品計：塔皮破損或是分離超過 10%以上，或洋菜凍不凝固或不透明或破裂，或布丁餡破裂超過 10%，或蘋果片沉澱 1/3 以上，或冷卻後布丁餡會流散者。

烘焙計算

(1) 塔皮：

$$\frac{230 \times 2}{221} = \frac{460}{221} \fallingdotseq 2.08$$

(2) 布丁餡：

$$\frac{500 \times 2}{149.7} = \frac{1000}{149.7} \fallingdotseq 6.68$$

製作條件

成品數量	蘋果塔 ×2 個
西點分類	塔類
攪拌模式	糖油拌合法
使用模具	7 吋派盤
烤焙溫度	上火 200°C ／下火 210°C
烤焙時間	35 分鐘
裝飾配料	布丁餡、蘋果片

配方及百分比

材料名稱	%	數量/g
布丁餡		
奶水	100	668
細砂糖	20	134
鹽	0.5	3
低筋麵粉	8.1	54
玉米粉	3.2	21
蛋黃	12.9	86
奶油	5	33
合計	149.7	999

材料名稱	%	數量/g
塔皮		
奶油	60	125
糖粉	40	83
鹽	0.5	1
全蛋	20	42
低筋麵粉	100	208
泡打粉	0.5	1
合計	221	460

蘋果塔
Apple Tart

製作程序

1.布丁餡：細砂糖加鹽、加入過篩的低筋麵粉、玉米粉拌勻，與蛋黃再拌勻。

2.奶水煮開慢慢加入麵糊中拌均勻，再煮至濃稠冒泡。再加入奶油拌溶即可。

3.塔皮：奶油加糖粉、鹽打鬆發。

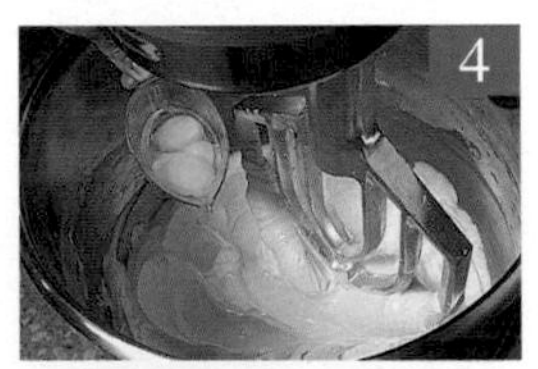

4.蛋分次加入拌勻。

5.低筋麵粉、發粉過篩加入拌勻，全部拌勻即可，不需拌過久以免出筋。

6.將麵糰取出，置塑膠袋內，冷藏鬆弛約 30 分鐘。

7.取 230g 塔皮，擀成約0.5 公分厚之薄片，以擀麵棍捲起，放入烤模內，多餘塔皮用切刀削平。

8.將布丁餡以擠花袋平均擠於塔皮內。

9. 蘋果切約 0.2 公分薄片，先泡鹽水，再撈出以 2：8 之煮沸糖水殺菁，置網篩沖冷水濾乾。

10.將蘋果片整齊排列於布丁餡上，排成放射狀至無空隙。

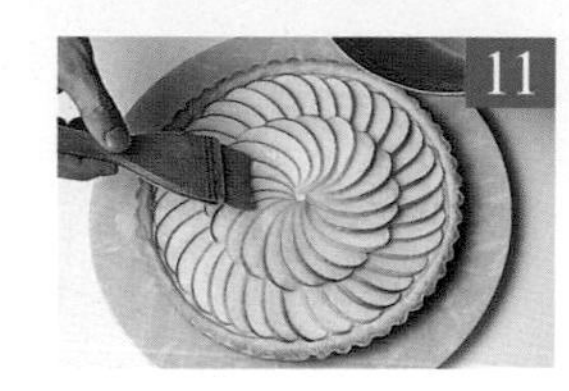

11.出爐後，冷卻脫模，再以洋菜亮光液刷於蘋果塔上，至塔皮高度。

應考心得

1. 布丁餡須冷卻，再以擠花袋平均擠於塔皮內。
2. 如內餡爲肉桂布丁餡或香草布丁餡，則於配方中低筋麵粉減 0.3%，而將肉桂粉或香草粉加入配方表內 0.3%。
3. 蘋果切片，須依規定 0.2±0.1 公分薄片，並泡鹽水，以防變色。
4. 烤焙時以白報紙覆蓋於蘋果塔上，可防蘋果乾皮縮起，影響外觀。
5. 塔皮、內餡裝模時先秤重量，以免重量差異太大影響成品大小不均。
6. 蘋果殺菁，即以糖水比 2:8 煮至稍軟透明狀。
7. 洋菜亮光液作法：328g 水煮沸，將 6g 洋菜粉與 66g 的糖混合均匀，加入沸水中，攪拌均匀呈透明狀，趁熱刷在冷卻的蘋果塔上。

雙皮核桃塔
Walnut Tart

雙皮核桃塔
Walnut Tart

題　目

製作每個成品重約 1000±50 公克之 8 吋雙皮核桃塔 (1)2 個 (2)3 個 (3)4 個，塔皮：核桃餡＝ 1：1。

特別規定：
（1）上下表皮與圍邊全部採用塔皮製作，上表皮爲整片蓋上。
（2）內餡採 1/2 核桃 (需烤過) 爲材料，並製作牛奶糖（焦糖）糖漿做爲結著劑。
（3）烘焙後成品，取其中一個切成 8 等份，否則以零分計。
（4）模具爲 8 吋高 4 公分。
（5）成品塔皮破損超過 10%，或內餡外露，或高度低於烤模 1 公分者，以不良品計。
（6）焦糖冷卻後，過於堅硬或不凝固，或有苦味者，以零分計。

烘焙計算

(1) 塔皮：

$$\frac{500\times2\div0.85}{221}=\frac{1176}{221}\fallingdotseq5.32$$

核桃餡：

$$\frac{500\times2\div0.85}{181}=\frac{1176}{181}\fallingdotseq6.50$$

(2) 塔皮：

$$\frac{500\times3\div0.85}{221}=\frac{1765}{221}\fallingdotseq7.99$$

核桃餡：

$$\frac{500\times3\div0.85}{181}=\frac{1765}{181}\fallingdotseq9.75$$

(3) 塔皮：

$$\frac{500\times4\div0.85}{221}=\frac{2353}{221}\fallingdotseq10.65$$

核桃餡：

$$\frac{500\times4\div0.85}{181}=\frac{2353}{181}\fallingdotseq13$$

製作條件

成品數量	核桃塔 ×2 個
西點分類	塔類
攪拌模式	糖油拌合法
使用模具	8 吋高 6.5 公分圓框模
烤焙溫度	上火 200°C ／下火 210°C
烤焙時間	35 分鐘
裝飾配料	核桃餡

配方及百分比

材料名稱	%	數量/g
核桃餡		
細砂糖	29	189
蜂蜜	32	208
奶油	7	46
鮮奶油	13	85
核桃仁	100	650
合計	181	1178

材料名稱	%	數量/g
塔皮		
奶油	60	319
糖粉	40	213
鹽	0.5	3
全蛋	20	106
低筋麵粉	100	532
泡打粉	0.5	3
合計	221	1176

雙皮核桃塔
Walnut Tart

製作程序

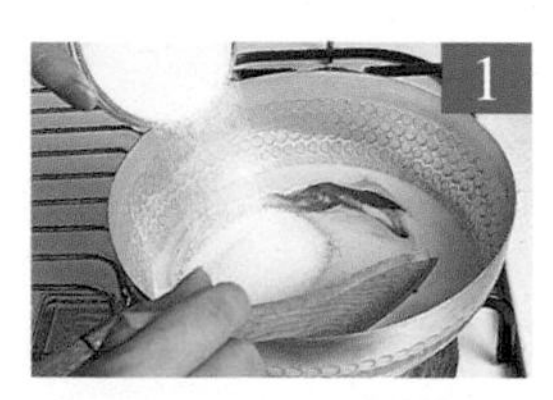

1. 核桃餡：鮮奶油加蜂蜜、糖、奶油， 用小火煮至 118 ～ 121°C。

2.當滴入水中會凝結，即可離火。

3.將煮好的糖漿與烤好的核桃仁拌合。

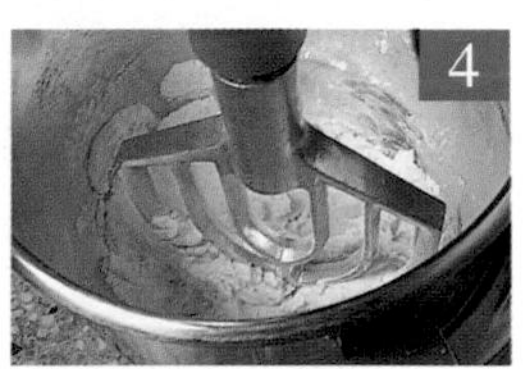

4.奶油加糖粉、鹽打鬆發。

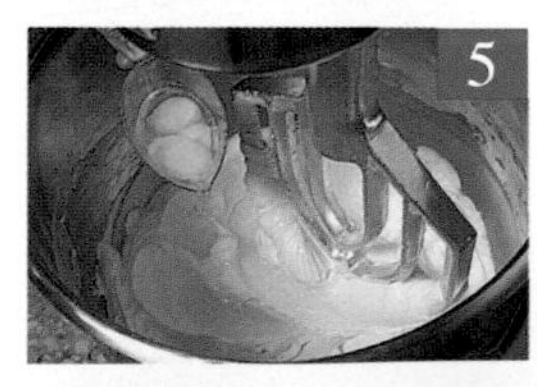

5.蛋分次加入拌勻。

6.低筋麵粉發粉過篩加入拌勻，全部拌勻即可，不須拌過久以免生筋。

7.將麵糰取出，置塑膠袋內冷藏鬆弛約 30 分鐘。

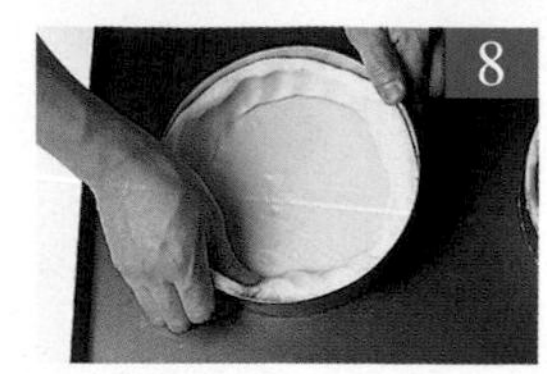

8.塔皮麵糰分割 350g 共 2 個（塔身），及 150g 共 2 個（塔蓋），將 350g 之麵糰擀成約 0.5cm 厚度（以模子量大小），以擀麵棍捲起放模具，用手將四周稍壓均勻備用。

9.趁溫熱，將核桃餡分別填入塔皮內稍壓平。

10. 另 150g 塔皮麵糰，擀成塔模大小，用擀麵棍捲起蓋在核桃餡上，稍壓表面，刷蛋黃水，再用叉子畫出裝飾線條，即可入爐烘烤。出爐冷卻後脫模，取其中一個切成 8 等份。

應考心得

1. 如抽中此產品題目時，應排第一順位製作，因核桃塔須冷卻時間較久，才易切塊。
2. 煮焦糖漿時可用溫度計，測溫約 118°C ～ 121°C 間即可離火。
3. 核桃餡要趁熱裝填，否則冷卻變硬無法填平。
4. 將糖漿倒入核桃中較好拌勻。
5. 蓋上塔皮前，下塔皮邊緣先刷蛋液，接點較密合。

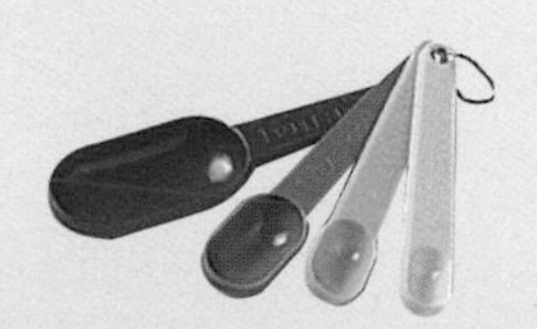

三層式乳酪慕斯
Three-layered Cheese Mousse

三層式乳酪慕斯

Three-layered Cheese Mousse

乙
蛋糕

題　目

製作每個成品重 800±40 公克之 8 吋三層式乳酪慕斯 (1)2 個 (2)3 個 (3)4 個，其中餅屑底層：乳酪慕斯夾水果醬：海綿蛋糕體＝4：10：3（重量比），而且在乳酪慕斯夾水果醬中，乳酪慕斯餡：夾心水果醬＝3：1。

特別規定：

（1）餅屑底層由餅屑粉與油脂等製成，中層爲乳酪慕斯夾心水果醬，上層爲連續式釋迦頭形狀 (直徑 1.5±0.5 公分之小圓球) 海綿蛋糕。

（2）模具爲 8 吋高 4 公分圓形。

（3）蛋糕麵糊不可直接擠壓在以筆做記號的紙上，或動物膠以生水泡，或內餡用手放入者，衛生品質項以零分計。

（4）蛋糕體與慕斯餡分離者，以不良品計。

（5）海綿蛋糕釋迦頭不明顯或塌陷者，或餅屑底層鬆散者，以不良品計。

（6）慕斯餡或果醬不凝固、分離者，或慕斯餡（含夾心）高度未超過 2 公分者，以不良品計。1 公分者，以不良品計。

烘焙計算

800÷(2+5+1.5) = 94（單份）

94×2 = 188（派皮）

94×5 = 470（乳酪慕斯餡）

94×1.5 = 141（蛋糕體）

派皮：

$$\frac{188\times2\div0.9}{165}=\frac{418}{165}\fallingdotseq 2.53$$

蛋糕體：

$$\frac{141\times2\div0.9}{300}=\frac{313}{300}\fallingdotseq 1.04$$

乳酪慕斯餡：470÷(3+1) = 117.5（單份）

慕斯餡：117.5×3 ≒ 353

慕斯餡：

$$\frac{353\times2\div0.9}{184}=\frac{784}{184}\fallingdotseq 4.26$$

夾心水果醬：117.5×2 = 235

製作條件

成品數量	8 吋 ×2 個
西點分類	慕斯類
攪拌模式	依序拌合法
使用模具	8 吋慕斯圈
成形方式	冷凍
成形時間	2 小時
裝飾配料	餅干派底，蛋糕體，水果醬

配方及百分比

材料名稱	%	數量/g
餅干粉派皮		
餅干屑	100	253
奶油	50	127
糖	15	38
合計	165	418
指形蛋糕體		
全蛋	100	104
細砂糖	100	104
低筋麵粉	100	104
合計	300	312

材料名稱	%	數量/g
乳酪慕斯餡		
軟質乳酪	50	213
細砂糖	10	43
檸檬汁	10	43
動物膠	2	9
冷開水	12	51
鮮奶油	100	426
合計	184	785

三層式乳酪慕斯
Three-layered Cheese Mousse

製作程序

1.餅干裝塑膠袋用 擀麵棍敲碎，加入溶化之奶油及糖拌勻。

2.將餅干屑平均倒入模形內，鋪平壓緊，冷凍備用。

3.慕斯餡：乳酪隔水加熱，與糖拌溶，動物膠（吉利丁）與冷開水調開，泡軟，拌入溶解，最後加檸檬汁拌勻。

4. 先取 1/3 打發鮮奶油與乳酪糊拌勻，再將 2/3 鮮奶油拌入即成慕斯餡。

5.將慕斯餡用擠花袋擠一圈抹平。

6.由中心向外將果醬擠在慕斯餡上，再倒入慕斯餡抹平即可冷凍。

7.指形蛋糕體麵糊以法式海棉蛋糕打法製作，麵糊用擠花袋平口花嘴擠兩個釋迦頭（烤盤紙上先用模形畫二個圓圈）。

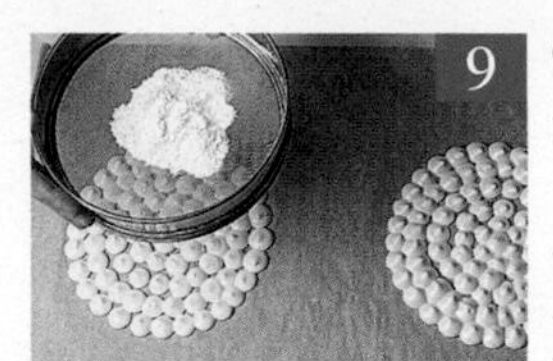

9.表面撒糖粉後入爐烘烤，烘烤溫度上火 200°C ／下火 180°C，烤 8 ～ 10 分鐘，冷卻後撕開烤盤紙，蓋在冷凍冰硬（先脫模）的慕斯上即爲成品。

應考心得

1. 餅屑粉派皮：乳酪慕斯夾水果醬：海綿蛋糕體＝ 188g：470g：142g（實際秤料重量）。
2. 乳酪慕斯：水果醬＝ 3：1 ＝ 353g：117g（實際秤料重量）。
3. 乳酪慕斯餡，須先隔冰水冷卻，再拌入打發之鮮奶油，否則鮮奶油消泡變稀，影響體積，較不易成形。
4. 釋迦頭可於慕斯體冷凍前製作。
5. 須冰凍較硬時，再脫模，以防變形，影響外觀。
6. 脫模時，可用熱毛巾在慕斯圈外圍溫熱，較易脫離，不可硬敲。（考場備有噴火槍）
7. 指形蛋糕體因量少，建議用手工攪拌製作即可。
8. 釋迦頭烤焙成鵝黃色即可，不可烤至焦黃，影響外觀。
9. 釋迦頭如因烤焙膨脹，可用慕斯圈壓成慕斯大小再蓋上。
10. 餅干底如易鬆散，可加少許鮮奶油拌合，較易成形。（用手握住，鬆手不會散掉即可）
11. 法式海綿法即蛋白、蛋黃分別加糖打發後，拌合，再加過篩麵粉拌合即可。

奶酥皮水果塔
Fruits Tart

奶酥皮水果塔
Fruits Tart

題　目

(1) 限用麵糰 650 公克（不得另加損耗）製作 32 個 7 公分模型（高 2.4 公分）奶酥皮水果塔。
(2) 限用麵糰 750 公克（不得另加損耗）製作 36 個 7 公分模型（高 2.4 公分）奶酥皮水果塔。
(3) 限用麵糰 800 公克（不得另加損耗）製作 40 個 7 公分模型（高 2.4 公分）奶酥皮水果塔。
取 20 個裝飾成 4 種花樣，每種 5 個，包含塔皮塗抹巧克力及作布丁餡、鮮奶油及水果之裝飾。

特別規定：
（1）水果表面需刷亮光果膠（承辦單位提供）。
（2）考生需自製 500 公克布丁餡。
（3）填充餡爲 2 份布丁餡與 1 份鮮奶油之混合體。
（4）裝飾水果 2 項（含）以上。
（5）以手塗巧克力（承辦單位提供），裝填布丁餡者，衛生品質項以零分計。
（6）填充餡未超過塔皮高度 3 公分（不含水果），或塔皮底部過於焦黑，或塔皮破損超過 10%，或塔皮收縮低於烤模 1 公分者，皆以不良品計。
（7）塔皮不熟，或填充餡無法凝固或結顆粒者，以不良品計。

烘焙計算

(1) 奶酥塔皮：

$$\frac{650}{221} = \frac{650}{221} \fallingdotseq 2.94$$

布丁餡：

$$\frac{500 \div 0.9}{162} = \frac{556}{162} \fallingdotseq 3.43$$

(2) $$\frac{750}{221} = \frac{750}{221} \fallingdotseq 3.39$$

(3) $$\frac{800}{221} = \frac{800}{221} \fallingdotseq 3.62$$

● 500g 布丁餡如為 2 份，則 1 份脂肪抹醬為 250g

製作條件

成品數量	麵糰 650 公克，製成水果塔 32 個
西點分類	塔類
攪拌模式	糖油拌合法
使用模具	7 公分塔模
烤焙溫度	上火 190°C ／下火 190°C
烤焙時間	12 ～ 15 分鐘
裝飾配料	巧克力膏、布丁餡、鮮奶油、水果

配方及百分比

材料名稱	%	數量/g
塔皮		
奶油	60	125
糖粉	40	83
鹽	0.5	1
全蛋	20	42
低筋麵粉	100	208
泡打粉	0.5	1
合計	221	460

材料名稱	%	數量/g
布丁餡		
鮮奶	100	354
糖	24	85
全蛋	17	60
低筋麵粉	8	14
玉米粉	5	14
奶油	8	28
合計	162	555
植物鮮奶油	打發	250

奶酥皮水果塔
Fruits Tart

製作程序

1.布丁餡：低筋麵粉加玉米粉、糖拌均，加入過篩與蛋拌勻。

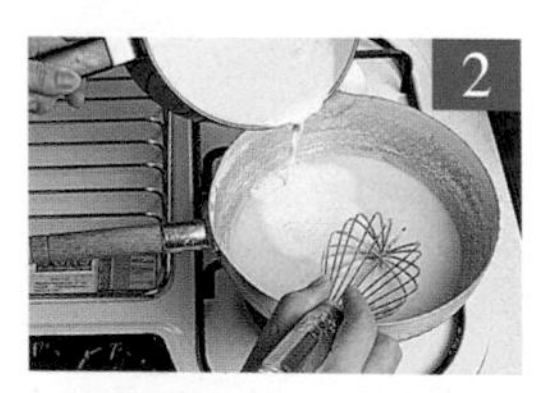

2.鮮奶煮沸後，分次倒入麵糊中拌勻。

3.回爐火上煮至冒泡濃稠離火，再加奶油拌溶，即爲布丁餡。

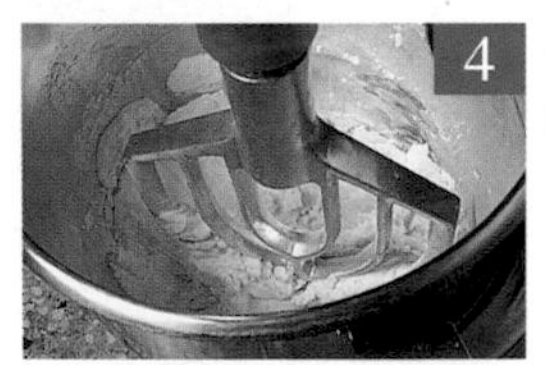

4.奶油、糖粉、鹽入攪拌鋼打鬆發。

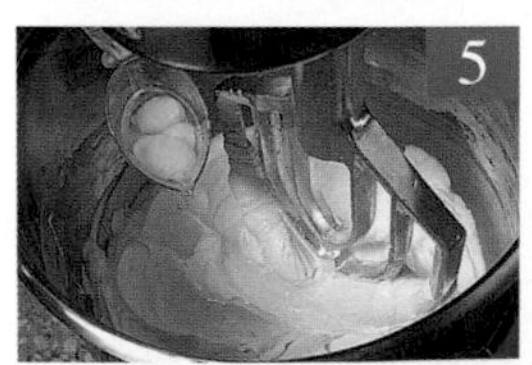

5.蛋分次加入拌勻，加入奶粉拌勻。

6.麵粉、泡打粉過篩加入以慢速拌成糰即可。

7. 用塑膠袋蓋住，鬆弛15分鐘。

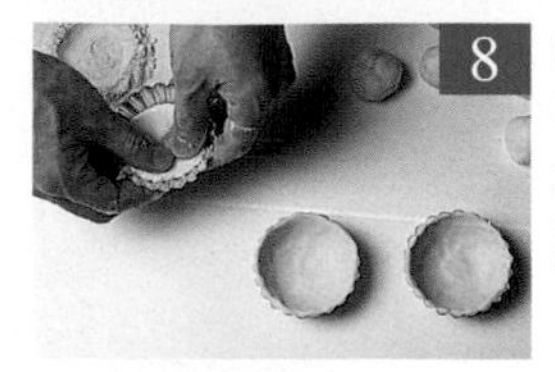

8.捏塔皮要均勻，底部不可太厚，以免烤不均勻（上皮焦、底部未熟。）

9.捏好塔皮用叉子刺洞（要刺到底）鬆弛15分鐘，即可入爐烘烤，烤到金黃色約12～15分鐘，出爐趁溫熱脫模，冷卻備用。

10.塔皮冷卻後，用毛刷塗上融化了的巧克力。再取500g冷卻了的布丁餡與打發鮮奶油250g拌勻，用擠花袋擠入塔皮內（要高過塔皮），以水果切片裝飾成4種樣式。

11.表面刷亮光液，裝飾上水果即可。

應考心得

1. 塔皮以糖油拌合法製作。
2. 塔皮烤前須充分鬆弛，並刺洞以免收縮變形。
3. 烤好塔皮切記依規定塗融化巧克力。
4. 塔皮出爐，要趁溫熱時小心脫模，如出爐太久，冷卻無法脫模，可再回烤一下，即容易脫模。

裝飾鬆餅
Decorations Puff Pastry

裝飾鬆餅
Decorations Puff Pastry

題　目

限用麵粉 900 公克製作二種不同樣式鬆餅各 20 個，其總油量爲麵粉的 (1)95% (2)90% (3)85%，充填之餡料爲布丁餡及果醬，充填後必經烤焙。

特別規定：
（1）折疊需以 3×4 或 4×3 製作。
（2）剩餘麵皮不得超過 10%並與成品一併繳交送評。
（3）整型前麵皮厚度爲 0.4±0.05 公分，需經監評確認並蓋確認章。
（4）烤焙後，體積未達 4 倍以上，或未膨脹之麵皮厚度超過 0.3 公分，或底部過於焦黑，或油漏出在烤盤上者，以不良品計。
（5）每個餡料需重 25 公克，餡料溢出黏烤盤者，以不良品計。

烘焙計算

(1) $\frac{900}{100（麵粉百分比爲 100）} = 9$

9 倍 × 材料 % =實際秤料重量

裹入油爲 95% − 15%（奶油）= 80%

(2) $\frac{900}{100} = 9$

9 倍 × 材料 % =實際秤料重量

裹入油爲 90% − 15%（奶油）= 75%

(3) $\frac{900}{100} = 9$

9 倍 × 材料 % =實際秤料重量

裹入油爲 85% − 15%（奶油）= 70%

製作條件

成品數量	裝飾鬆餅 40 個
製作方式	直接法
攪拌終溫	25°C
鬆弛時間	30 分鐘
擀折次數	4 折 3 次
分割方式	約 12 公分 ×12 公分 ×40 個
鬆弛時間	15 分鐘
整型方式	裝飾成 2 種樣式
烤烘溫度	上火 210°C ／下火 200°C
烤焙時間	25 分鐘

配方及百分比

材料名稱	%	數量/g
高筋麵粉	80	720
低筋麵粉	20	180
糖	3	27
水	50	450
全蛋	7	63
醋（工研醋）	2	18
奶油	15	135
(1) 裹入油	80	720
(2) 裹入油	75	375
(3) 裹入油	70	630
合計 (1)	257	2313
合計 (2)	257	2268
合計 (3)	257	2223

裝飾鬆餅
Decorations Puff Pastry

製作程序

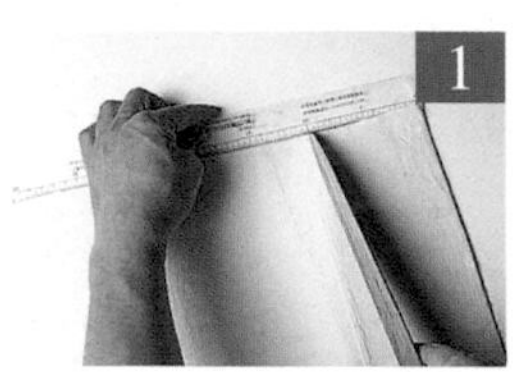

1. 以直接法製作麵糰。裹入油方式同丹麥吐司，但 4 折 ×3 次。冷凍鬆弛 30 分鐘後將麵糰擀成 120 公分 ×48 公分，要修邊，鬆弛 15 分鐘分割成約 12 公分 ×12 公分共 40 片。

2. 鬆餅裝飾成風車型，將餅皮四角各切一刀約 5 公分，表面刷蛋，取對稱四角各一邊依序向中央黏合。

3. 於正中間擠奶油布丁餡（p22）。

4. 在布丁餡上放水蜜桃 1/8 個即可。（裝飾充填餡料以考場提供爲主）

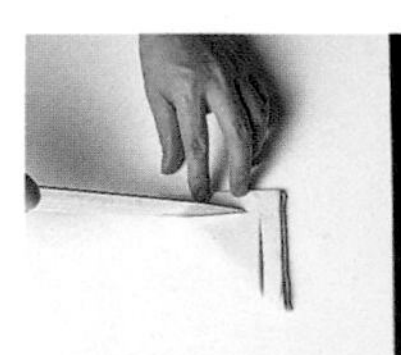

5.裝飾爲交叉型，將餅皮對折切兩刀，不可切斷。

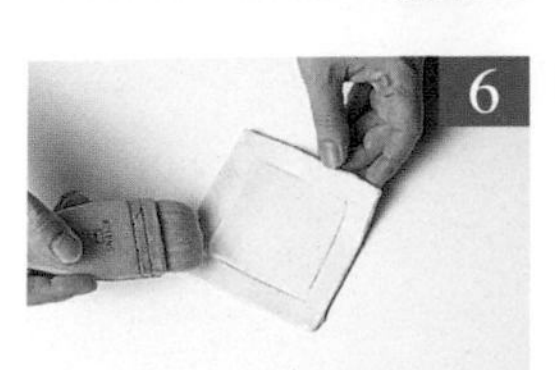

6.打開後，刷蛋水。

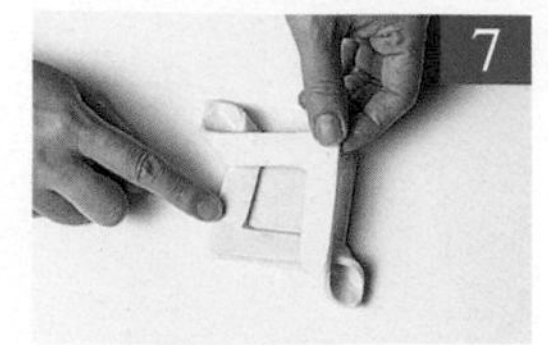

7.兩邊交叉重疊、黏緊。

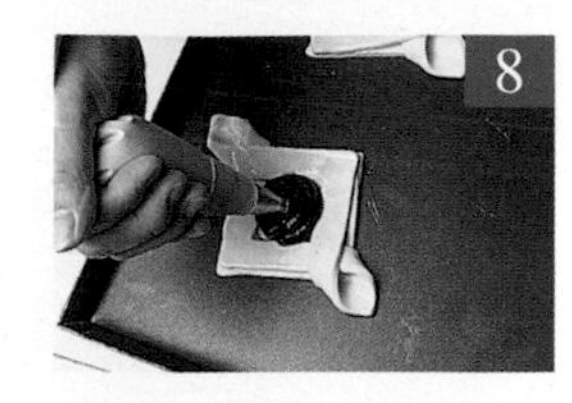

8.於中間擠果醬即可。

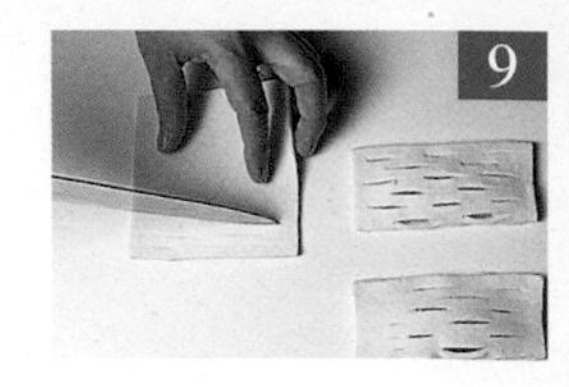

9. 亦可將中間部份切成魚網狀，刷蛋水，中間擠布丁餡或果醬後對折黏合即可。整型裝飾後，鬆弛15分鐘，表面刷蛋水即可入爐烘焙。

應考心得

1. 入爐開上火烤18分鐘後，看顏色關上火共烤25分鐘。
2. 須依技檢之規定來製作，請熟悉其烘焙計算及總油量之含意。
3. 考題配方總油量＝裹入油＋麵糊中之油脂
4. 擀折法→3折2次或3折3次，產品層次分明，麵糰較厚，粗糙且硬。
   →3折4次，體積最大，口感好。
   →3折5次，鬆酥，口感好。
   →3折6次，體積小，鬆酥。
5. 麵糰在擀開的過程中，不可破掉，否則會影響產品。
6. 油脂量高，延壓層次要更多，約要160～200g油脂層最佳。
7. 裝飾若放果醬時，爐溫要較高些，因爲水份多。
8. 烤焙至脹大後再裝飾，可得較多層次的產品。
9. 整型時若麵糰有重疊時，表面塗蛋水再整型，要壓實以免脹裂。
10. 因剩餘麵皮不得超過10%，且麵皮厚度已經固定，所以分割尺寸可自行拿捏，約12公分×12公分即可。

小藍莓慕斯
Blueberry Mousse

小藍莓慕斯

Blueberry Mousse

題 目

製作 8 吋小藍莓慕斯 (1) 2 個 (2) 3 個 (3) 4 個
底部需墊蛋糕底，圍邊採用連續式指形蛋糕餅作裝飾，表面作小藍莓果凍裝飾。

特別規定：

（1）限用 1 公斤麵糊 (不得另加損耗) 擠製高 5 公分 × 長 60 公分之連續式指形蛋糕餅 5 條，4 個直徑 8 吋蛋糕體，剩餘蛋糕需一併送評。
（2）連續式指形蛋糕餅之每個蛋糕餅寬爲 2±0.5 公分，高爲 5±0.5 公分。
（3）小藍莓佔慕斯內餡總量之 20%，需拌入內餡中。
（4）使用罐頭小藍莓汁液製作小藍莓果凍（每個 150 ～ 200 公克）。
（5）模具爲 8 吋高 4 公分。
（6）成品不得看見底部蛋糕體（蛋糕底必須放入圍邊指形蛋糕餅內緣）。
（7）蛋糕麵糊不可直接擠壓在以筆做記號的紙上，或動物膠以生水泡，或內餡用手放入者，衛生品質項以零分計。
（8）指形蛋糕紋路不明顯或塌陷，或表面小藍莓果凍未平坦完全覆蓋 95%以上或未凝固或分離，或慕斯內餡高度未達 3 公分者，以不良品計。
（9）成品分切後，慕斯體不凝固或結顆粒、有異味者，以不良品計。
（10）果凍滲入蛋糕體 20% 以上，以不良品計。

烘焙計算

指形蛋糕餅：（1 公斤）
$1000 \div 441 = 2.27$

(1) 慕斯餡：

$$\frac{600 \times 2 \div 0.95}{600} = \frac{1263}{600} \fallingdotseq 2.11$$

(2) 慕斯餡：

$$\frac{600 \times 3 \div 0.95}{600} = \frac{1895}{600} \fallingdotseq 3.16$$

(3) 慕斯餡：

$$\frac{600 \times 4 \div 0.95}{600} = \frac{2526}{600} \fallingdotseq 4.21$$

藍莓果凍每個約 200g

$$\frac{200 \times 2 \div 0.95}{133} = \frac{421}{133} \fallingdotseq 3.17$$

製作條件

成品分類	8 吋 ×2 個
西點分類	慕斯類
攪拌模式	依序拌合
使用模具	8 吋慕斯圈
成形方式	冷凍
成形時間	2 小時
裝飾配料	指形蛋糕體、藍莓果凍

材料名稱	%	數量/g
藍莓果凍		
藍莓汁	100	317
細砂糖	30	95
果凍粉	3	6
合計	133	418

配方及百分比

材料名稱	%	數量/g
指形蛋糕餅		
蛋黃	70	158
細砂糖	45	102
蛋白	140	318
塔塔粉	0.5	1
鹽	0.5	1
細砂糖	85	193
低筋麵粉	100	227
合計	441	1000

材料名稱	%	數量/g
慕斯餡		
動物膠	13	27
冷開水	50	106
細砂糖	55	116
沸水	100	211
檸檬水	10	21
藍莓粒	120	253
鮮奶油	235	496
櫻桃酒	17	36
合計	600	1266

小藍莓慕斯
Blueberry Mousse

製作程序

1.指形餅干：蛋黃加糖用打蛋器打發至乳白色濃稠狀。

2.蛋白加塔塔粉攪拌至起泡，分次加入糖、鹽再攪拌至濕性發泡。

3.將蛋白分次加入蛋黃糖中拌匀，再加入已過篩的低筋麵粉拌匀。

4.將麵糊裝入擠花袋，用平口花嘴擠於已畫好模型大小的烤盤紙上，圍邊及圓形麵糊需分別擠在兩烤盤上分開烤焙（圍邊 ×5、圓形 ×4）。

5.表面撒糖粉，入爐烤約 8 分鐘，至金黃即可。

6.冷卻撕開烤盤紙，修剪成適當大小，裝模備用。

7.藍莓果凍：藍莓汁煮開，糖及果凍粉乾拌後加入拌溶即可。

8.慕斯餡：動物膠先在水中泡軟，加入糖水內（75°C）拌溶。

9.待糖水膠冷卻至 10 ~ 15°C 左右（可用冰塊隔水冷卻，要邊攪拌，以防底部結塊），與打發鮮奶油拌勻。

10.最後加檸檬汁及酒拌勻。

11.將瀝乾之小藍莓加入慕斯餡中稍拌勻。

12.倒入慕斯圈中，餡料需略低於圍邊 1 公分。為求美觀，藍莓慕斯餡倒入後需以抹刀抹平表面，冷凍冰硬後於表面淋上藍莓果凍。

應考心得

1. 擠指形蛋糕餅麵糊前，先於烤盤紙上劃好需要之圖形，再將麵糊擠於圖形內。
2. 藍莓果汁如重量不足，可加水補足重量。
3. 指形蛋糕不可烤太乾，否則容易斷裂，無法圍邊。
4. 藍莓慕斯要冰硬，再淋果凍，且果凍液不可太熱。
5. 慕斯如太稀，先以隔冰水冷卻，再入模，以防慕斯餡由底部流出，重量不足。
6. 指形蛋糕如無規定攪拌方式，以法式海綿法製作，較好操作。

烘焙食品技術士檢定規範

壹、說明

一、爲提高食品加工業從業人員技能水準，使食品工業升級及建立該業職業證照制度之需求，經統籌規劃研訂食品檢驗分析、食品用金屬罐捲 、肉製品加工、中式米食加工、中式麵食加工等五職類技能檢定規範於民國七十九年八月公告，另修訂烘焙食品職類技能檢定規範於八十年十月公告，共同列爲食品加工六職類；因配合當前行業技術發展，加強專業人員之知能，八十三年度再予修訂，八十四年度增訂水產食品加工，共七職類。

二、上述食品加工六職類之技能檢定規範特點如次：

(一) 各職類檢定均分乙、丙二級，並明訂各職類分級之目標：乙級爲具有高度技術熟練技術員、丙級爲一般技術員。

(二) 「食品加工類各職類共同科目」，並分乙、丙二級，分別納入各級規範中，將從業人員必了解之食品概論、營養知識、食品包裝及標示、工業安全、食品衛生及職業道德等科目列爲學科測驗之共同必考科目，佔學科試題比例爲20%，另80%爲各職類之專業知識試題。本次共同科目修訂乙、丙級，皆強化檢定項目、相關知識及部份文字修定，明確地列出各項內容，使層次分明。

(三) 職業道德、敬業精神、工作態度及衛生習慣等納入各職類術科測驗。

三、本職類「烘焙食品」技術士技能檢定規範要點說明：

(一) A1.修訂乙、丙級技能檢定規範內容：乙級工作項目分爲(1)產品分類(2)原料之選用(3)產品製作(4)品質鑑定(5)烘焙食品之包裝(6)食品之貯存(7)品質管制(8)成本計算(9)烘焙食品良好作業規範等九項。丙級工作項目分爲(1)產品分類(2)原料之選用(3)產品製作(4)品質鑑定(5)烘焙食品之包裝(6)食品之貯存等六項。B本職類二次修訂乙、丙級之工作項目如產品分類作部份調整；產品製作強化部份技能標準，整體之相關知識加以充實，使內容落實完善。

(二) 術科測驗依產品類別分爲麵包類西點蛋糕類餅乾類等三項。

(1)丙級應檢者可再行從三項中，任選一項參加術科測驗，檢定合格後，技術士證上注明所選項別之名稱，名單項產品，丙級製作2種或2種以上爲原則。

(2)乙級應檢者可自行從前三項中，任選二項參加術科測驗，檢定合格後，技術士證上註明所選項別之名稱，乙級就選擇二項中，製作3種或3種以上產品。

(三) 本職類技能檢定術科測驗，丙級部分可以部份手工或中小型機具製作成品。乙級部份之操作宜配合工業化生產之專業機具來製作成品。

(四) 丙級技能檢定規範之對象是從事烘焙食品製作之師傅，或工業化生產烘焙食品工廠的作業人員，即一般技術員。乙級檢定對象是烘焙食品工廠之技術員，或生產管理人員，負責生產規劃，執行及領導工作者，即爲熟練技術員。本職類技能檢定合格後，赴業界就業時可視爲具有擔任相當於下列職務的知能。

(1)取得丙級技術上證照者：爲一般技術員，在烘焙食品工廠視爲具專業技術能作業員的知能。

(2)取得乙級技術士證照者：爲熟練技術員，在烘焙食品工廠視爲具有擔任生產主管（相當於組長或課長）的知能。

貳、級別：丙級

工作範圍：從事烘焙食品麵包、西點蛋糕、餅乾等之製作有關的知識與技能。

應具知能：應具備下列各項技能及相關知識。

一、食品加工和職類共同科目：

工作項目	檢定項目	相關知識
一、食品概論	(一) 各能了解食品的特性	1.食品原料之來源 2.食品的分類與特性 3.食品品質與好壞判定
	(二) 各能了解加工及貯存對食品品質及衛生之影響	1.食品加工處理方法 2.食品貯藏之基本概念
	(三) 各能了解原料之使用量及製成加工品的配合比例	基本度量衡換算及算術四則運算
	(四) 各能了解食品品質管制及品質保證概念	食品品質管制及品質保證知識
二、營養知識	(一) 能了解食品營養的分類方法	營養常識
	(二) 能認識各種營養素的重要性	營養常識
	(三) 能了解食品營養與健康關係	營養與健康常識
三、食品包裝	(一) 能了解食品包裝概念	1.食品包裝種類 2.食品包裝用材料與容器及其衛生安全
	(二) 能了解食品包裝功能與標示事項	1.食品包裝功能 2.食品衛生管理法及施行細則中有關標示規定
四、食品衛生	(一) 能認識食品製造加工之衛生要求及其應注意事項	1.食品業者製造、調配、加工、販賣、貯存食品或食品添加物之場所及設施衛生標準 2.環境衛生常識
	(二) 能認識與食物相關的有害物質及其污染途徑	食品衛生安全常識
	(三) 能認識各種食品中毒的發生原因	1.食品衛生安全常識 2.了解食品中毒之相關知識及預防方法
	(四) 能正確使用食品添加物	1.食品添加物之使用常識 2.食品添加物使用範圍及用量標準
	(五) 能了解從業人員衛生之重要性	1.個人衛生常識 2.健康檢查之重要性
	(六) 能認識食品用殺菌劑和洗潔劑之相關知識	1.食品用洗潔劑之常識 2.食品用殺菌劑之常識
五、工業安全	(一) 能了解工業安全之意義及重要性	1.勞工安全衛生法有關規定 2.工業安全認識
	(二) 能了解如何防止機械災害之發生	1.勞工安全衛生設施規則有關規定 2.機械安全常識
	(三) 能了解電氣使用安全	1.勞工安全衛生設施規則有關規定 2.電氣安全常識

	（四）能了解物料搬運及處置安全 （五）能了解如何防止火災爆炸	1.勞工安全衛生設施規則有關規定 2.物料儲存與搬運、安全基本知識 1.勞工安全衛生設施規則有關規定 2.火災爆炸防止之知識
六、職業素養	（一）敬業精神 1.對工作具有熱忱與忠忱之精神 2.具有互助合作、敬業精神 （二）服從紀律遵守規定 1.能服從工作紀律 2.能遵守工作規定	 1.職業道德基本觀念 2.品德修養基本理念 1.職業道德基本觀念 2.品德修養基本理念

二、本職類專業知能

工作項目	檢定項目	技能標準	相關知識
一、產品分類	認識各種烘焙食品	1.能適當地將各類烘焙食品歸類 2.能用手工或機械製作下列烘焙食品 (1)麵包：硬式麵包、軟式麵包、餐包、甜麵包、丹麥麵包 (2)西點蛋糕：麵糊類蛋糕（奶油類）、乳沫類蛋糕（輕蛋糕）、戚風類蛋糕、派、鬆餅、油炸道納司、奶油空心餅、比薩、塔類 (3)餅乾：甜餅乾、鹹餅乾（使用酵素或酵母製作）、小西餅等	(1)烘焙食品分類法 (2)每類烘焙食品具有之特色 (3)每類烘焙食品所含之產品種類
二、原料之選用	（一）主原料及副原料之認識 （二）食品添加物之認識	具有分辨各類烘焙食品所需之下列主原料及副原料之種類及用法的能力: 1.麵粉 2.水 3.乳製品 4.酵母 5.鹽 6.糖 7.蛋 8.油脂 具有分辨下列各種食品添加物之種類特性及用法之能力： 1.膨脹劑 2.香料 3.色素 4.品質改良劑 5.乳化劑 6.黏稠劑 7.防腐劑	(1)主原料與副原料之分類與用法 (2)主原料與副原料之成分 (3)主原料與副原料在烘焙食品內之功能 (1)食品添加物使用範圍及用量標準 (2)食品添加物對烘焙食品的影響
三、產品製作	（一）配方制定	1.能正確秤取主原料、副原料及添加物 2.能正確使用度量衡工具	(1)算術四則運算 (2)度量衡工具基本使用法 (3)熟知英制、台制與公制度量衡

		3.能看懂配方結構，並依配方製作烘焙食品 4.算出烘焙產品製造過程之損耗率	(4)烘焙百分比
	(二)攪拌技術	1.能了解麵糰、麵糊攪拌之主要作用 2.能了解攪拌對烘焙食品品質之影響 3.能正確操作各種烘焙食品所需之攪拌方法 4.能確認各種烘焙食品所需之攪拌常識 5.能正確地選用適當的攪拌機具	(1)攪拌與烘焙食品品質之關係 (2)影響攪拌之因素 (3)各種攪拌方法
	(三)發酵技術	1.能了解發酵性烘焙食品之正確溫度、濕度與時間 2.能了解各種發酵方法	(1)酵母之種類及使用方法。 (2)影響酵母發酵之因素。 (3)酵母貯存常識。
	(四)成型技術	能正確地給予攪拌後或發酵後的麵糊或麵糰予以成型以利烘焙	工具及模具使用知識
	(五)烘焙技術	1.能確認各類烘焙食品之烤焙溫度與烤焙時間 2.能依產品類別選用適當的烤焙機具	烤焙常識。
四、品質鑑定	烘焙食品品質之判定	能用官能判知各類烘焙食品品質優劣 1.外表：體積、顏色、式樣、烤焙均勻程度及表皮質地等 2.內部：顆粒、顏色、組織、結構、口感及風味等	烘焙食品內外品質有關之標準
五、烘焙食品之包裝	(一)烘焙食品包裝之認識 (二)烘焙食品包裝標示	能了解食品包裝對烘焙食品之美觀、衛生、保存性及促銷等之功能 能確認各種烘焙食品包裝標示規定	烘焙食品包裝。 食品標示法。
六、食品貯存	原料、半成品、成品之保存	1.掌握原料、半成品、成品之特性 2.能依原料、半成品、成品之特性選擇最適當之貯存場所 3.能掌握各種烘焙食品之保存期限	(1)烘焙原料、半成品、成品之特性。 (2)影響食品品質劣化因素。 (3)食品保存原料。

參、乙級

工作範圍：從事烘焙食品麵包、西點蛋糕、餅乾等之製作有關的知識與技能。

應具知能：應具備丙級技術士之各項技能及相關知識外，並應具備下列各項技能與相關知識。

一、食品加工各職類共同科目：

工作項目	檢定項目	相關知識
一、食品概論	(一) 能了解食品加工的意義	1.食品相關微生物學、化學、物理學等概念。 2.各種食品加工方法之原理及用途與應用。
	(二) 能了解在加工及貯存過程對食品品質之變化	食品加工及貯藏中所造成食品之各種物理、化學、微生物學上之變化。
	(三) 能了解原料之使用量及製成加工產品的配合比例	1.公制、英制、台制度量衡之認識及換算。 2.相關算術四則演算。
	(四) 具有成本計算之能力	1.原料、材料用量及操作條件之估算。 2.原料、材料單價分析及人工成本、操作成本之分析、推算。
	(五) 能了解原料調配時所牽涉到之各項因素	原料之使用以及安全問題
	(六) 能了解食品品質管制及品質保證概念	食品品質管制及品質保證知識
二、營養知識	(一) 能了解食品營養的分類方法	營養知識
	(二) 能認識各種營養素的重要性	營養知識
	(三) 能了解食品營養與健康之關係	營養與健康知識
	(四) 能了解各種加工方法及貯存對營養素所造成的可能損失與影響	食品化學常識
三、食品包裝	(一) 具有食品包裝概念	1.食品包裝種類 2.食品用包材容器及其衛生安全性 3.包裝食品之功能
	(二) 能了解食品包裝功能與標示事項	食品衛生管理法及施行細則中有關標示規定
	(三) 具有選用適當食品包裝的基本知識	包裝材料及容器之選擇
四、食品衛生	(一) 能了解有關食品衛生法令及規定	1.食品衛生管理法暨施行細則 2.食品業者製造、調配、加工、販賣、貯存食品或食品添加物之場所及設施衛生標準 3.食品工廠建築及設備之設置標準 4.食品衛生標準 5.政府推動有關優良食品標誌之食品衛生內容。
	(二) 能認識食品製造加工之衛生要求及其應注意事項	1.食品業者製造、調配、加工、販賣、儲存食品或食品添加物之場所及設施衛生標準 2.環境衛生知識
	(三) 能認識與食物有關的有害之物質及其污染途徑	食品衛生安全知識

	（四）能認識各種食品中毒之發生原因及預防方法	1.食品衛生安全知識 2.了解食品中毒之相關知識及預防方法
	（五）能正確使用食品添加物	1.食品添加物之使用知識 2.食品添加物使用範圍及用量標準
	（六）能了解從業人員之衛生之重要性	1.個人衛生知識 2.健康檢查之重要性
	（七）能認識食品用殺菌劑和洗潔劑之相關知識	1.食品用洗潔劑之知識 2.食品用殺菌劑之知識
五、工業安全	（一）能了解工業安全之意義及重要性	1.勞工安全衛生法有關規定 2.工業安全認識
	（二）能了解如何防止機械災害之發生	1.勞工安全衛生設施規則有關規定 2.機械安全常識
	（三）能了解電氣使用安全	1.勞工安全衛生設施規則有關規定 2.電氣安全常識
	（四）能了解物料搬運及處置安全	1.勞工安全衛生設施規則有關規定 2.物料儲存與搬運、安全基本知識
	（五）能了解如可防止火災爆炸	1.勞工安全衛生設施規則有關規定 2.火災爆炸防止之知識
六、職業素養	（一）敬業精神 1.對工作具有熱忱與忠忱之精神 2.具有互助合作、敬業精神	1.職業道德觀念 2.品德修養理念
	（二）服從紀律、遵守規定 1.能服從工作紀律 2.能遵守工作規定	1.職業道德觀念 2.品德修養理念
	（三）指導與領導能力 1.具備指導工作技能 2.具備領導工作能力	1.指導與奉獻理念 2.領導統御理念

二、本職類專業知能

工作項目	檢定項目	技能標準	相關知識
一、產品分類	認識各種烘焙食品	1.能適當地將各類烘焙食品歸類 2.能用手工及使用機械工業化生產下列烘焙食品。 (1)麵包：硬式麵包、軟式麵包、餐包、甜麵包、丹麥麵包等。 (2)西點蛋糕：麵糊類蛋糕（奶油類）、乳沫類蛋糕（輕蛋糕）、戚風類蛋糕、其他類蛋糕、蛋糕裝飾、派（Pie）、鬆餅（Puff pastry）、油炸道納司（Doughnut）、比薩（Pizza）、奶油空心餅（Choucream）、塔類（Tarts）、其他類（如慕斯、涼果等）。 (3)餅乾：甜餅乾（Biscuits）、鹹餅乾（Crackers）（使用酵素或酵母製作）、小西餅（Cook ies）、煎餅（Wafers）、威化餅（Waffles）等。	(1)烘焙食品分類法 (2)每類烘焙食品具有之特色 (3)每類烘焙食品所含之產品種類
二、原料之選用	(一)原料及副原料之認識	具有分辨各類烘焙食品所需之下列主原料及副原料之種類、特性及用法的能力。 1.麵粉 2.水 3.乳製品 4.酵母 5.鹽 6.糖 7.蛋 8.油脂	(1)主原料與副原料之分類與用法。 (2)主原料與副原料之成分。 (3)主原料與副原料在烘焙食品內的功能。 (4)食品化學。
	(二)食品添加物之認識	具有分辨下列各種食品添加物之種類特性及用法之能力。 1.膨脹劑 2.香料 3.色素 4.乳化劑 5.防腐劑 6.品質改良劑 7.酵素 8.抗氧化劑9.黏稠劑	(1)食品添加物使用範圍及用量標準 (2)食品添加物的理化性質。 (3)食品添加物對烘焙食品的影響。 (4)食品添加物學。 (5)食品添加物使用法。
	(三)選擇原料之原則	1.能依各種不同之烘焙食品，適當地選用不同性質之原料。 2.能判斷原料之優劣品質。 3.了解各項原料因品牌或性質變動時應作之用量調整方法。	(1)各種烘焙食品的特點。 (2)原料品質的優劣判定方法。 (3)原料用量平衡計算。

三、產品製作	(一) 配方制定	1.能正確秤取主原料、副原料及添加物。 2.能正確使用度量衡工具。 3.能看懂配方結構，並依配方製作烘焙食品。 4.能制定配方。	(1)算術四則運算。 (2)度量衡工具的基本使用法。 (3)熟知英制、台制與公制度量衡之換算。 (4)熟知烘焙百分比與實際百分比之計算原料用量。 (5)麵糰溫度與水溫之調整計算。
	(二) 攪拌技術	1.能了解麵糰或麵糊攪拌之主要作用。 2.能了解攪拌對烘焙食品品質影響。 3.能了解各種烘焙食品所需之攪拌方法。 4.能正確操作各種烘焙食品所需的攪拌程度。 5.能正確選用適當的攪拌機具。	(1)攪拌與烘焙食品品質之關係。 (2)影響攪拌之因素 (3)各種攪拌方法。 (4)攪拌機分類及其附屬配件之性能、使用與維護。
	(三) 發酵技術	1.能正確控制發酵之溫度、濕度與時間。 2.能正確操作各種發酵方法。 3.能了解發酵之主要功能。 4.能掌握酵母、溫度、濕度及時間各項因素對發酵性的烘焙食品品質的影響。	(1)酵母之種類及使用方法。 (2)酵母之特性。 (3)影響酵母發酵之因素。 (4)酵母貯存方法。
	(四) 成型技術	1.能正確給予攪拌後或發酵後的麵糊或麵糰予以成型，以利烘焙。 2.能精確算出麵糰或麵糊之重量與烤盤關係，並求出標準烤盤之容積。 3.能了解各種產品之一般整型機具之操作。	(1)整型機具種類及其附屬配件之性能、使用與維護。 (2)工具及模具使用知識。
	(五) 烘焙技術	1.能確認各類烘焙食品之烤焙溫度與烤焙時間。 2.能依產品類別選用適當的烤焙餐具。 3.能掌握各種烤爐的烘焙特性（例如立式電烤爐、熱風旋轉爐、隧道爐、搖籃爐等） 4.能正確操作上列之四種烤爐。 5.能正確說明烘焙食品之冷卻時間與溫度。	(1)烤焙常識。 (2)烤爐種類及其性能使用與維護。 (3)產品老化與冷卻之時間與溫度關係。
	(六) 裝飾與調餡	1.能正確選用適當的材料及裝飾方法。 2.能正確使用裝飾原料。 3.能正確調製各種餡料。	(1)裝飾原料的選用 (2)裝飾方法。

四、品質鑑定	烘焙食品品質之判定	1.能用官能判定各類烘焙食品品質優劣。 (1)外表：體積、顏色、式樣、烤焙均勻程度、表皮質地、外表裝飾（手藝、創意）等。 (2)內部：顆粒、顏色、組織、結構、口感、風味等。 2.能找出不合標準之原因，並能改善。	(1)烘焙食品內外品質有關之標準。
五、烘焙食品之包裝	(一)烘焙食品包裝材料之認識與應用 (二)食品包裝標示	1.了解食品包裝，對烘焙食品之美觀、衛生、保存性及促銷等之功能。 2.能正確掌握各種食品包裝材料之特性與用法。 (1)塑膠包裝。 (2)紙盒包裝。 (3)罐食包裝。 3.正確使用各種延長產品保存壽命的包裝方式。例如： (1)氮氣充填法。 (2)脫氧劑添加法。 (3)酒精蒸發劑添加法。 (4)其他。 1.能確認各種食品包裝標示規定。	(1)包裝材料之分類與特性。 (2)各種包裝材料之化學與物理常識 (3)氮氣充填包裝原理。 (4)脫氧劑添加法之包裝原理。 (5)酒精蒸發劑添加法之包裝原理。 (6)食品標示法。
六、食品貯存	原料、半成品、成品之保存	1.能掌握原料、半成品、成品之特性。 2.能依原料、半成品、成品之特性選擇最適當的貯存條件、期限與場所。 3.能掌握各種烘焙食品之保存期限。	(1)烘焙原料、半成品、成品之特性。 (2)食品品質劣化因素。 (3)食品保存原料。 (4)食品冷凍、冷藏。 (5)應用微生物。
七、品質管制	熟悉品質管制之技巧	1.能了解品質管制之重要性。 2.能閱讀品質管制圖。 3.能正確指出重點管制項目。 4.能熟練地應用品管圖表於烘焙食品之生產管理。	食品品質管制。

八、成本計算	直接成本之計算	1.能掌握原料、半成品、成品之特性。 2.能依原料、半成品、成品之特性選擇最適當的貯存條件、期限與場所。 3.能掌握各種烘焙食品之保存期限。	(1)原料單價分析。 (2)原料用量精確計算方法。 (3)人工成本分析。 (4)配方成份對成品及成本之影響。
六、烘焙食品良好作業規範	(一)廠區環境之條件	1.能確認食品工廠廠區環境衛生之要求。	烘焙食品工廠良好作業規範專則
	(二)廠房及設備之規劃	1.能確認廠房配置及空間之規劃符合衛生、有序，以利生產作業。 2.能依使用性質及清潔度有效的區隔廠房。 3.能確認廠房結構應具有安全、衛生及防止污染之設計。 4.能確認地面及排水符合不透水、不積水之設計。 5.能確認屋頂、天花板、牆壁及門窗應有防止積壓、長黴、結露、蚊蟲侵入之設計。 6.應正確掌握不同作業區光度條件。 7.能確認不同作業區的空調條件。 8.能確認工廠用水品質之標準。 9.能確認洗手消毒設施之標準。 10.能確認倉庫、更衣室廁所之設置規劃標準。	
	(三)機器設備之配置	1.應確認機器設備之設計及材質，以防止污染及衛生之要求。 2.應確認生產及品管設備之設置條件。	
	(四)組織與人事系統	1.能正確掌握各部門組織應有的職責。 2.能確認各部門組織應有的人員資格。	
	(五)衛生管理	1.能確認環境、廠房設施之衛生管理。 2.能確認人員之衛生管理。 3.能確認機器設備之衛生管理。 4.能確認清潔及消毒用品之管理。	

	(六) 製程管理	1.能確認原料處理之原則。 2.能確認生產過程各項物理因素（如時間、溫度、水活　、PH等）之控制。 3.能掌握生產過程免於微生物污染之方法。	
	(七) 倉儲與運輸之管制	1.能了解食儲作業之原則。 2.能確認各種產品之儲運溫度。	
	(八) 顧客抱怨之處理	1.能正確掌握顧客抱怨處理之流程與原則。 2.能正確掌握出廠成品之回收系統。	

烘焙食品報考須知

壹、報名測驗日期

1.報名日期：約每年8月至9月中旬。

2.學科測驗時間：

（1）丙級技術士：約每年11月上旬星期日10：00～11：40（請參考簡章）。

（2）乙級技術士：約每年3.7.11月上中旬星期日14：00～15：40（請參考簡章）。

註：預查詢每年度「全國技術士技能檢定」簡章及相關訊息，如有需要，請自行至技能檢定相關網站查詢或下載：

(1) 全國技術士技能檢定報名及學科測驗試務資訊網：https://skill.tcte.edu.tw

(2) 勞動部勞動力發展署技能檢定中心網站：http://www.wdasec.gov.tw

貳、報名程序重點說明

一、報名表購買(報名表販售期間)

1.少量購買：於販售期間至全國之全家便利商店、萊爾富便利商店、OK超商、臺北市職能發展學院購買。

2.大量或少量購買：發展署技能檢定中心技能檢定服務窗口、各縣市簡章販售點或洽技專校院入學測驗中心技能檢定專案室（販售期間可電洽 05-5360800 詢問或逕至試務資訊網站https://skill.tcte.edu.tw查詢）。

二、報名資料準備

1.報名表正表及副表各欄位請以正楷詳細填寫並貼妥身分證影本及二年內一吋彩色正面半身脫帽照片一式2張(不得使用生活照)，字跡勿潦草，所留資料必須正確，以免造成資料建檔錯誤；若報檢人填寫或委託他人填寫之資料不實，而造成個人權益損失者，請自行負責。

2.報名所需資格證件請詳閱簡章內容，並檢附所需資格證件影本，另申請免試學科或免試術科者，請檢附3年內學科或術科及格成績單(成績單影本需記載分數或及格文字)申請免試學科或免試術科。

3.身心障礙者或持有教育主管機關核發之身心障礙證明或身心障礙鑑定結果函文者、符合口唸試題申請資格者(限定職類)、特定對象及屬受貿易自由化衝擊產業之勞工申請補助報名費者，請另填申請書；報名時未檢附申請書者，不得事後申請。

三、郵寄報名表件

報檢人可就下列方式擇一報名：

1.團體報名

15人以上得採團體報名，採團體報名者，每份團體報名清冊限報名同一考區，報檢人報名表書寫之考區名稱若與團報清冊上之考區不一致時，請使用個別報名方式報名，否則將逕行安排於清冊上之考區應檢，報檢人不得有異議。

2.個別報名

(1)通信報名：請報檢人詳細填寫報名書表並檢附資格證件影本，於劃撥報名費用後，檢附收據正本，連同報名資格證件一起寄出。

(2)網路報名：請於完成網路報名後，自行下載列印報名表（正表與副表）及繳費單，進行繳費程序，並將完成繳費之繳費單收據正本黏貼於報名表，連同報名表及資格證件影本一起寄出。

四、資格審查不符者

報檢人資料經審查如須補繳報名費用或相關證明文件，承辦單位將以電話或簡訊或電子郵件或書面擇一通知（以簡訊或電子郵件或書面方式通知者，視為完成通知）。報檢人應確保所提供之行動電話號碼、電子郵件信箱等通訊資料正確無誤且可正常使用，以備承辦單位通知，並適時查閱承辦單位之通知。報檢人接獲承辦單位補件通知，應於通知限定之期日內補齊，逾時仍未補齊費用或文件者，逕予退件。報檢人未收到補件通知之原因，不可歸責於承辦單位，致補件逾期者，逕予退件，報檢人不得異議。資格審查不符(含申請特定對象補助)者，報名表及相關資格證件(含影本)由承辦單位備查不退回，本年度結束後逕行銷毀。

五、繳納報名費及核發准考證

1.團體報名：報名費請以團體為單位一筆先行繳納，資格審查通過後，准考證統一寄送團體承辦人，成績單及術科通知單個別寄送。

2.個別報名：請確認報考職類級別並先行繳費，資格審查通過後，依通信地址寄送准考證。

※未於規定期限繳納報名費者視同未完成報名手續。

六、前後梯次均有辦理之職類，前一梯次術科測試成績尚未公佈，請自行斟酌是否報名本梯次；凡完成報名手續且繳交費用者，報檢人不得以任何理由要求退費。

參、相關服務資訊

1.全國技能檢定報名及學科測試承辦單位：財團法人技專校院入學測驗中心基金會

地址：64002 雲林縣斗六市大學路三段 123-5 號　　網址：https://skill.tcte.edu.tw

免費諮詢專線：0800-360-800　　E-mail：skill@mail.tcte.edu.tw

服務項目：受理報檢全國報檢資格諮詢、學術科報名及學科測試

傳真專線：05-5379009　　服務電話：05-5360800轉

技檢職類諮詢：521～523、525～529　　簡章洽購：207
報檢人資料變更/准考證及繳費收據補發：529
（准考證可自行於試務資訊網站 https://skill.tcte.edu.tw /列印准予考試證明，即可視同准考證）

2.全國主辦單位：勞動部勞動力發展署技能檢定中心(簡稱發展署技能檢定中心)
地址：40873 臺中市南屯區黎明路二段 501 號 6 樓　　網址：http://www.wdasec.gov.tw
電話語音成績查詢04-22598800　　全國技能檢定服務專線04-22599545
特定對象補助諮詢服務專線04-22500707　　報檢資格疑義傳真電話04-22521967
書面諮詢：請至技檢中心網站 http://www.wdasec.gov.tw/民意信箱填寫
服務項目：受理報檢資格諮詢、全國術科測試及發證試務工作
服務電話：04-22595700轉
全國檢定：303、333　　特定對象補助：101、113、120、122、127、128
即測即評及發證：113、120、122、127、128　　學術科測試成績單合併發證：357
補發成績單：301　　技術士證請領：451～454　　技術士證補證、換證：411
懸掛式證照：450　　丙(單一)級參考資料購買：456

十二版更新後記

時間過得很快，自從第一版出刊至今已十餘年，這十多年來，我看到許多讀者因為這本書而考上了乙丙級的證照，內心非常感動，這也促使我更戰戰兢兢的做好每一次的改版。

第十二版在配方上，我做了比較明顯的改變。減少了鹽份的攝取、刪掉了白油、改良劑等現今烘焙界已經不用的食材，讓做出來的西點或麵包更健康，口感更升級；同時烤焙數量也因應考試規則修改而有了修正，更增加了最近3期的乙、丙級考古題，不但對讀者在學科筆試時有最直接的幫助，同時在應試時更具信心。

雖然此書是有志進入烘焙業並參加「烘焙食品技術士」乙、丙級麵包西點證照考試者的最佳工具書，但其實它也是接觸烘焙的入門書，想要一窺烘焙殿堂的美妙，這本書值得推薦給您。

最後，改版十二次絕對不是最後一次，日後我仍會根據烘焙市場的改變、證照考試規則的更改，繼續為讀者推出最新最有用的烘焙教科書，如果您有任何意見，也很歡迎提供給我，希望在烘焙的道路上，我們一起努力，動手做出好吃又健康的西點與麵包！謝謝大家！

吳美珠

2018.05

肆、報名方式及繳費流程圖

一、一般報名流程及報名方式：

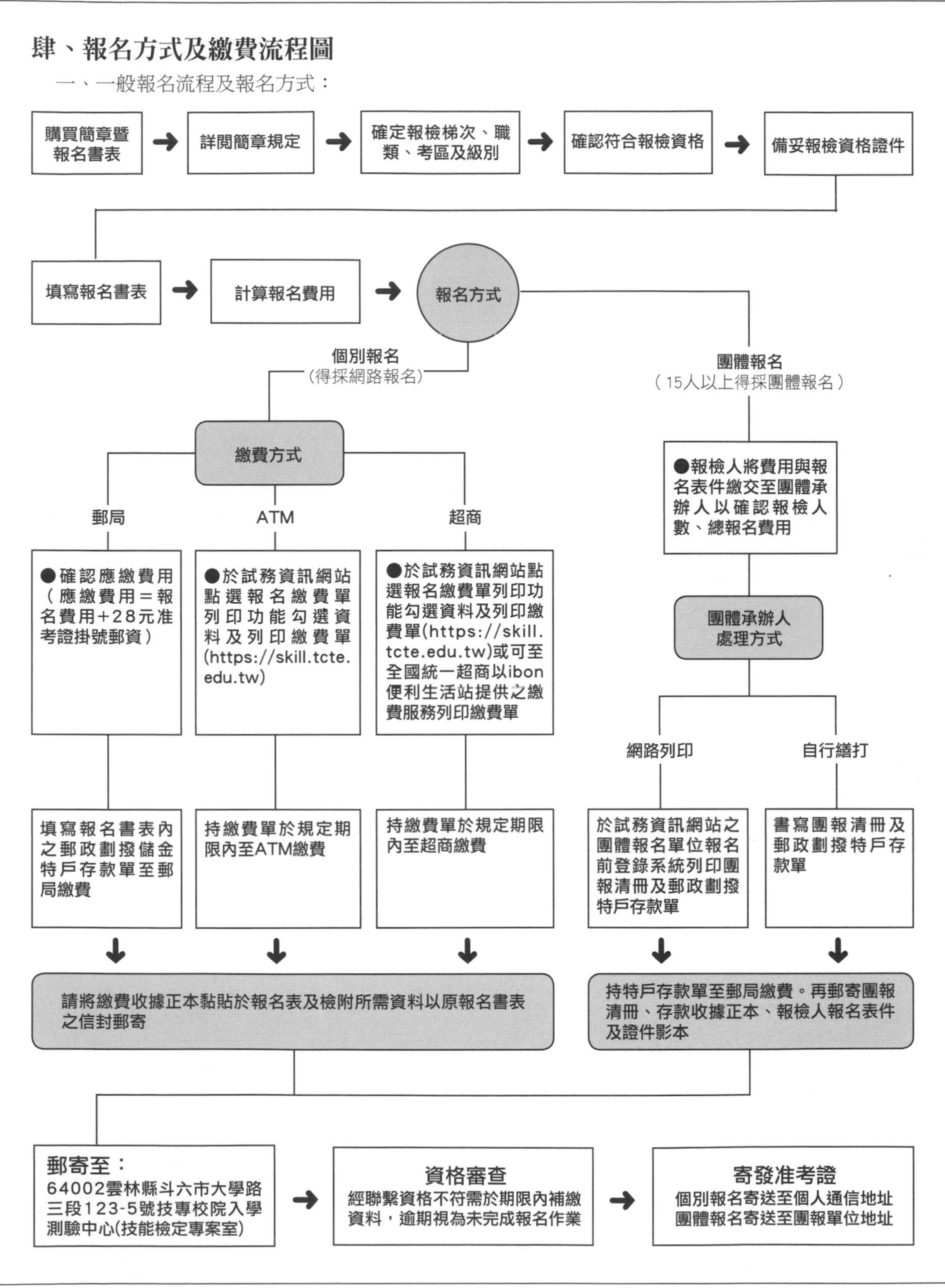

二、網路報名流程(不含團體報名、特定對象、大陸學位生(陸生就學)、探親就學

上網詳閱簡章內容與規定 ➜ 連結網路報名系統點選網路報名 (https://skill.tcte.edu.tw) ➜ 詳讀網路同意報名書

➜ 登錄身分證統一編號、職類級別及電話 ➜ 登錄個人資料並上傳正面半身脫帽照片（限2MB以內） ➜ 列印網路報名表、繳費單及信封封面 ➜ 持繳費單於規定期限內繳費

➜ 檢附由網路報名系統印製之郵件封面、報名表及資格證明文件一併郵寄 ➜ **郵寄至：**
64002雲林縣斗六市大學路三段123-5號
技專校院入學測驗中心(技能檢定專案室)

➜ **資格審查**
經聯繫資格不符需於期限內補繳資料，逾期視為未完成報名作業 ➜ 寄發准考證至個人通信地址

備註：

1.網路報名系統於報名第一日上午9時開放，截止期限為報名最後一日下午5時，系統將於當日下午5時關閉，請儘早完成報名作業，避免集中於報檢截止日，造成網路流量壅塞而影響報檢權益。

2.完成網路報名，未於期限內寄送報名表件者，則網路報名視為無效，另報檢之相關資料經完成繳費、下載報名表寄遞後，不得要求更改，若網路報名資料與所寄送之下載報名表資料不符時，以所寄送報名表書面資料為準。

三、統一超商 ibon 便利生活站繳費流程(僅限報名期間開放)

除可用簡章所附郵政劃撥儲金特戶存款單至郵局繳費及於試務資訊網站列印繳費單於超商繳費外，另可於各梯次報名期間使用 ibon 繳費方式，其操作流程如下：三、統一超商 ibon 便利生活

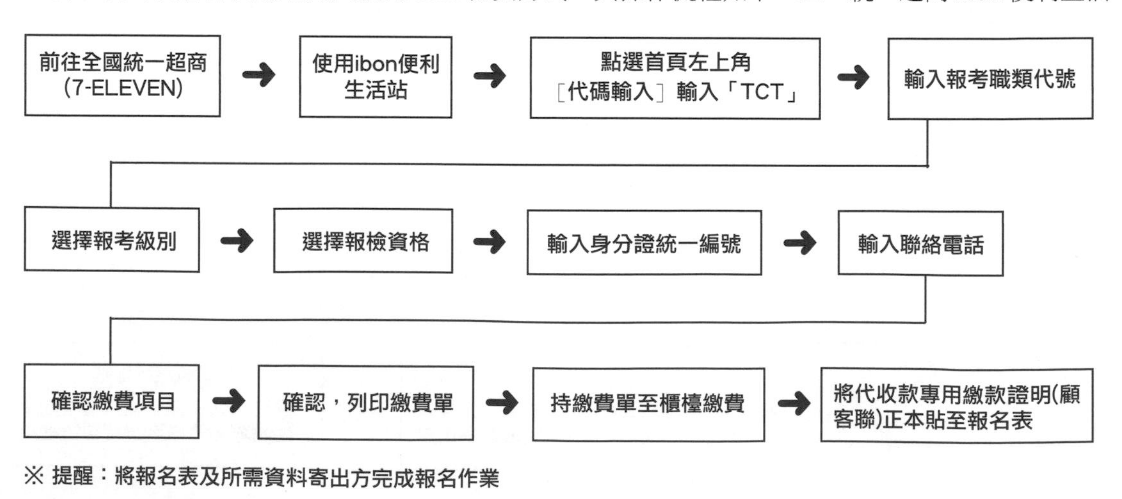

伍、簡章販售及主要學科測試地點

一、 簡章販售：

1.簡章發售期間可至全國之全家便利商店、萊爾富便利商店、OK超商、臺北市職能發展學院購買。

2.大量或少量購買：發展署技能檢定中心技能檢定服務窗口、各縣市簡章販售點或洽技專校院入學測驗中心技能檢定專案室(販售期間可電洽 05-5360800 詢問或逕至試務資訊網站https://skill.tcte.edu.tw查詢)

二、 主要學科測試地點如下表：

1.所有考場位置表及試場配置圖將於測試前3天於試務資訊網站https://skill.tcte.edu.tw公告(含術科測試採筆試非測驗題)，亦可使用學科測試 APP查詢，測試當天並張貼於各學科測試地點。

2.測試當日上午8時起，開放考區供應檢人查看試場位置，惟應檢人不得進入試場。

3.若原填寫之測試考區無法容納報檢人數或考區因故異動時，將另行安排測試地點，實際測試地點以准考證通知地點為準。

4.參加測試請儘量搭乘大眾運輸工具並提早抵達准考證所載測試地點，避免因交通因素延誤應檢，影響本身權益。

5.全國技術士技能檢定-學科測試 APP (for Android 平台)。

區域	代碼	考區	主要學科測試地點	郵遞區號	地址
基隆市	10	基隆區	培德高級工業家事職業學校	201	基隆市信義區培德路73號
連江縣	15	連江區	國立馬祖高級中學	209	連江縣南竿鄉介壽村374號
臺北市	26	北一區	國立臺北商業大學(第1梯)	100	臺北市中正區濟南路一段321號
			開南高級商工職業學校(第 2、3 梯)	100	臺北市中正區濟南路一段6號
	27	北二區	臺北市立內湖高級工業職業學校 (第1、3梯)	114	臺北市內湖區內湖路一段520號
			臺北市立南港高級工業職業學校(第2梯)	115	臺北市南港區興中路29號
	28	北三區	臺北市立南港高級工業職業學校(第1梯)	115	臺北市南港區興中路29號
			滬江高級中學(第2、3梯)	116	臺北市文山區羅斯福路六段336號
新北市	32	三重區	新北市立三重高級商工職業學校	241	新北市三重區中正北路163號
	33	板橋區	亞東技術學院	220	新北市板橋區四川路二段58號
	37	新店區	耕莘健康管理專科學校	231	新北市新店區民族路112號
宜蘭縣	13	宜蘭區	國立宜蘭高級商業職業學校	260	宜蘭縣宜蘭市延平路50號
新竹市	35	新竹區	國立新竹高級商業職業學校	300	新竹市東區學府路128號
新竹縣	36	竹北區	內思高級工業職業學校	305	新竹縣新埔鎮四座里楊新路一段40號
桃園市	30	桃園區	國立臺北科技大學附屬桃園農工高級中等學校	330	桃園市桃園區成功路二段144號
	34	中壢區	健行科技大學	320	桃園市中壢區健行路229號
苗栗縣	41	苗栗區	國立苗栗高級商業職業學校	360	苗栗縣苗栗市電台街7號
臺中市	40	臺中區	新民高級中學	404	臺中市北區健行路111號
	45	沙鹿區	臺中市立沙鹿工業高級中等學校	433	臺中市沙鹿區臺灣大道七段823號
	47	大里區	修平科技大學	412	臺中市大里區工業路11號

區域	代碼	考區	主要學科測試地點	郵遞區號	地址
彰化縣	44	彰化區	國立彰化師範大學附屬高級工業職業學校(第1梯)	500	彰化市和調里工校街1號
			國立彰化高級商業職業學校(第 2、3 梯)	500	彰化縣彰化市南郭路一段326號
南投縣	43	南投區	南開科技大學	542	南投縣草屯鎮中正路568號
雲林縣	52	雲林區	國立斗六高級家事商業職業學校	640	雲林縣斗六市成功路120號
嘉義市	53	嘉義區	大同技術學院	600	嘉義市東區彌陀路253號
嘉義縣	55	朴子區	萬能高級工商職業學校	608	嘉義縣水上鄉萬能路1號
臺南市	50	臺南區	崑山高級中學	704	臺南市北區開元路444號
	56	永康區	國立臺南高級工業職業學校	710	臺南市永康區中山南路193號
高雄市	61	岡山區	國立岡山高級農工職業學校	820	高雄市岡山區壽天里岡山路533號
	62	鳳山區	國立鳳山高級商工職業學校	830	高雄市鳳山區文衡路51號
	63	高雄區	高雄市立中正高級工業職業學校	806	高雄市前鎮區光華二路80號
澎湖縣	66	澎湖區	國立馬公高級中學	880	澎湖縣馬公市中華路369號
金門縣	14	金門區	國立金門高級農工職業學校	891	金門縣金湖鎮復興路1-11號
屏東縣	60	屏東區	國立屏東大學	900	屏東縣屏東市民生路4-18號
臺東縣	65	臺東區	國立臺東高級商業職業學校	950	臺東縣臺東市正氣路440號
花蓮縣	12	花蓮區	慈濟科技大學	970	花蓮市建國路二段880號

陸、繳費及准考證寄送證明：

一、團體報名

報名費以團體為單位一筆繳納，報名現場給予專用劃撥繳費單郵局繳費，准考證統一寄送團體承辦人。

二、個別現場報名及通信報名

請勿先行繳費，資格審查通過後，一併寄出繳費單及准考證，請依繳費通知單金額及期限至指定超商繳費。

三、費用說明

1.一般報檢人繳款金額

丙級＝1,800元

乙級＝2,900元

2.申請免試學科者繳款金額

丙級＝1,680元

乙級＝2,780元

3.申請免試術科者繳款金額＝270 元

柒、報檢資格

一、丙級技術士報檢資格：報檢人年滿15 歲或國民中學畢業。

二、乙級技術士報檢資格：

(以下所稱職業訓練及技術生訓練，必須為中央主管機關登記、許可或認可有案之職業訓練機構或政府委託辦理者為限)

1. 取得申請檢定職類丙級技術士證後，接受相關職類職業訓練時數累計1,600小時以上，或從事申請檢定職類相關工作2年以上者。
2. 取得申請檢定職類丙級技術士證，且高級中等學校畢業或在校最高年級者。
3. 取得申請檢定職類丙級技術士證之五年制專科3年級以上在校學生、二年制及三年制專科、技術學院或大學之在校學生。
4. 接受相關職類職業訓練時數累計400小時後，從事申請檢定職類相關工作3年以上者。
5. 接受相關職類職業訓練時數累計800小時後，從事申請檢定職類相關工作2年以上者。
6. 接受相關職類職業訓練時數累計1600小時以上者。
7. 接受相關職類職業訓練時數累計800小時以上，且高級中等學校畢業者。
8. 接受相關職類職業訓練時數累計400小時，並從事申請檢定職類相關工作1年以上，且高級中等學校畢業者。
9. 接受相關職類技術生訓練2年後，從事申請檢定職類相關工作2年以上者。
10.高級中等學校畢業後，從事申請檢定職類相關工作2 年以上者。
11.大專校院以上相關科系畢業或在校最高年級者。
12.從事申請檢定職類相關工作6年以上者。

三、其他報檢資格及審查規定

1. 報檢人參加技能檢定學科或術科測試成績及格者，其當年及格成績得自翌年起保留三年，若年度未開辦該職類其保留年限順予延後，惟報檢人必須於報名時檢附成績及格通知單提出申請，若未依規定提出申請者，視同一般報檢人，且報名後不得要求更正及退費。申請免試學科或術科時，檢附成績測試及格通知單影本(成績單上必須有分數)可取代報檢資格證件。
2. 參加國際(免乙、丙級)、全國(免乙、丙級)、分區(免丙級) 烘焙食品(西點製作)技能競賽得申請免試術科測試，限95年以前適用。
3. 報檢人必須先符合該職類、級別之報檢資格後，於報名時檢附獎狀及競賽成績及格證明提出申請免試術科，但報檢人如報名時未提出申請，則視同一般報檢人，報名後不得要求更正及退費。

四、學歷證明

1. 持本國學歷證件限檢附中文版影本。
2. 持國外學歷報名參加技能檢定者，應檢具經我國駐外使領館、代表處、辦事處、其他外交部授權機構驗證之畢業證書原文影本、中文譯本(或經國內公證人認證之中文譯本影本)各 1 份。（國外學歷認證問題請洽外交部領事事務局 02-23432888 轉 913）。
3. 持大陸地區學歷：依大陸地區學歷採認辦法辦理，大陸地區中等以下各級各類學校學歷採認請洽直轄市、縣（市）主管教育行政機關；大陸地區高等學校或機構學歷採認請洽教育部。

五、工作經歷證明：

1. 檢附由服務單位或職業工會開具之服務證明影本。若因公司解散、倒閉或關廠歇業，致無法取得從事相關工作證明文件者，得以公司解散、倒閉或關廠歇業事實之證明文件、勞工保險投保資料及個人從事應檢職類相關工作年資證明切結代替（公司解散、倒閉或關廠歇業事實證明文件請至經濟部全國商工行政服務網站 http://www.gcis.nat.gov.tw查詢）。
2. 相關工作證明年資之計算：計算至報名當天為止，不同服務單位可累計。
3. 工作經歷證明需註明之內容：起訖日期、報檢職類相關工作內容、公司名稱及地址、公司統

一編號 、公司章、負責人私章(若有塗改處請於塗改後加蓋負責人私章)。

※可採服務單位制式格式或報名表背面格式填寫。

六、外籍人士及大陸地區配偶及報檢資格：

1. 外籍人士：必須持有外僑居留證。

2. 大陸地區配偶：必須持有長期居留證(持依親居留證者須另附工作許可證明文件)。

3. 除特殊限定本國國民報檢之職類外，其餘同各職類、級別規定之報檢資格。

七、報檢年齡認定：以出生日起計算至學科測試日止。

八、報檢資格日期之計算：計算至報名受理當日為止。

九、持有身心障礙手冊，於報名時提出申請者，一律准予學科延長測試時間20分鐘，術科延長測試時間百分之20。

捌、檢定方式

每一職類技術士技能檢定均分為學科測試與術科測試兩階段完成，試題均由勞委會中部辦公室聘請國內專家、學者就檢定規範「相關知識」範圍內命製，參加檢定測試時請持「准考證」及「身分證明文件(有相片)」應檢。

一、 學科測試：

1.學科測試採筆試測驗題方式為原則（技術士技能檢定學科試題自題庫產生者，其乙級測試採單選題 60 題，每題 1 分，複選題 20 題，每題 2 分，複選題答案全對才給分，答錯不倒扣；丙級採單選題 80題，每題 1.25 分，答錯不倒扣)測試時間 100 分鐘，採電腦閱卷。相關修正規定請依技檢中心網站最新公告為主。

二、 術科測試：

1.依試題規定辦理或採實作方式測試，其術科測試地點由主辦單位依選擇報名地點(非依應檢人住址)衡酌報檢人數分佈情形、各評鑑合格場地之辦理經驗、意願及各場次術科測試應具相當經濟規模等各項因素綜合審議後，分配至合格術科場地(不一定分配於同一縣市)接受測試(術科之成品及材料不予退還應檢人)。部份職類受限於報檢人數、檢定經費之經濟規模、合格場地及辦理意願等因素，必需集中一地接受測試，報檢人於報名後不得以任何理由要求更換術科測試辦理單位或退還報名費。

2.術科測試日期(不限假日)及地點由術科試務辦理單位於術科測試前10日以掛號郵件另行通知(但術科試題另有規定者從其規定)。

3.應檢人請於學科測試日期後 2 週至 1 個月左右自行至技檢中心網站http://www.wdasec.gov.tw(資訊查詢項下「全國檢定術科測試預定日期查詢」)查詢術科測試地點及預定辦理時間，或利用電腦語音專線(04-22598800)查詢術科測試辦理單位。

玖、學科測試及術科測試採筆試非測驗題作答注意事項

1.學科測試答案卡(即電腦卡)右上方載有職類、級別及准考證號碼，不得書寫姓名或任何符號。測試前先檢查答案卡、座位標籤、准考證三者之准考證號碼要相符；測試鈴響開始作答時先核對試題職類、級別與答案卡是否相同，確定無誤後於試題上方書寫姓名及准考證號碼以示確認。上開資料若有不符需立即向監場人員反應。

2.學科測試作答時所用黑色2B 鉛筆及橡皮擦由應檢人自行準備(NO.2鉛筆並非2B鉛筆切勿使

用)。非使用2B鉛筆作答或未選用軟性品質較佳之橡皮擦致擦拭不乾淨導致無法讀卡，應檢人自行負責，不得提出異議。

3.學科測試試題為選擇題(「1」、「2」、「3」、「4」)80 題(每題1.25 分答錯不倒扣)，請選出正確答案。

4.作答時應將正確答案，在答案卡上該題號方格內畫一條直線，此一直線必須粗、黑、清晰，將該方格畫滿，切不可畫出格外或只畫半截線。如答錯要更改時，請用橡皮擦細心擦拭乾淨另行作答，切不可留有黑色殘跡或將答案卡污損，亦不得使用立可白等修正液。

5.依據技術士技能檢定作業及試場規則第13條第1款及第2款規定，於答案卡註記規定以外之文字、符號致無法讀入全部答案者，以零分計算。未依規定用筆作答，致無法正確讀入答案者，依讀入答案計分。

6.依據技術士技能檢定作業及試場規則，隨身攜帶書籍文件或行動電話、呼叫器或其他電子通訊攝影器材等進入試場，予以扣考，並不得繼續應檢，其學科測試成績以零分計算。

7.應檢人測試時得攜帶不具儲存程式功能(NON-PROGRAMMABLE)之簡易型或工程型電子計算器，但個別職類另有規定者，從其規定。

8.依據技術士技能檢定作業及試場規則，隨身攜帶規定以外之器材、配件、圖說、行動電話、呼叫器或其他電子通訊攝影器材及物品等，將予以扣考，不得繼續應檢，其已檢定之術科成績以不及格論。

9.技術士技能檢定作業及試場規則及相關注意事項請詳閱准考證。

壹拾、試題疑義及成績評定

1.學科測試採筆試測驗題方式之試題、標準答案及術科採筆試非測驗題試題於測試完畢翌日即於技檢中心網站 http://www. wdasec.gov.tw公布，應檢人對於學科測試採筆試測驗題方式之試題或答案，或術科採筆試非測驗題方式之試題有疑義者，應於測試完畢翌日起 7 日內(以郵戳為憑)，填寫學科及術科採筆試非測驗題方式試題疑義申請表等資料向發展署技能檢定中心(地址: 40873 臺中市南屯區黎明路二段 501 號 6 樓)提出申請，應檢人提出試題疑義同一試題以提出1次為限，逾期不予受理。

2.依技術士技能檢定作業及試場規則第50條，勞委會中部辦公室將應檢人所提學科測試試題疑義資料、試題及答案送請原題庫命製人員表示意見，若學科測試試題標準答案有修正者將於勞委會中部辦公室網站公告，不另行個別函復應檢人。

3.依據技術士技能檢定作業及試場規則第40條第2項規定，應檢人對術科測試辦理單位提供之機具設備、材料，如有疑義，應即時當場提出，由監評人員立即處理，測試開始後，不得再提出疑義。學科測試成績以達到60分以上為及格，學科測試成績在測試完畢4週內評定完畢，並寄發成績通知單。

4.術科測試成績之評定，按各職類試題所訂評分標準之規定辦理，採及格、不及格法或百分比法(另加註術科總分);術科測試成績經評定後，由術科試務辦理單位函送主辦單位，據以寄發技能檢定成績通知單。

5.對於學術科測試成績有異議欲申請成績複查者，應於接到學、術科成績通知單之日起10日內(以郵戳為憑)，填具「成績複查申請單」及貼足額掛號回郵(28元)信封(請書明申請人姓名及地址)寄至辦理單位，逾期不予受理，且複查成績學術科各以一次為限。

6.申請成績複查不得要求重新評閱、提供各細項分類或術科測試試題之參考答案、申請閱覽或複印答案卷(卡)及評審表，亦不得要求告知題庫命製人員、監評人員或閱卷人員之姓名或其他有關資料。

7.若應檢人於測試完畢後35日內，未收到學、術科成績單或申請補發學、術科成績單，請逕洽發展署技能檢定中心辦理。

8.依據技術士技能檢定作業及試場規則第23條及第48條規定，術科測試應檢人為術科試務辦理單位之試務相關人員時，應檢人應迴避不得在原單位應檢，並應主動告知術科試務辦理單位報請主管機關另行安排場地應檢。但術科測試辦理單位僅有一單位時，其監評人員應由術科測試辦理單位事先報請主管機關指派非該單位人員擔任監評及閱卷工作，違反此規定者其已檢定之術科成績以不及格論。

9.依據技術士技能檢定作業及試場規則第27條及第48條規定，明知監評人員為其配偶、前配偶、四親等內之血親、三親等內之姻親、或具體事實足認監評人員執行職務有偏頗之虞者，未依規定迴避，而繼續應檢，其已檢定之術科成績以不及格論。

壹拾壹、合格發證

1.凡經參加技能檢定學科及術科測試成績均及格者，並繳交證照費後由發展署技能檢定中心製發「中華民國技術士證」。合格者可至台灣就業通網站（http://www.taiwanjobs.gov.tw ）設定開放所持證照紀錄，以便提供求才公司查詢。本中心並將利用 e-mail 及行動電話轉知就業或獎勵等權益相關訊息，有需要者務請詳實填寫。至於報檢「01600 自來水管配管丙級」合格者，由本中心轉經濟部核發自來水管承裝技工考驗合格證書，並由經濟部水利署收取自來水管承裝技工考驗合格證書費 300 元整。

2.凡經繳交證照費新臺幣 160 元整後，1 個月以上仍未接獲技術士證時，請至技檢中心網站http://www.wdasec.gov.tw「資訊查詢」項下「技術士證發證作業進度查詢」或洽詢專線04-22595700 轉 451～454。

3.申請換補發技術士證請持自然人憑證至技檢中心網站http://www.wdasec.gov.tw「資訊查詢」項下「技術士證（書）換補發申請作業」線上登錄申請資料，或可填寫申請書，並繳交證照費新臺幣 160 元整，洽詢專線：04-22595700 轉 411；申請懸掛式技術士證書請持自然人憑證至上列網址線上登錄申請資料，或填寫申請書，並繳交證照費新臺幣 400 元整，洽詢專線：04-22595700 轉 450。

4.凡持有在保留期限內之學科及術科測試及格成績單正本(若未於 103 年 12 月 31 日前取得學科測試成績及格，且 104 年 1 月 1 日以後方取得術科測試成績及格者，請檢附術科報名首日在前之學、術科及格成績單)，可至發展署技能檢定中心(通信或現場)辦理合併發證。

壹拾貳、其他注意事項

1.申請免試學科測試、免試術科測試、術科免試衛生技能實作測試，均須於報名時提出申請。免試學科者准考證號碼字尾加「A」，准考證上學科到考證明欄加印「免學」字樣；免試術科者准考證號碼字尾加「B」，准考證上術科到考證明欄加印「免術」字樣，免試衛生技能實作測試准考證上加印「免試衛生」字樣。報檢人於收到准考證後，應自行核對，如有錯誤請撥電話05-5360800 轉 521-529 申請更正。

2.依據技術士技能檢定作業及試場規則第 17 條規定：「技能檢定報名方式依該年度簡章辦理，報檢人報名後，不得請求撤回報名、退費、退還術科材料、變更報檢職類、級別、梯次或考區。遇有天災、事變或其他重大事故，致不能辦理測試，辦理單位另擇期安排測試，報檢人不願參加測試時，得向中央主管機關申請退費。報檢人遇天災、事變或遭受職業災害，不能參加測試時，得檢具天災、事變證明或經勞工保險局核定給付勞工保險職業傷害（病）給付證明向中央主管機關申請退費。報檢人測試前死亡，其法定繼承人得向中央主管機關申請退費。」

3.術科測試日期及地點由術科單位安排，應檢人接獲通知時，請準時應檢，不得有異議。

4.各職類丙級及單一級學術科測試參考資料可至技檢中心網站http://www.wdasec.gov.tw下載及網路購買、郵購，或發展署技能檢定中心服務窗口購買(洽詢電話 04-22595700 轉 456)。

5.應檢人員於檢定期間如遇收件地址變更應提出申請(申請表 P.101)，如有延誤或未申請更正而權益受損，概由應檢人員自行負責。

6.依技術士技能檢定及發證辦法第 49 條規定，技術士證及證書不得租借他人使用。違反規定者，中央主管機關應廢止其技術士證，並註銷其技術士證書。

7.依題庫命製人員於參與命製題庫及試題使用期間，不得報名參加該職類技能檢定。但試題使用逾二年者，不在此限。命製題庫及試題使用期間，題庫命製人員之配偶、前配偶、四親等內之血親或三親等內之姻親應檢者，該命製職類人員，應予迴避。

8.依技術士技能檢定及發證辦法第 36 之 1 規定，具監評人員資格者報名參加其所擔任監評職類技能檢定術科測試，不得受聘擔任當梯次該職類所有場次監評工作，違反者依第 39 條規定辦理。

9.參加學、術科測試時應留意個人身體健康情況，以免影響測試進行。

10.技能檢定資訊可透過 e 管家訊息通知報檢人，報檢人如需此服務，請至技檢中心網站http://www.wdasec.gov.tw 或我的 E 政府網站申請「e 管家」帳號，並於報名表上填寫正確行動電話及E-mail（電子郵件信箱），申請帳號網址如下：https://www.cp.gov.tw/portal/person/initial/Registry.aspx

11.本年度第 2 梯次試場以開放冷氣為原則，惟該考區無法徵得含冷氣之學校同意承辦或洽得之學校冷氣試場數量不足，則該學校所有試場以開啟風扇處理，考生不得異議。另冷氣試場溫度設定以攝氏 26 至 28 度為原則，但若因機器故障，無法使用，將打開門窗，繼續考試，考生不得異議。

烘焙食品乙級術科應檢須知

壹、一般性應檢須知

1.應檢人員不得攜帶規定項目以外之任何資料、工具、器材進入考場，違者以零分計。

2.應檢人員應按時進場，逾規定檢定時間15分鐘，即不准進場，其成績以「缺考」計。

3.進場時，應出示學科准考證、術科檢定測驗通知單、身分證明文件及考題之參考配方表，並接受監評人員檢查。

4.檢定使用之原料、設備、機具請於開始考試後10分鐘內核對並檢查，如有疑問，應當場提出請監評人員處理。

5.應檢人依據檢定位置號碼就檢定位置，並應將術科檢定測驗通知單及身分證明文件置於指定位置，以備核對。

6.應檢人應聽從並遵守監評人員講解規定事項。

7.檢定時間之開始與停止，悉聽監評人員之哨音或口頭通知，不得自行提前開始或延後結束。

8.應檢人員應正確操作機具，如有損壞，應負賠償責任。

9.應檢人員對於機具操作應注意安全，如發生意外傷害，自負一切責任。

10.檢定進行中如遇有停電、空襲警報或其他事故，悉聽監評人員指示辦理。

11.檢定進行中，應檢人員本身疏忽或過失而致機具故障，須自行排除，不另加給時間。

12.檢定時間內，應檢人員之製作報告表與所有產品需親自送繳評審室，結束時監評人員針對逾時應檢人員，需在其未完成產品之製作報告表上註明「未完成」，並由應檢人員簽名確認。

13.應檢人員離場前應完成工作區域之清潔（清潔時間不包括在檢定時間內），並由場地服務人員點收機具及蓋確認章。

14.試場內外如發現有擾亂考試秩序、冒名頂替或影響考試信譽等情事，其情節重大者，得移送法辦。

15.應檢人員有下列情形之一者，取消應檢資格，其成績以不及格論。

(1) 冒名頂替者，協助他人或託他人代為操作者或作弊者。

(2) 互換半成品、成品或製作報告表。

(3) 攜出工具、器材、半成品、成品或試題及製作報告表。

(4) 故意損壞機具、設備者。

(5) 不接受監評人員指導擾亂試場內外秩序者。

16.應檢人員有下列情形之一者，該項產品以零分計：

(1) 檢定時間視考題而定，超過時限未完成者。

(2) 每種產品製作以一次為原則，未經監評人員同意而重作者。

(3) 成品的形狀或數量與題意不合者（題意含備註說明）。

(4) 成品重量超過規定5%者，或不足規定5%者（如試題另有規定者，依試題規定評分，僅乙級適用）。

(5) 成品平均重量超過規定5%者或不足規定5%者，平均重量以取該項成品的20%之重量平均值（僅乙級適用）。

(6) 成品烤焙不熟、烤焙焦黑或不成型等不具商品價值者。

(7) 成品不良率超過20%以上（如試題另有規定者，依試題規定評分）。

(8) 使用別人機具或烤爐者。

(9) 經三位監評鑑定為嚴重過失者，譬如工作完畢未清潔歸位者，剩餘麵糰或麵糊超過規定10%者（如試題另有規定者，依試題規定評分）。

(10) 每種產品評分項目分為：工作態度與衛生習慣、配方制定、操作技術、產品外觀品質、產品內部品質等五大項目，其中任何一大項目，成績被評定為零分者。

17.每種產品得分均需在60分以上始得及格。

18.其他未盡事宜，除依考試院頒訂之試場規則辦理及遵守檢定場中之補充規定外，並由各該考區負責人處理之。

貳、專業性應檢須知

一、術科應檢者可自行選擇下列三類項中之二類應檢，每類項有7～14種產品，測驗當日由應檢人員（或監評長）推介一人抽出一支組合籤，再由監評長抽一種數量籤，抽測之產品需在規定時限內製作完成。

1.麵包類、2.西點蛋糕類、3.餅乾類。

二、依規定須穿著制服之職類，未依規定穿著者，不得進場應試，術科成績以不及格論。

三、製作說明：

1.應檢人進場僅可攜帶「指定參考配方表」(配方表可至勞動力勞動部發展署技能檢定中心網站首頁—便民服務—表單下載—07700烘焙食品資料區下載使用，可電腦打字，見P.163範本，不得使用其他格式之配方表)。

2.製作報告表請使用藍(黑)色原子筆書寫，依規定產品數量詳細填寫原料名稱、百分比、重量，經監評人員審查無誤後，始得進入術科測試場地製作。

3.應檢人依製作報告表所列配方量秤料，並將製作程序加以記錄之。

4.配方材料計算時，除依試題規定外，試題規定為麵團(糊)重時，損耗不得超過10%，試題規定為成品重時，損耗不得超過20%，製作時應以題目規定之重量製作之。(題目為「使用」者可計算損耗，題目為「限用」者，不得計算損耗)

四、評分標準：

(一) 工作態度與衛生習慣：凡有以下情形者，每一小項扣5分。（佔20分，二小項者扣10分，依此類推，扣滿20分以上，本項以零分計。）

1.工作態度：(1)不愛惜原料、用具及機械。 (2)不服從監評人員糾正。

2.衛生習慣：

(1)指甲過長、塗指甲油。
(2)戴手錶及飾物。
(3)工作前未洗手。
(4)用手擦汗或鼻涕。
(5)未刮鬍子或頭髮過長未梳理整齊。
(6)工作場所內抽菸、吃零食、嚼檳榔、隨地吐痰。
(7)隨地丟廢棄物。
(8)工作前未檢視用具及清洗用具之習慣。
(9)工作後對使用之器具、桌面、機械等清潔不力。
(10)將盛裝原料或產品之容器放在地上。

> **重要！乙級製作報告審查要項：**
>
> （1）材料重量計算需計算損耗。
> （2）容許誤差需在規定範圍內。
> （3）每個配方的材料百分比與重量之比例需一致。
> （4）三種產品之配方制定未於一小時內經監評人員審查無誤（可重覆制定），其配方制定項為零分。
> （5）配方制定未經審查合格前，不得離開考場，離開考場以棄權論。

(二) 配方制定：凡有下列各項情形之任一項者扣5分。（佔10分）

1.未列百分比。2.未使用公制。3.原料不在規定範圍內。

4.秤量不合規定。

以下評分標準於各項產品中介紹。

(三) 操作技術：包括秤料、攪拌、成型、烤焙與裝飾等流程之操作熟練程度。（佔20分）

(四) 產品外觀品質：包括造型式樣、體積、表皮質地、顏色、烤焙均勻程度及裝飾等。佔25分）

(五) 產品內部品質：包括內部組織、質地風味及口感等。

五、其他規定，現場說明。

六、一般性自備工具參考：電算機、文具，其他不得攜入試場。

應檢人服裝圖示

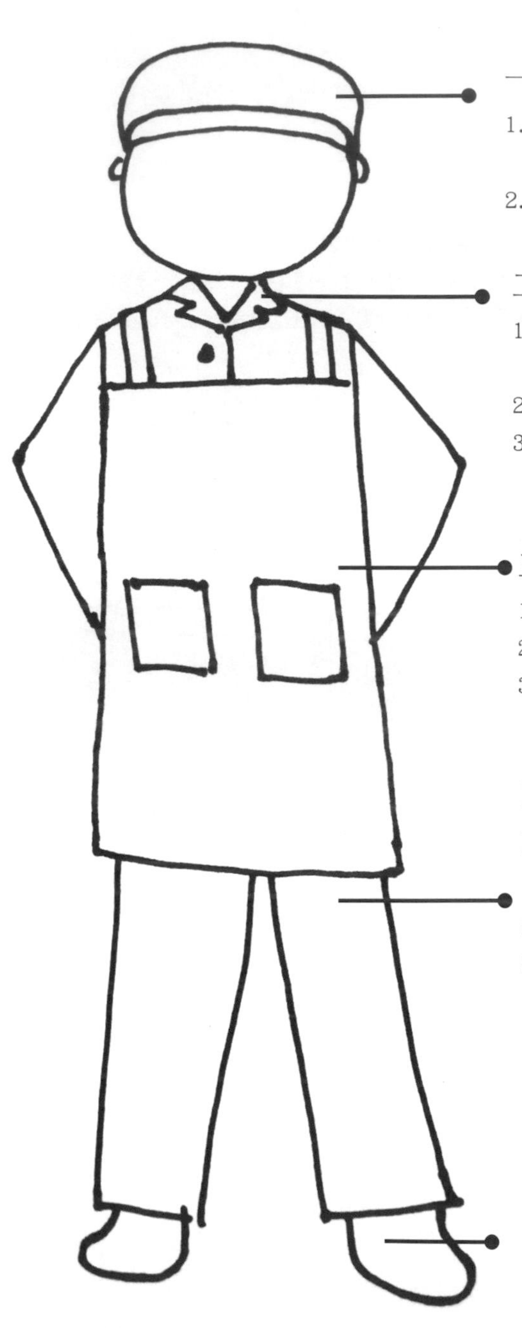

一、帽子

1.帽子：帽子需將頭髮及髮根完全包住，須附網。

2. 顏色：白色。

二、上衣

1. 領型：小立領、國民領、襯衫領皆可。

2. 顏色：白色。

3. 袖：長袖、短袖皆可。

三、圍裙（可著圍裙）

1. 型式不拘：全身圍裙、下半身圍皆可。

2. 顏色：白色。

3. 長度：及膝。

四、長褲（不得穿牛仔褲、運動褲或緊身褲）

1. 型式：直筒褲；長度至踝關節。

2. 顏色：素面白色或黑色。

3. 口袋：限斜邊剪接式口袋，且須可被圍裙所覆蓋。

五、鞋

1. 鞋型：包鞋、皮鞋、球鞋皆可（前腳後跟不能外露）。

2. 顏色：不拘。

3. 內須著襪（襪子長度須超越腳踝）。

4. 具防滑效果。

備註：帽、衣、褲、圍裙等材質須為棉。

【範例】

烘焙食品指定參考配方表

應檢人姓名 陳鴻霆　　術科測驗號碼 123456

產品名稱	
橄欖形餐包	
原料名稱	分比
高筋麵粉	80
低筋麵粉	20
水	54
鹽	1
糖	10
速發乾酵母	1.5
奶粉	4
全蛋	8
奶油	10
合計	188.5

產品名稱	
山形白吐司	
原料名稱	分比
高筋麵粉	100
水	63
鹽	1
糖	8
速發乾酵母	1.5
奶粉	4
奶油	8
合計	185.5

產品名稱	
紅豆甜麵包	
原料名稱	分比
高筋麵粉	80
低筋麵粉	20
水	48
鹽	1
糖	18
即發乾酵母	1.5
奶粉	6
全蛋	10
奶油	10
合計	194.5

注：本表由應檢人試前填寫，可攜入考場參考，只准填原料名稱及配方百分比，若夾帶其他資料則配方制定該大項以零分計。（不夠填寫，自行影印）

【乙級】若題目為麵糰(糊)重之損耗不得超過10%，題目為成品不損耗不得超過20%。

烘焙食品術科檢定評分表(丙級)

學科准考證號碼：＿＿＿＿＿＿＿＿ 桌號：＿＿＿ 檢定日期：＿＿年＿＿月＿＿日

術科測驗號碼：＿＿＿＿＿＿＿＿＿＿ 應檢人姓名：＿＿＿＿＿＿

<table>
<tr><th>產品名稱</th><th>等級
評分項目</th><th>0</th><th>1</th><th>2</th><th>3</th><th>4</th><th>5</th><th>6</th><th>7</th><th>8</th><th>9</th><th>10</th><th colspan="2">總分</th><th>特殊事項摘要記載</th></tr>
<tr><td rowspan="5"></td><td>工作態度與衛生習慣（20%）</td><td>0</td><td>2</td><td>4</td><td>6</td><td>8</td><td>10</td><td>12</td><td>14</td><td>16</td><td>18</td><td>20</td><td rowspan="2">分</td><td>以零分計情形</td><td rowspan="5"></td></tr>
<tr><td>配方制定（10%）</td><td>0</td><td>1</td><td>2</td><td>3</td><td>4</td><td>5</td><td>6</td><td>7</td><td>8</td><td>9</td><td>10</td><td rowspan="4">0
1
2
3
4
5
6
7
8</td></tr>
<tr><td>操作技術（20%）</td><td>0</td><td>2</td><td>4</td><td>6</td><td>8</td><td>10</td><td>12</td><td>14</td><td>16</td><td>18</td><td>20</td><td rowspan="3">□合格
□不合格</td></tr>
<tr><td>產品外觀品質（30%）</td><td>0</td><td>3</td><td>6</td><td>9</td><td>12</td><td>15</td><td>18</td><td>21</td><td>24</td><td>27</td><td>30</td></tr>
<tr><td>產品內部品質（20%）</td><td>0</td><td>2</td><td>4</td><td>6</td><td>8</td><td>10</td><td>12</td><td>14</td><td>16</td><td>18</td><td>20</td></tr>
<tr><td rowspan="5"></td><td>工作態度與衛生習慣（20%）</td><td>0</td><td>2</td><td>4</td><td>6</td><td>8</td><td>10</td><td>12</td><td>14</td><td>16</td><td>18</td><td>20</td><td rowspan="2">分</td><td>以零分計情形</td><td rowspan="5"></td></tr>
<tr><td>配方制定（10%）</td><td>0</td><td>1</td><td>2</td><td>3</td><td>4</td><td>5</td><td>6</td><td>7</td><td>8</td><td>9</td><td>10</td><td rowspan="4">0
1
2
3
4
5
6
7
8</td></tr>
<tr><td>操作技術（20%）</td><td>0</td><td>2</td><td>4</td><td>6</td><td>8</td><td>10</td><td>12</td><td>14</td><td>16</td><td>18</td><td>20</td><td rowspan="3">□合格
□不合格</td></tr>
<tr><td>產品外觀品質（30%）</td><td>0</td><td>3</td><td>6</td><td>9</td><td>12</td><td>15</td><td>18</td><td>21</td><td>24</td><td>27</td><td>30</td></tr>
<tr><td>產品內部品質（20%）</td><td>0</td><td>2</td><td>4</td><td>6</td><td>8</td><td>10</td><td>12</td><td>14</td><td>16</td><td>18</td><td>20</td></tr>
</table>

【備註】請參閱以零分計情形種類表勾選以零分計項目。

監評人員簽章：＿＿＿＿＿＿＿＿＿＿

烘焙食品丙級（麵包）技術士技能檢定
術科測試時間配當表

每一檢定場，每日排定A、B兩組進場時間，程序表如下：

<table>
<tr><th>時間</th><th>內容</th><th>備註</th></tr>
<tr><td colspan="3">7：30前　A組應檢人更衣、完成報到</td></tr>
<tr><td>07：30～08：00</td><td>1. 監評前協調會議（含監評檢查機具設備及材料）。
2. 場地設備及材料等作業說明。
3. 應檢人推派或監評長指定一人抽題(07:45)及測試應注意事項說明。</td><td></td></tr>
<tr><td>08：00～13：00</td><td>A組應檢人測試（測試時間5小時，含填寫製作報告書、清點工具及材料、成品製作及繳交）</td><td>測試時間結束前1小時(12:00～13:00)與B組應檢人共用崗位</td></tr>
<tr><td>13：00～13：30</td><td>監評對A組成品評分</td><td>所有監評人員不得同時評分</td></tr>
<tr><td colspan="3">11：30前　B組應檢人更衣、完成報到</td></tr>
<tr><td>11：30～12：00</td><td>1. 場地設備及材料等作業說明。
2. B組應檢人推派或監評長指定一人抽題(11:45)及測試應注意事項說明。</td><td></td></tr>
<tr><td>12：00～17：00</td><td>B組應檢人測試（測試時間5小時，含填寫製作報告書、清點工具及材料、成品製作及繳交）</td><td>測試時間結束前1小時(12:00～13:00)與B組應檢人共用崗位</td></tr>
<tr><td>17：00～17：30</td><td>監評對B組成品評分</td><td></td></tr>
<tr><td>17：30～18：00</td><td>檢討會（監評人員及術科測試辦理單位視需要召開）</td><td></td></tr>
</table>

【備註】依時間配當表準時辦理抽籤，並依抽籤結果進行測試，遲到者或缺席者不得有異議。

烘焙食品丙級（西點蛋糕）技術士技能檢定 術科測試時間配當表

每一檢定場，每日排測試場次為上、下午各乙場，程序表如下：

時間	內容	備註
07：30前　上午場應檢人更衣、完成報到		
07：30～08：00	1. 監評前協調會議（含監評檢查機具設備及材料）。 2. 場地設備及材料等作業說明。 3. 應檢人推派或監評長指定一人抽題(07:45)及測試應注意事項說明。	
08：00～12：00	上午場測試（測試時間4小時）	含填寫製作報告書、清點工具及材料、成品製作及繳交
12：00～12：30	1. 監評人員成品評分。 2. 下午場應檢人更衣、完成報到。 3. 監評人員休息用膳時間。	
12：30～13：00	1. 場地設備及材料等作業說明。 2. 應檢人推派或監評長指定一人抽題(12:45)及測試應注意事項說明。	
13：00～17：00	下午場測試（測試時間4小時）	含填寫製作報告書、清點工具及材料、成品製作及繳交
17：00～17：30	監評人員成品評分。	
17：30～18：00	檢討會（監評人員及術科測試辦理單位視需要召開）	

【備註】依時間配當表準時辦理抽籤，並依抽籤結果進行測試，遲到者或缺席者不得有異議。

烘焙食品丙級（西點蛋糕＆麵包）技術士
技能檢定術科測試時間配當表

每一檢定場，每日排測試場次為上、下午各乙場，程序表如下：

時間	內容	備註
7：30前　A組（西點蛋糕）應檢人更衣、完成報到		
07：30～08：00	1. 監評前協調會議（含監評檢查機具設備及材料）。 2. 場地設備及材料等作業說明。 3. A組應檢人推派或監評長指定一人抽題(07:45)及測試應注意事項說明。	
08：00～12：00	A組應檢人測試（測試時間4小時）	含填寫製作報告書、清點工具及材料、成品製作及繳交
12：00～12：30	監評人員成品評分	所有監評人員不得同時評分
12：00前　B組（麵包）應檢人更衣、完成報到		
12：00～12：30	1. 場地設備及材料等作業說明。 2. B組應檢人推派或監評長指定一人抽題(12:15)及測試應注意事項說明。	
12：30～17：30	B組應檢人測試（測試時間5小時）	含填寫製作報告書、清點工具及材料、成品製作及繳交
17：30～18：00	監評人員成品評分	
18：00～18：30	檢討會（監評人員及術科測試辦理單位視需要召開）	

【備註】一、只有該類項只剩下單一場次時，始得與不同類項於同一日測試。
二、依時間配當表準時辦理抽籤，並依抽籤結果進行測試，遲到者或缺席者不得有異議。
三、不得自行提前測試，且A組應檢人全數離場後，B組應檢人始得進場測試。

術科產品製作報告表

【範例】

應檢人姓名：　　　　　　　　術科測驗號碼：

1試題名稱及編號：

2製作報告表

原料名稱	分比	重量（公克）	製作程序及條件
高筋麵粉	80	468	烘焙計算
低筋麵粉	20	117	$\frac{60\times18\div0.95}{194.5}=\frac{1137}{194.5}\doteqdot5.85$
水	48	281	5.85倍×材料%＝實際秤料重量
鹽	1	6	奶酥餡 $\frac{30\times18\div0.95}{310.5}=\frac{568}{310.5}\doteqdot1.83$
糖	18	105	1.83倍×材料%＝實際秤料重量
即發乾酵母	1.5	9	麵糰製作程序及條件：
奶粉	6	35	1.將麵糰攪拌至完成階段。
全蛋	10	59	2.基本發酵40～50分鐘，溫度28℃、濕度75%。
奶油	10	59	3.分割重量60g×18個後滾圓。
合計	194.5	1139	4.中間發酵15分鐘。
	奶酥餡		5.整型—內包奶酥餡30g，刷全蛋液，沾椰子粉後排盤。
糖粉	80	146	6.最後發酵60分鐘，溫度38℃、濕度85%。
鹽	0.5	1	7.烤焙溫度上火200℃、下火200℃，時間12～15分鐘。
酥油	50	92	
奶油	50	92	奶酥餡製作程序：
全蛋	20	37	1.將糖、油、鹽混合打發。
玉米粉	10	18	2.把蛋打散分次加入拌合。
奶粉	100	183	3.將奶粉過篩加入拌勻即可備用。
合計	310.5	569	

烘焙食品乙級技術士技能檢定術科測試時間配當表

每日排定測試場次為乙場，參考程序表如下：

時間	內容	備註
08：30前　應檢人更衣、完成報到		
08：30～09：00	1.監評前協調會議 （含監評檢查機具設備及材料） 2.場地設備及材料等作業說明。 3.應檢人抽題(08:45)及測試應注意事項說明。	
09：00～15：00	應檢人測試（測試時間6小時）。	含填寫製作報告書、清點工具及材料、成品製作及繳交
15：00～15：30	監評人員進行成品評審。	
15：30～16：00	檢討會（監評人員及術科測試辦理單位視需要召開）	

每日排定測試場次為兩場，參考程序表如下：

時間	內容	備註
7：30前　第一場次應檢人更衣、完成報到		
07：30～08：00	1.監評前協調會議(含監評檢查機具設備及材料) 2.場地設備及材料等作業說明。 3.應檢人抽題(07:45)及測試應注意事項說明。	
08：00～14：00	第一場次應檢人測試（測試時間6小時）	含填寫製作報告書、清點工具及材料、成品製作及繳交
14：00～15：00	第一場次監評人員成品評分	
15：00～15：30	第一場次檢討會（監評人員及術科測試辦理單位視需要召開）	
14：00前　第二場次應檢人更衣、完成報到		
14：00～1 4：30	1.監評前協調會議(含監評檢查機具設備及材料) 2.場地設備及材料等作業說明。 3.應檢人抽題(14:15)及測試應注意事項說明。	
14：30～20：30	第二場次應檢人測試（測試時間6小時）	含填寫製作報告書、清點工具及材料、成品製作及繳交
20：30～21：00	第二場次監評人員成品評分	
21：00～21：30	第二場次檢討會（監評人員及術科測試辦理單位視需要召開）	

（註）第一場次與第二場次之監評人員和工作人員不得重複（需聘請兩組人員作業，不得重複）。

烘焙食品術科檢定評分表(乙級)

學科准考證號碼：________________ 桌號：______ 檢定日期：____年____月____日

術科測驗號碼：________________ 應檢人姓名：________________

產品名稱	等級 / 評分項目	0	1	2	3	4	5	6	7	8	9	10	總分		特殊事項摘要記載
	工作態度與衛生習慣（20%）	0	2	4	6	8	10	12	14	16	18	20		以零分計情形	
	配方制定（10%）	0	1	2	3	4	5	6	7	8	9	10	分	0 1 2 3 4 5 6 7 8 9 10	
	操作技術（20%）	0	2	4	6	8	10	12	14	16	18	20	□合格		
	產品外觀品質（30%）	0	3	6	9	12	15	18	21	24	27	30	□不合格		
	產品內部品質（20%）	0	2	4	6	8	10	12	14	16	18	20			
	工作態度與衛生習慣（20%）	0	2	4	6	8	10	12	14	16	18	20		以零分計情形	
	配方制定（10%）	0	1	2	3	4	5	6	7	8	9	10	分	0 1 2 3 4 5 6 7 8 9 10	
	操作技術（20%）	0	2	4	6	8	10	12	14	16	18	20	□合格		
	產品外觀品質（30%）	0	3	6	9	12	15	18	21	24	27	30	□不合格		
	產品內部品質（20%）	0	2	4	6	8	10	12	14	16	18	20			
	工作態度與衛生習慣（20%）	0	2	4	6	8	10	12	14	16	18	20		不予計分情形	
	配方制定（10%）	0	1	2	3	4	5	6	7	8	9	10	分		
	操作技術（20%）	0	2	4	6	8	10	12	14	16	18	20	□合格	0 1 2 3 4 5 6 7 8 9 10	
	產品外觀品質（30%）	0	3	6	9	12	15	18	21	24	27	30	□不合格		
	產品內部品質（20%）	0	2	4	6	8	10	12	14	16	18	20			

【備註】請參閱以零分計情形種類表勾選以零分計項目。

監評人員簽章：________________

烘焙食品學科題庫(丙級)

０７７００烘焙食品 丙級 工作項目０１：產品分類

1.（４）歐美流行之比薩——意大利發麵屬於 (1)麵包項 (2)餅乾項 (3)中點項 (4)西點項。
2.（４）下列何種產品不需經過油炸而成 (1)開口笑 (2)沙其瑪 (3)道納司 (4)鬆餅。
3.（３）最適合製作鮮奶油蛋糕及冰淇淋蛋糕是 (1)麵糊類蛋糕 (2)乳沫類蛋糕 (3)戚風類蛋糕 (4)磅蛋糕。
4.（３）那一種蛋糕之烤溫最低 (1)輕奶油 (2)海綿蛋糕 (3)水果蛋糕 (4)天使蛋糕。
5.（３）同種蛋糕那一種麵糊的著色最深 (1)低酸性 (2)中性 (3)鹼性 (4)強酸性。
6.（４）那一種蛋糕麵糊理想比重最輕 (1)海綿類 (2)戚風類 (3)麵糊類 (4)天使類。
7.（４）下列何種為硬式麵包 (1)全麥麵包 (2)甜麵包 (3)可鬆麵包 (4)法國麵包。
8.（３）何種蛋糕在攪拌前，蛋先予加溫到40～43℃，使容易起泡及膨脹 (1)輕奶油蛋糕 (2)重奶油蛋糕 (3)海綿蛋糕 (4)水果蛋糕。
9.（２）下列蛋糕配方中何者宜使用高筋麵粉 (1)魔鬼蛋糕 (2)水果蛋糕 (3)果醬卷 (4)戚風蛋糕。
10.（２）派皮須有脆和酥的特性，麵粉宜選用 (1)高筋麵粉 (2)中筋麵粉 (3)低筋麵粉 (4)玉米粉。
11.（３）下列何種產品一定要使用高筋麵粉 (1)海綿蛋糕 (2)比薩餅 (3)白吐司麵包 (4)天使蛋糕。
12.（２）蛋糕依麵糊性質和膨大方法的不同可分為 (1)二大類 (2)三大類 (3)四大類 (4)五大類。
13.（２）長崎蛋糕屬於 (1)麵糊類蛋糕 (2)乳沫類蛋糕 (3)戚風類蛋糕 (4)重奶油蛋糕。
14.（３）配方中採用液體油脂可製作下列何種蛋糕 (1)水果蛋糕 (2)重奶油蛋糕 (3)海綿蛋糕 (4)輕奶油蛋糕。
15.（４）下列何種產品配方中使用酵母，以利產品之膨脹 (1)鬆餅 (2)酥鬆性小西餅 (3)綠豆椪 (4)丹麥式甜麵包。
16.（３）配方中採用高筋麵粉，比較適合製作下列何種產品 (1)擠出小西餅 (2)魔鬼蛋糕 (3)法國麵包 (4)天使蛋糕。
17.（２）歐美俗稱的磅蛋糕（Pound Cake）是屬於 (1)戚風類蛋糕 (2)麵糊類蛋糕 (3)乳沫類蛋糕 (4)天使蛋糕。
18.（４）下列何種產品之麵糰是屬於發酵性麵糰 (1)奶油小西餅 (2)蛋黃酥 (3)廣式月餅 (4)美式甜麵包。
19.（１）下列何種產品之麵糰，其配方中糖油含量最低？ (1)蘇打餅乾 (2)口糧餅乾 (3)戚風蛋糕 (4)海綿蛋糕。
20.（４）下列何種產品，其麵糊須經加熱熬煮 (1)廣式月餅 (2)太陽餅 (3)天使蛋糕 (4)奶油空心餅。
21.（４）下列何種產品，以烘焙百分比而言，其配方中用蛋量超過100％ (1)麵包 (2)鬆餅 (3)中點 (4)蛋糕。
22.（４）下列何種產品，不經烤焙過程 (1)法國麵包 (2)戚風蛋糕 (3)奶油空心餅 (4)開口笑。
23.（１）奶油雞蛋布丁派是屬於 (1)生派皮生派餡 (2)熟派皮熟派餡 (3)雙皮派 (4)油炸派。
24.（３）牛肉派是屬於 (1)生派皮生派餡 (2)熟派皮熟派餡 (3)雙皮派 (4)油炸派。
25.（１）餅乾麵糰在攪拌終了階段不須產生麵筋的產品是？ (1)輥輪推壓小西餅 (2)硬質餅乾 (3)蘇打餅乾 (4)瑪莉餅乾。

26.（２）餅乾麵糰在壓延成型時須考慮收縮比的產品為？(1)煎餅 (2)蘇打餅乾 (3)乳沫類小西餅 (4)線切成型小西餅。

27.（２）依照製作方法，乳沫類小西餅是以下列何者方式成型？(1)塊狀成型 (2)擠出成型 (3)線切成型 (4)推壓成型。

28.（４）以麵粉與油脂調製烘焙層次分明之酥鬆性產品是？(1)小西餅 (2)脆餅 (3)煎餅 (4)鬆餅、派、起酥。

29.（４）小西餅配方中糖的用量比油多、油的用量比水多，麵糰較乾硬，須擀平或用模型壓出的產品是？(1)軟性小西餅 (2)酥硬性小西餅 (3)鬆酥性小西餅 (4)脆硬性小西餅。

０７７００烘焙食品 丙級 工作項目０２：原料之選用

1.（４）下列材料中，甜度最低的是 (1)果糖 (2)砂糖 (3)麥芽糖 (4)乳糖。

2.（３）台灣目前使用的白油，每桶重量約為 (1)5公斤 (2)10公斤 (3)16公斤 (4)30公斤。

3.（２）奶粉的重量2.2磅相當於公制單位的 (1)半公斤 (2)1公斤 (3)1.5公斤 (4)4.4公斤。

4.（２）一般天使蛋糕的主要原料為 (1)太白粉 (2)蛋白 (3)乳酪 (4)鮮奶油。

5.（２）派皮用的麵粉應以那種麵粉為宜 (1)低筋粉 (2)中筋粉 (3)高筋粉 (4)太白粉。

6.（２）塔塔粉是屬 (1)中性鹽 (2)酸性鹽 (3)鹼性鹽 (4)低鹼性鹽。

7.（４）不需要使用酵母的烘焙產品是 (1)包子 (2)饅頭 (3)麵包 (4)重奶油蛋糕。

8.（１）蛋黃中含量最多的成分 (1)水 (2)油脂 (3)蛋白質 (4)灰分。

9.（４）蛋白成分除了水以外，含量最多的是 (1)油脂 (2)葡萄糖 (3)灰分 (4)蛋白質。

10.（４）一般最適合於麵包製作的水是 (1)軟水 (2)蒸餾水 (3)鹼水 (4)中硬度水。

11.（３）麵包配方中糖含量（依烘焙百分比）佔20％以上的是 (1)吐司麵包 (2)法國麵包 (3)甜麵包 (4)全麥麵包。

12.（１）一般以中種法製作麵包，中種麵糰的原料不含 (1)鹽 (2)酵母 (3)麵粉 (4)水。

13.（３）以下那一種原料不屬於化學澎大劑？ (1)發粉 (2)小蘇打 (3)酵母 (4)阿摩尼亞（碳酸氫銨）。

14.（３）無水奶油是來自於下列那種原料？ (1)牛肉 (2)豬肉 (3)牛奶 (4)植物油。

15.（２）油脂麵粉與水先煮沸糊化之產品是 (1)油條 (2)奶油空心餅 (3)甜麵包 (4)小西餅。

16.（４）下列烘焙用原料較不常使用的是 (1)新鮮奶油 (2)全脂奶粉 (3)脫脂奶粉 (4)煉乳。

17.（３）下列那種油脂約含有10％的氣體（氮氣） (1)清香油 (2)瑪琪琳 (3)雪白乳化油 (4)奶油。

18.（２）有香味、顏色，不含水的油脂是 (1)雪白乳化油 (2)酥油 (3)沙拉油 (4)派酥瑪琪琳。

19.（４）沒有分析檢驗的情況下，下列何者不是由外觀判斷油炸油的劣化 (1)顏色加深 (2)黏度增加 (3)有蟹泡並提前冒煙 (4)酸價為0.1。

20.（３）麵包中那種材料愈多發酵愈快 (1)油脂 (2)蛋黃 (3)酵母 (4)細砂糖。

21.（３）國產麵粉每袋的重量以那種最多 (1)22 磅 (2)30磅 (3)22公斤 (4)30公斤。

22.（４）海綿蛋糕（基本）配方的配料為 (1)細砂糖、麵粉、鹽、牛奶 (2)麵粉、沙拉油、水 (3)麵粉、細砂糖、發粉 (4)麵粉、細砂糖、蛋。

23.（３）下列何種材料可提高小西餅產品的脆性 (1)鹽 (2)水 (3)糖 (4)蛋。

24.（２）若用快速酵母粉取代新鮮酵母時，快速酵母粉的用量應為新鮮酵母的 (1)等量 (2)1/3 (3)1/2 (4)2倍。

25.（４）製作某種麵包，使用新鮮酵母4％，今因某種原因需改用快速即發酵母粉，用量應為 (1)4％ (2)2％ (3)1.6％ (4)1.33％。

26.（３）配方內使用60％鮮奶製作麵包，比用4％的脫脂奶粉作麵包，其實際奶粉固形量 (1)較少 (2)

相同 (3)較多 (4)大同小異。

27.（4）下列何種原料不是製作奶油布丁派餡之凝凍原料 (1)蛋 (2)動物膠 (3)玉米澱粉 (4)奶油水。

28.（2）蛋白在烘焙原料中屬於那一種性質 (1)柔性原料 (2)韌性原料 (3)酸性原料 (4)中性原料。

29.（2）利用中種法製作吐司麵包，那一種材料不屬於中種麵糰 (1)水 (2)油 (3)酵母 (4)麵粉。

30.（3）蛋白的含水量為 (1)50% (2)75% (3)88% (4)95%。

31.（2）巧克力融化加熱方式，最好使用（1）直火加熱（2）隔水加熱（3）烤爐加熱（4）自然融化。

32.（1）蛋黃內所含的油脂具有 (1)乳化作用 (2)起泡作用 (3)安定作用 (4)膨大作用。

33.（3）製作蛋糕時，奶粉應屬於 (1)柔性材料 (2)鹼性材料 (3)韌性材料 (4)芳香材料。

34.（3）奶水內含固形物（奶粉）量為 (1)4% (2)8% (3)12% (4)16%。

35.（1）做蘇打餅乾應注意油脂的 (1)安定性好、不易酸敗 (2)打發性好 (3)乳化效果好 (4)可塑性好。

36.（4）蒸發奶水含固形份為 (1)40% (2)35% (3)30% (4)26%。

37.（4）麵包配方使用2%的細砂糖如將糖量增加至4%，則發酵時間會 (1)縮短很多 (2)縮短很少 (3)延長 (4)不變。

38.（3）麵包配方內正常用糖量為5%，如增加為10%則烤好後的麵包最明顯的不同是 (1)表皮顏色變淺 (2)表皮變薄而軟 (3)表皮顏色加深 (4)表皮變粗糙。

39.（3）做麵包時配方中油脂量高，可使麵包表皮 (1)顏色深 (2)厚 (3)柔軟 (4)硬。

40.（4）蛋黃之水份含量為 (1)30～34% (2)35～39% (3)40～44% (4)50～55%。

41.（3）一般奶油或瑪琪琳含水量約為 (1)6～10% (2)11～13% (3)14～22% (4)24～30%。

42.（3）乳化劑在蛋糕內的功能是 (1)使蛋糕風味佳 (2)使蛋糕顏色加深 (3)融和配方內水和油使組織細膩 (4)縮短攪拌時間減少人工。

43.（2）麵粉中添加活性麵筋粉每增加1%時，則麵粉之吸水量約可提高（1）1%（2）1.5%（3）2%（4）2.5%。

44.（3）新鮮酵母（Compressed Yeast）水份含量約為 (1)45～50% (2)55～60% (3)65～70% (4)80～85%。

45.（2）通常烘焙人員所稱的重曹（Baking Soda）是指 (1)發粉 (2)蘇打粉 (3)酵母 (4)酵素。

46.（2）沙拉油必須密封保存，因為 (1)遇空氣易於變色 (2)含不飽和脂肪酸易受氧化酸敗 (3)易揮發 (4)易感染其他不良味道。

47.（2）雞蛋內水份含量 (1)70% (2)75% (3)80% (4)85%。

48.（2）乳化劑在麵包內的功能 (1)增加麵包風味 (2)使麵包柔軟不易老化 (3)防止麵包發黴 (4)促進酵母活力。

49.（3）全蛋的固形物為 (1)10% (2)15% (3)25% (4)35%。

50.（1）麵包的組織鬆軟好吃，主要是因為在製作的過程中加入了 (1)酵母 (2)發粉 (3)小蘇打 (4)阿摩尼亞（碳酸氫銨等）。

51.（3）要使麵包長時間保持柔軟，可在配方內添加 (1)膨大劑 (2)麥芽酵素 (3)乳化劑 (4)丙酸鈣。

52.（1）控制發酵最有效的原料是 (1)食鹽 (2)糖 (3)改良劑 (4)奶粉。

53.（4）稀釋奶油霜飾最適當的原料是 (1)沙拉油 (2)水 (3)蛋 (4)稀糖漿。

54.（4）一般油炸用油發煙點應為 (1)150～160℃ (2)160～170℃ (3)170～180℃ (4)200℃以上。

55.（1）為使小西餅達到鬆脆與擴展的目的，配方內可多使用 (1)細砂糖 (2)糖粉 (3)糖漿 (4)麥芽糖。

56.（3）製作水果蛋糕應選用 (1)新鮮水果 (2)罐頭水果 (3)蜜餞水果 (4)脫水水果。

57.（1）一般西點派皮或蛋糕用的奶酥底，配方內油脂應用 (1)無水奶油或精製豬油 (2)瑪琪琳 (3)含

水奶油 (4)沙拉油。

58.(1)做蘋果派餡的膠凍原料，通常採用 (1)玉米澱粉 (2) 物膠 (3)洋菜粉 (4)甘藷粉。

59.(2)食品工廠用的油炸用油最好選用 (1)沙拉油 (2)氫化油 (3)黃豆油 (4)奶油。

60.(1)麵包可使用的防腐劑為 (1)丙酸鈣 (2)去水醋酸 (3)硼酸 (4)苯甲酸。

61.(2)蛋糕可使用的防腐劑為 (1)苯甲酸 (2)丙酸鈉 (3)對羥苯甲酸丁酯 (4)異抗壞血酸。

62.(2)新鮮酵母貯存的最佳溫度應為 (1)-10～0℃ (2)2～10℃ (3)11～20℃ (4)21～27℃。

63.(1)製作麩皮或裸麥麵包，其主要原料的麵粉應是 (1)高筋麵粉 (2)洗筋粉 (3)粉心粉 (4)低筋麵粉。

64.(3)下列那一種油脂其烤酥性最大 (1)純奶油 (2)人造奶油 (3)豬油 (4)雪白油。

65.(2)製作天使蛋糕時塔塔粉與鹽的用量總和為 (1)0.1% (2)1% (3)5% (4)10%。

66.(1)下列那一糖，甜度最高 (1)果糖 (2)轉化糖漿 (3)砂糖 (4)葡萄糖。

67.(4)製作丹麥麵包或鬆餅，其裹入用油脂應採用 (1)豬油 (2)雪白奶油 (3)白油(烤酥油) (4)瑪琪琳。

68.(3)麵粉如因貯存太久筋性受損，在做麵包時可酌量在配方內 (1)增加鹽的用量 (2)減少糖的用量 (3)使用脫脂奶粉 (4)增加乳化劑。

69.(3)製作高成份奶油海綿蛋糕為降低麵粉的筋性，配方內部份麵粉最好用 (1)全脂奶粉 (2)太白粉 (3)小麥澱粉 (4)乳清粉 代替。

70.(1)乳化油在下列那一項產品較不合適(1)戚風蛋糕(2)麵包(3)海綿蛋糕(4)奶油霜飾。

71.(3)蛋糕所用的發粉應為 (1)快性發粉 (2)次快性澱粉 (3)雙重反應發粉 (4)慢性發粉。

72.(2)欲增加小西餅鬆酥的性質可酌量增加 (1)水 (2)油 (3)糖 (4)高筋麵粉。

73.(1)依CNS所謂全麥麵包，其全麥麵粉的用量為 (1)20% (2)30% (3)40% (4)50% 以上。

74.(4)使用蒸發奶水代替鮮奶時，應照鮮奶用量 (1)等量使用 (2)1/3蒸發奶水加2/3水 (3)2/3蒸發奶水加1/3水 (4)1/2蒸發奶水加1/3水。

75.(4)欲生產良好的烘焙產品下列條件何者不是 (1)好的原料 (2)純熟的技術 (3)好的設備 (4)好的裝潢。

76.(4)夾心餅乾之夾心用油脂，通常須要數個月之保存、流通因此宜使用 (1)花生油 (2)沙拉油 (3)葵花油 (4)椰子油。

77.(2)烘焙用油脂的融點愈高，其口溶性(1)愈好 (2)愈差 (3)無關 (4)差不多。

78.(2)食品衛生管理法規定烘焙油脂中合成抗氧化劑的總量不得超過 (1)50p.p.m (2)200p.p.m (3)400p.p.m (4)0.1%。

79.(2)麵粉之蛋白質組成分中缺乏 (1)丙苯胺酸 (2)離胺酸 (3)麩胺酸 (4)半胱胺酸 因此必須添加奶粉。

80.(4)不是派餡用來做膠凍原料有(1)玉米澱粉(2)動物膠(3)雞蛋(4)果膠。

81.(2)製作蛋糕道納司所使用之膨脹劑是 (1)酵母 (2)發粉(B.P) (3)油脂 (4)小蘇打(B.S)。

82.(3)製作蛋白霜飾所需要之主原料是 (1)蛋黃 (2)全蛋 (3)蛋白和糖 (4)蛋黃和糖。

83.(1)一個中型雞蛋去殼後約重 (1)50公克 (2)70公克 (3)80公克 (4)100公克。

84.(1)麵粉中的蛋白質每增加1%，則吸水量約增加 (1)2% (2)4% (3)6% (4)不影響。

85.(2)製作轉化糖漿使用何種糖原料(1)葡萄糖(2)砂糖(3)麥芽糖(4)乳糖。

86.(3)烘焙用乾酪(Cheese)原料，其主要的組成分為(1)灰粉(2)澱粉(3)蛋白質(4)醣。

87.(1)烘焙產品使用何者糖，在其烤焙時較易產生梅納反應(1)果糖(2)砂糖(3)麥芽糖

（4）乳糖。

88.（3）下列何種油脂含有反式脂肪酸（1）麻油（2）花生油（3）牛油（4）完全氫化植物油。

89.（3）下列材料中何者不屬於膨脹劑（1）發粉（2）阿摩尼亞（3）可可粉（4）小蘇打粉。

90.（3）下列何種小麥適合製作海綿蛋糕？(1)硬紅春麥 (2)硬紅冬麥 (3)軟質小麥 (4)杜蘭小麥。

91.（4）下列何種性質不是為小麥分類的依據？(1)蛋白質 (2)吸水量 (3)麵筋品質 (4)破損澱粉。

92.（4）小麥胚乳的主要色素為？(1)葉綠素 (2)葉紅素 (3)葉黃素 (4)胡蘿蔔素。

93.（2）胚乳約佔整個小麥穀粒的？(1)75% (2)83% (3)92% (4)100%。

94.（3）下列何者為小麥的製粉主要的目的？(1)熟成 (2)漂白 (3)使麩皮、胚芽與胚乳部分分離 (4)增加彈性。

95.（2）小麥胚芽中富含油脂，其主要之脂肪酸為？(1)油酸 (2)亞麻仁油酸 (3)次亞麻仁油酸 (4)花生四烯酸。

96.（2）小麥製粉時，與其出粉率成正比者為？(1)水分含量 (2)灰分含量 (3)蛋白質含量 (4)醣含量。

97.（1）麵粉中添加維生素C作為改良劑之主要效用為？(1)熟成作用 (2)漂白作用 (3)熟成及漂白作用 (4)殺菌作用。

98.（4）蛋糕用麵粉一般由何種麥所磨製？(1)硬紅春麥 (2)硬紅冬麥 (3)琥珀色硬質小麥 (4)軟質冬麥。

99.（1）食品用水溶於油(W／O)之乳化劑，其親水親油平衡值（HLB：Hydrophilic - Lipophilic Balance value）之範圍介於？(1)3.5～6 (2)8～18 (3)20～25 (4)26～30。

100.（2）食品用油溶於水(O／W)之乳化劑，其親水親油平衡值（HLB：Hydrophilic - Lipophilic Balance value）之範圍介於？(1)3.5～6 (2)8～18 (3)20～25 (4)26～30。

101.（2）製作海綿蛋糕添加乳化起泡劑目的為？(1)使麵糊的比重上升 (2)增加麵糊的安定性 (3)於攪拌時拌入較少的空氣 (4)使蛋糕體積變小。

102.（2）製作轉化糖漿，以下列何者為原料，加水溶解再加入稀酸、加熱使之轉化的液體糖？(1)乳糖 (2)砂糖 (3)麥芽糖 (4)蜂蜜。

103.（4）製作轉化糖漿時，以下列何種酸水解得到之品質最佳？(1)鹽酸 (2)硫酸 (3)磷酸 (4)酒石酸。

104.（1）雞蛋蛋白的脂肪含量為？(1)0% (2)10% (3)20% (4)30%。

105.（2）使用脫脂奶粉代替奶水時，脫脂奶粉對水混合的比例應為？(1)1：99 (2)10：90 (3)20：80 (4)30：70。

106.（2）裝飾用鮮奶油加入牛奶攪拌時，牛奶溫度必須保持在多少以下，以避免油水分離？(1)0℃ (2)10℃ (3)20℃ (4)30℃。

107.（3）發粉的定義是由小蘇打及酸性鹽混合攪拌而成的一種膨大劑，所產生的二氧化碳量不能低於發粉重量的？(1)4% (2)8% (3)12% (4)16%。

108.（2）在常溫時不釋出氣體，須於烤焙時才釋出二氧化碳氣體為？(1)快性反應發粉 (2)慢性反應發粉 (3)雙重反應發粉 (4)多重反應發粉。

109.（3）製作蛋糕時，為有效地控制釋出均勻且有規則的氣體，常使用？(1)快性反應發粉 (2)慢性反應發粉 (3)雙重反應發粉 (4)銨粉。

110.（4）椰子粉的脂肪含量約為？(1)30% (2)40% (3)50% (4)60%。

111.（4）製作棉花糖時，加入下列何種具有打發起泡特性之膠凍原料？(1)洋菜 (2)果膠 (3)阿拉伯膠 (4)動物膠。

112.（2）下列何種膠凍原料需添加適當比例的糖與酸，才能形成膠體？(1)洋菜 (2)果膠 (3)阿拉伯膠 (4)動物膠。

113.（4）小麥之橫斷面呈粉質狀者為何？(1)高筋麵粉 (2)中筋麵粉 (3)粉心麵粉 (4)低筋麵粉。

114.（1）小麥之橫斷面呈玻璃質狀者為何？ (1)高筋麵粉 (2)中筋麵粉 (3)粉心麵粉 (4)低筋麵粉。

115.（4）麵粉蛋白質是屬於部分不完全蛋白質，因為其胺基酸內缺少了一種必需胺基酸為？ (1)甲硫胺酸（methioine） (2)胱胺酸（cystine） (3)半胱胺酸（cysteine） (4)離胺酸（lysine）。

116.（3）下列何種胺基酸內含有硫氫根(- SH)，並具有還原特性，以影響麵糰之性質？ (1)麩胺酸（glutamic acid） (2)甘胺酸（glycine） (3)半胱胺酸（cysteine） (4)離胺酸（lysine）。

117.（4）小麥胚芽中含有下列何種物質，其含有硫氫根(-SH)，會減少麵筋彈性，使麵糰發粘？ (1)維生素E (2)礦物質 (3)油脂 (4)麩胱甘肽。

118.（4）可以得到麵粉之吸水量，攪拌時間及攪拌耐力之儀器設備為？ (1)麵粉酵素活性測定儀(Amylograph) (2)連續溫度黏度測定儀(Viscosgraph) (3)麵糰拉力特性測定儀(Extensograph) (4)麵糰攪拌特性測定儀(Farinograph)。

119.（2）測定低筋粉或軟麥麵粉中膠性粘度之儀器設備為？ (1)麵粉沉降係數測定儀(Falling Number) (2)連續溫度黏度測定儀(Viscosgraph) (3)麵糰拉力特性測定儀(Extensograph) (4)麵糰攪拌特性測定儀(Farinograph)。

120.（3）測定麵筋之伸張力及伸張阻力等品質之儀器設備為？ (1)麵粉酵素活性測定儀(Amylograph) (2)連續溫度黏度測定儀(Viscosgraph) (3)麵糰拉力特性測定儀(Extensograph) (4)麵糰攪拌特性測定儀(Farinograph)。

121.（1）測定麵粉中之液化酵素的儀器設備為？ (1)麵粉酵素活性測定儀(Amylograph) (2)連續溫度黏度測定儀(Viscosgraph) (3)麵糰拉力特性測定儀(Extensograph) (4)麵糰攪拌特性測定儀(Farinograph)。

122.（4）D.E.值（葡萄糖當量）30～50之澱粉糖漿，其組成成分為？ (1)蔗糖 (2)果糖 (3)葡萄糖 (4)糊精、麥芽糖及葡萄糖之混合物。

123.（3）以澱粉為原料經完全水解D.E.值（葡萄糖當量）為100之糖漿產品，其組成成分為？ (1)蔗糖 (2)果糖 (3)葡萄糖 (4)澱粉及葡萄糖之混合物。

124.（1）下列何種糖吸濕性最小？ (1)砂糖 (2)果糖 (3)蜂蜜 (4)轉化糖。

125.（1）有關糖對麵包品質之影響，下列何者有誤？ (1)可防止麵包變硬 (2)是一種柔性材料 (3)烤焙時著色快 (4)增加風味。

126.（4）下列何種糖，酵母發酵產生二氧化碳及酒精之速率最慢？ (1)砂糖 (2)果糖 (3)葡萄糖 (4)麥芽糖。

127.（3）新鮮雞蛋其pH值約為？ (1)5.2 (2)6.5 (3)7.6 (4)9.0。

128.（4）雞蛋內含有下列何種酵素，可以殺死多種微生物，增長貯存時間？ (1)蛋白質分解酵素 (2)脂肪分解酵素 (3)澱粉分解酵素 (4)溶菌酵素。

129.（1）製造乾燥蛋白粉時，為避免於乾燥時產生變色反應，必須去除蛋白內之？ (1)葡萄糖 (2)脂肪 (3)蛋白質 (4)礦物質。

130.（4）蛋經貯藏後蛋白會釋出下列何種氣體，使其pH值升高？ (1)氫氣 (2)氮氣 (3)組織胺 (4)二氧化碳。

131.（4）有關碳酸氫鈉，下列敘述何者錯誤？ (1)是一種化學膨大劑 (2)亦稱小蘇打 (3)其化學分子式為NaHCO (4)是一種酸性鹽。

132.（1）有關發粉，下列敘述何者錯誤？ (1)以碳酸鈉為主原料 (2)由各種不同的酸性鹽混合而成 (3)加澱粉或麵粉為填充劑 (4)俗稱為泡打粉或發泡粉。

133.（1）下列何者為慢性發粉之主要成分？(1)酸性焦磷酸鹽 (2)酸性磷酸鈣 (3)碳酸氫鈉 (4)碳酸鈉。

134.（3）小西餅在烘焙過程中，下列何者不是扮演膨脹的因素？ (1)碳酸氫銨 (2)碳酸氫鈉 (3)酵母 (4)水。

07700烘焙食品 丙級 工作項目03： 產品製作

1. （4）西點用亮光糖漿製作原料，下列何者為非 (1)洋菜、水、糖 (2)桔子果醬、水 (3)杏桃果膠、水 (4)糖、水。
2. （1）烤焙時若遇到產品不滿一盤時，可做以下之處理方式才不致於烤焙不均 (1)白紙打濕置於空盤處 (2)報紙打濕置於空盤處 (3)將多餘麵糊倒掉不用 (4)空盤處墊錫鉑紙。
3. （1）擠製小西餅於烤盤上時如習慣以右手操作者，可選擇下列那一項較順手？

(1) 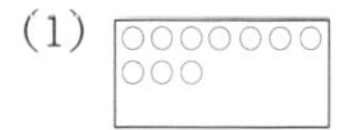 (2) 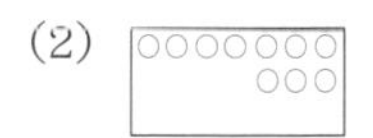 (3) 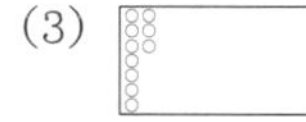 (4) 

4. （3）派皮自模型中取出易破碎原因為 (1)鬆弛時間不夠 (2)配方中油脂含量太少 (3)派皮過熱自盤中取出 (4)烤焙不足。
5. （3）製作蒸烤布丁時牛奶與雞蛋拌勻溫度宜控制在 (1)100℃±5℃ (2)80℃±5℃ (3)60℃±5℃ (4)30℃±5℃ ，可縮短烤焙時間。
6. （3）油炸甜甜圈（道納司，Doughnuts）油溫宜控制在 (1)100℃±5℃ (2)150℃±5℃ (3)190℃±5℃ (4)210℃±5℃。
7. （2）蒸烤布丁烤盤內的水宜選用 (1)冷水 (2)溫水 (3)開水 (4)冰水 ，可縮短烤焙時間又不影響其組織。
8. （3）製作鬆餅摺疊次數以下列何者為佳？ (1)3折法×1次 (2)3折法×2次 (3)3折法×4次 (4)3折法×6次。
9. （2）良好的鬆餅製作環境室溫宜控制在 (1)5℃±5℃ (2)20℃±5℃ (3)35℃±5℃ (4)45℃±5℃。
10. （2）要烤出一個組織細緻的蒸烤布丁，烤爐溫度宜選用（1）100℃（2）150℃（3）200℃（4）250℃ 。
11. （1）製作大量手工丹麥小西餅，粉與糖油拌勻時應留意 (1)分次攪拌 (2)一次攪拌完成 (3)糖油不需打發即可與粉拌勻 (4)麵粉不經過篩即可與糖油拌勻 方不致麵糰乾硬而不易成型。
12. （3）經攪拌後之蛋白糖以手指勾起成山峰狀，倒置而不彎曲，此階段稱為 (1)起泡狀 (2)濕性發泡 (3)乾性發泡 (4)棉花狀。
13. （3）製作乳沫類蛋糕，麵糊攪拌之拌打器宜選用 (1)鉤狀 (2)槳狀 (3)網狀（球狀） (4)以上均可。
14. （2）麵糊類蛋糕之配方中油脂含量60%以下者，其麵糊攪拌不宜用 (1)糖油拌和法 (2)麵粉油脂拌和法 (3)直接拌和法 (4)兩步拌和法。
15. （1）為使水果蛋糕風味香醇可口，配方中之水果蜜餞，使用前通常浸泡 (1)酒 (2)清水 (3)糖水 (4)食醋。
16. （4）下列何種蛋糕在製作時，不得沾上任何油脂 (1)大理石蛋糕 (2)蜂蜜蛋糕 (3)魔鬼蛋糕 (4)天使蛋糕。
17. （2）理想的戚風蛋糕麵糊比重約在 (1)0.35 (2)0.45 (3)0.65 (4)0.85。
18. （3）蛋白打發時，為增加其潔白度，可加入適量的 (1)沙拉油 (2)味素 (3)檸檬汁 (4)食鹽。
19. （2）烘烤小型或薄層體積之蛋糕，爐溫宜控制為 (1)上小／下大 (2)上大／下小 (3)上大／下

大 (4)上小／下小。

20.（１）為改善海綿蛋糕組織之韌性，在製作時可加入適量 (1)蛋黃 (2)蛋白 (3)麵粉 (4)食鹽。

21.（１）在打發鮮奶油若需要添加細砂糖時，在下列那一種階段下加入較為適宜 (1)攪拌開始時 (2)鮮奶油即將凝固時 (3)鮮奶油體膨脹兩倍時 (4)攪拌終了前。

22.（２）製作甜麵包時，配方中蛋量和水量加起來為62%，如今已知使用3公斤麵粉，蛋量為240g，應添加多少水？ (1)1,520g (2)1,620g (3)1,720g (4)1,820g。

23.（４）欲控制攪拌後麵糰溫度，在直接法製作時與下列那項因素無關 (1)室溫 (2)粉溫（或材料溫度） (3)機器攪拌所產生的摩擦溫度 (4)中種麵糰溫度。

24.（３）製作麵包時有時要翻麵（Punching），下列那一項與翻麵的好處無關 (1)使麵糰內部溫度均勻 (2)更換空氣，促進酵母發酵 (3)縮短攪拌時間 (4)促進麵筋擴展，增加麵筋氣體保留性。

25.（３）使用中種法製作麵包，在正常情況下，攪拌後中種麵糰溫度／主麵糰溫度，以下列何者最適宜 (1)5/28 (2)35/35 (3)23～25/27～29 (4)32/10 ℃。

26.（１）欲使麵包烘烤後高度一定，後發酵時間常需和麵包烤焙彈性（Oven Spring）配合，當烤焙彈性大的麵包，入爐時間應 (1)提早 (2)延後 (3)不變 (4)隨便。

27.（１）製作麵包有直接法和中種法，各有其優點和缺點，下列那一項不是中種法的優點 (1)省人力，省設備 (2)味道較好 (3)體積較大 (4)產品較柔軟。

28.（３）製作硬式麵包，一般使用的後發酵條件，溫濕度以下列那一項較適宜 (1)42℃、90% (2)38℃、85% (3)35℃、75% (4)10℃、60%。

29.（３）使用分割滾圓機分割麵糰，假如機器分割麵糰每分鐘30粒每個50g，現有60公斤麵糰多少時間可分割完 (1)20分鐘 (2)30分鐘 (3)40分鐘 (4)50分鐘。

30.（３）在沒有空調的室內做麵包時，中間發酵時間，很容易受氣候影響，若要控制中間發酵的溫度和濕度，下列那一項最適當 (1)35℃、85% (2)20℃、85% (3)28℃、75～80% (4)38℃、85%。

31.（２）製作麵包在發酵過程中，麵糰的酸鹼度（PH值）會 (1)上升 (2)下降 (3)不變 (4)有時高、有時低。

32.（２）下列何者不是在製作麵包發酵後產物 (1)二氧化碳（CO_2） (2)氨（NH_3） (3)熱 (4)酒精。

33.（２）使用不同烤爐來烤焙麵包，下列何者敘述不正確：(1)使用熱風爐，烤焙吐司，顏色會較均勻。(2)使用瓦斯爐，爐溫加熱上升較慢。(3)使用隧道爐，可連續生產，產量較大。 (4)使用蒸汽爐，烤焙硬式麵包表皮較脆。

34.（３）下列何者不是造成小西餅膨大之原因（１）蘇打粉（２）酵母（３）砂糖（４）攪拌時拌入油脂之空氣。

35.（３）麵包製作採烘焙百分比，其配方總和為250%，若使用麵粉25公斤，在不考慮損耗之狀況下，可產出麵糰（１）100公斤（２）75公斤（３）62.5公斤（４）50公斤。

36.（１）以中種法製作蘇打餅乾，中種麵糰之攪拌應攪拌至 (1)捲起階段 (2)麵筋擴展階段 (3)麵筋完成階段 (4)麵筋斷裂階段。

37.（３）瑪琍餅乾，其麵糰應攪拌至 (1)捲起階段 (2)麵筋擴展階段 (3)麵筋完成階段 (4)麵筋斷裂階段。

38.（１）奶油小西餅若以機器成型，每次擠出7個，每個麵糰重10公克，機器轉（r.p.m）為50次／分，現有麵糰35公斤，需幾分鐘擠完 (1)10分鐘 (2)20分鐘 (3)40分鐘 (4)50分鐘。

39.（１）線切小西餅，若以機器成型，每次可切出7個，機器轉速為40次／分現有麵糰28公斤，共花了20分鐘切完，則每個麵糰重為 (1)5公克 (2)7公克 (3)8公克 (4)10公克。

40.（1）烤焙麵包時使用那一種的能源品質最好 (1)瓦斯 (2)電 (3)柴油 (4)重油。

41.（1）製作奶油空心餅若用麵糊較硬，則其殼較 (1)厚 (2)薄 (3)軟 (4)不影響。

42.（3）鬆餅（如眼鏡酥），其膨大的主要原因是 (1)酵母產生的二氧化碳 (2)發粉分解產生的二氧化碳 (3)水經加熱形成水蒸氣 (4)攪拌時拌入的空氣經加熱膨脹。

43.（4）一般麵包類製品中最基本，用量最多的一種材料為 (1)糖 (2)油脂 (3)水 (4)麵粉。

44.（4）奶油空心餅蛋的最低用量為麵粉的 (1)70% (2)80% (3)90% (4)100%。

45.（1）戚風類蛋糕其膨大的最主要因素是 (1)蛋白中攪拌入空氣 (2)塔塔粉 (3)蛋黃麵糊部份的攪拌 (4)水。

46.（2）吐司麵包（白麵包）配方，鹽的用量約為麵粉的 (1)0% (2)2% (3)4% (4)6%。

47.（4）重奶油蛋糕油脂的最低使用量為 (1)30% (2)40% (3)50% (4)60%。

48.（3）以中種法製作蘇打餅乾時，中種麵糰發酵時的相對濕度應維持在 (1)58%±2% (2)68%±2% (3)78%±2% (4)88%±2%。

49.（3）標準吐司麵包配方內水的用量應為 (1)45～50% (2)51～55% (3)60～64% (4)66～70%。

50.（2）一般餐包的油脂用量為 (1)4～6% (2)8～14% (3)15～20% (4)25～30%。

51.（1）依CNS之標準，葡萄乾麵包應含葡萄乾量不少於麵粉的 (1)20% (2)30% (3)40% (4)50%。

52.（2）一般標準餐包配方內糖的含量應為 (1)4～6% (2)8～14% (3)16～20% (4)21～24%。

53.（4）奶油海綿蛋糕中奶油用量最多可用 (1)10～20% (2)21～30% (3)31～39% (4)40～50%。

54.（2）乳沫類蛋糕其麵糊的打發性主要是來自配方中的 (1)油脂 (2)蛋 (3)發粉 (4)麵粉。

55.（4）可可粉加入蛋糕配方內時須注意調整其吸水量，今製作魔鬼蛋糕，為增加可口風味，配方中增加3%的可可粉，則配方中的吸水應該 (1)減少3% (2)增加3% (3)減少4.5% (4)增加4.5%。

56.（2）麵粉含水量比標準減少1%時，則麵包麵糰攪拌時配方內水的用量可隨著增加 (1)0 (2)2 (3)4 (4)6%。

57.（3）煮製奶油空心餅（泡芙）何者為正確 (1)麵粉、油脂、水同時置於鍋中煮沸 (2)油脂煮沸即加水，麵粉拌勻 (3)油脂與水煮沸並不斷地攪拌加入麵粉，繼續攪拌加熱至麵粉完全膠化 (4)水、油脂煮沸即離火，加入麵粉拌勻。

58.（1）小西餅的烤焙原則：(1)高溫短時間 (2)高溫長時間 (3)低溫短時間 (4)低溫長時間。

59.（2）炸道納司的油溫以 (1)140～150℃ (2)180～190℃ (3)210～220℃ (4)230～240℃ 為佳。

60.（1）奶油空心餅成型後應該 (1)馬上進爐烘烤 (2)鬆弛10分鐘後進爐 (3)鬆弛15分鐘進爐 (4)鬆弛30分鐘進爐。

61.（2）製作麵包時麵粉筋性較弱，應採用何種攪拌速度 (1)快速 (2)中速 (3)慢速 (4)先用快速再改慢速。

62.（2）裹入油脂為麵糰的1/4，即表示油脂量為麵糰的 (1)20% (2)25% (3)30% (4)35%。

63.（3）重奶油蛋糕如欲組織細膩可以採用 (1)直接法攪拌 (2)糖油拌合法 (3)麵粉油脂拌合法 (4)兩步拌合法。

64.（3）麵糰分割重量600公克，烤好麵包重量為540公克，其烤焙損耗是 (1)5% (2)6% (3)10% (4)15%。

65.（1）整形後的丹麥麵包或甜麵包麵糰，如需冷藏，冰箱溫度應為 (1)0～5℃ (2)6～10℃ (3)11～15℃ (4)16～20℃。

66.（3）烤焙法國麵包爐內必須有蒸汽設備，蒸汽的壓力要 (1)壓力大，量小 (2)只要有蒸汽產生就

好 (3)壓力低，量大 (4)壓力大，量大 。

67.(３)海綿蛋糕攪拌有冷攪拌法和熱攪拌法，熱攪拌法是先將蛋加溫至 (1)25℃以下 (2)25～30℃ (3)35～43℃ (4)50℃以上。

68.(４)海綿蛋糕配方中各項材料百分比加起來得180％，已知麵糊總量為9公斤，其麵粉的用量應為 (1)3.5公斤 (2)4公斤 (3)4.5公斤 (4)5公斤。

69.(２)蛋白經攪拌後最易與其他原料拌合且進爐後膨脹力最好的階段是 (1)起泡狀態 (2)濕性發泡 (3)乾性發泡 (4)棉花狀態。

70.(２)製作某一烘焙食品，麵粉用量為22公斤，乳化劑用量為0.33公斤，請問乳化劑所佔烘焙百分比為 (1)1.2％ (2)1.5％ (3)1.8％ (4)2％。

71.(３)麵包製程中之醒麵即是 (1)基本發酵 (2)延續發酵 (3)中間發酵 (4)滾圓。

72.(２)麵包配方經試驗為正確，但烤焙後其表皮顏色經常深淺不一，下列何者不是可能原因 (1)烤爐溫度不平均 (2)冷卻不足 (3)發酵 (4)整型的關係。

73.(２)中種麵糰攪拌後理想的溫度應為 (1)20～22℃ (2)23～26℃ (3)28～30℃ (4)31～33℃。

74.(１)一般乳沫類蛋糕使用蛋白的溫度最好為 (1)17～22℃ (2)26～30℃ (3)31～35℃ (4)36～40℃。

75.(２)戚風蛋糕蛋白部份要與麵粉拌合最好的階段是把蛋白攪到 (1)液體狀態 (2)濕性發泡 (3)乾 性發泡 (4)棉花狀態。

76.(２)天使蛋糕蛋白應打到何種程度，成品膨脹能力較佳 (1)乾性發泡 (2)濕性發泡 (3)棉花狀 (4)顆粒狀。

77.(２)麵包麵糰中間發酵時間約為 (1)25～30分鐘 (2)8～15分鐘 (3)3～5分鐘 (4)0分鐘 即可。

78.(２)奶油空心餅進爐後在爐內出油是因為 (1)配方中麵粉用量太多 (2)加蛋時麵糊太冷無法乳化均勻 (3)加蛋時麵糊溫度太高 (4)配方中蛋的用量太多。

79.(２)烤焙用具（塑膠製品除外）貯放前最好之處理方式 (1)用抹布擦淨 (2)洗淨烤乾 (3)洗淨用抹布擦乾 (4)洗後自然涼乾。

80.(３)奶油空心餅產品內壁呈青色，底剖會有很多黑色小孔是配方中使用過多的 (1)蛋 (2)麵粉 (3)碳酸氫銨 (4)油脂。

81.(２)奶油空心餅成品底部凹陷大，是因為在製作時 (1)技術好 (2)烤盤油擦太多 (3)底火太弱 (4)上火太強。

82.(４)為使奶油空心餅在烤焙後表皮品質及膨大性良好，在進烤爐前可噴 (1)油 (2)膨脹劑 (3)蛋白 (4)水於麵糊表面。

83.(１)奶油空心餅成品內部缺乏空囊是因為 (1)麵糊太乾 (2)配方內油的用量太少 (3)使用化學膨脹劑 (4)麵糊糊化程度良好。

84.(３)酵母道納司的麵糰應攪拌至(1)拾起階段 (2)捲起階段 (3)麵筋擴展階段 (4)麵筋斷裂階段。

85.(３)派皮整型時，使用防黏之麵粉應使用 (1)低筋麵粉 (2)中筋麵粉 (3)高筋麵粉 (4)洗筋粉。

86.(４)派皮過度收縮的原因是 (1)派皮中油脂量太多 (2)麵粉筋度太弱 (3)水份太少 (4)揉捏整型過久。

87.(３)蛋在牛奶雞蛋布丁餡中的功能，除了提高香味和品質外還具有 (1)防腐 (2)流散 (3)凝固 (4)容易烤焙 的功能。

88.(１)酸度較強的派餡為防止貯存時出水，其濃度可用 (1)黏稠劑 (2)油脂 (3)酸 (4)防腐劑 調整。

89.(２)鬆餅（起酥，Puff Pastry）的麵糰軟硬度比裹入用油脂的軟硬度應 (1)較硬 (2)一致 (3)較軟 (4)無關 ，則能達到最佳效果。

90.（1）烘焙鬆餅，除了以蒸氣控制表皮外，應先使用 (1)大火 (2)小火 (3)上火 (4)下火 烤焙。

91.（2）鬆餅的製作，以蘇格蘭簡易法一起攪拌的方式為 (1)麵粉與水攪拌至完全出筋後再加入油脂 (2)以切麵刀將油脂和麵粉拌合切成乒乓球狀，再將冰水和其他原料一起加入 (3)油脂與麵粉打成油粉狀完全分散後，再加入水等原料 (4)將水和油脂打發後，再加入其他原料攪拌。

92.（4）鬆餅成品若要求體積大，酥層多時，配方中裹入油脂與麵糰用油總量以何者為佳 (1)20% (2)50% (3)75% (4)100%。

93.（1）酵母道納司製作時，若要控制成金黃色澤產品時，在製程上應注意 (1)適當的發酵 (2)過度的發酵 (3)低溫長時間之油炸 (4)較硬之麵糰。

94.（3）烤焙麵糰極軟的小西餅時最好使用 (1)細網狀 (2) 網狀 (3)平板狀 (4)圓孔狀烤盤（鋼帶）。

95.（2）小西餅成品帶有金黃色色澤，配方中可使用 (1)澱粉 (2)奶粉 (3)防腐劑 (4)抗氧化劑。

96.（2）硬質甜餅乾成型時為求印模圖案清晰，在配方中可加入 (1)沙拉油 (2)玉米澱粉 (3)膨脹劑 (4) 砂糖 改善。

97.（4）鬆餅的製作下列何者影響膨脹度最大 (1)糖 (2)蛋 (3)麵粉 (4)裹入用油脂。

98.（2）酵母道納司所使用的配方，大致上與甜麵包類似，然在為求成品之品質與形狀之完整性，則酵母道納司配方中的糖與油脂，較甜麵包配方 (1)高 (2)少 (3)相等 (4)視情況而定。

99.（1）下列何種道納司，可採用烤焙方法製作 (1)法式道納司 (2)蛋糕道納司 (3)酵母道納司 (4)麻花道納司。

100.（4）慕斯（Mousse）西點的製作，一般由下列何種原料組合而成 (1)雞蛋、玉米澱粉及果汁 (2)蛋黃、果膠及果汁 (3)鮮奶油、蛋白及果汁 (4)鮮奶油、吉利丁（Gelatine）及果汁。

101.（1）下列何者原料之組合不適宜製作夏季透明性涼果類產品 (1)玉米澱粉、果汁 (2)果膠、果汁 (3)洋菜、果汁 (4)吉利丁（Gelatine）、果汁。

102.（3）下列何種原料之組合及製作條件，適合製作良好品質的翻糖（Fondant） (1)細粒特砂、水、熬煮終點溫度135℃ (2)細粒特砂、水、熬煮終點溫度100℃ (3)細粒特砂、水、葡萄糖漿、熬煮終點溫度115℃ (4)細粒特砂、水、葡萄糖漿、熬煮終點溫度135℃。

103.（1）下列那一項非麵包滾圓的目的 (1)鬆弛麵筋使麵糰易於整型 (2)使麵糰表面光滑不易黏手 (3)使麵糰易於保住二氧化碳 (4)使氣體均勻分佈。

104.（4）調整配方時，下列何者材料不會使麵包麵糰較軟 (1)水 (2)糖 (3)油 (4)麵粉。

105.（1）調整甜麵包配方時，若增加蛋的使用量，得酌量減少原配方的 (1)水 (2)糖 (3)油 (4)麵粉。

106.（1）法國麵包（硬式麵包）之烤焙溫度常以 (1)230℃ (2)200℃ (3)170℃ (4)150℃。

107.（2）800公克的帶蓋吐司在正常的狀態下，給予200℃烤溫，烤焙所需時間為 (1)15～20分鐘 (2)35～40分鐘 (3)55～60分鐘 (4)1小時以上。

108.（4）下列那一種麵包，烤焙時間最短 (1)800公克的帶蓋吐司 (2)450公克的圓頂葡萄乾吐司 (3)350公克的法國麵包 (4)90公克包餡的甜麵包。

109.（3）下列那一種麵包必須使用蒸氣烤爐 (1)甜麵包 (2)丹麥麵包 (3)硬式麵包 (4)葡萄乾麵包。

110.（1）圓烤盤其直徑為22公分、高5公分其容積為 (1)1899.7立方公分 (2)1997.7立方公分 (3)7598.8立方公分 (4)110立方公分。

111.（2）長方型烤盤，其長為30公分、寬為22公分、高為5公分，其容積為 (1)3300平方公分

(2)3300立方公分 (3)660平方公分 (4)660立方公分。

112.(2)低成分重奶油蛋糕，採用何種攪拌方法為宜 (1)麵粉、油脂拌合法 (2)糖、油拌合法 (3)兩步拌合法 (4)糖水拌合法。

113.(4)何種攪拌方法能節省人工和縮短攪拌時間 (1)糖油拌合法 (2)麵粉油脂拌合法 (3)糖水拌合法 (4)直接法。

114.(3)麵糊類蛋糕的麵糊溫度應該是 (1)10℃ (2)15℃ (3)22℃ (4)30℃ 在這個溫度的麵糊所烤出來的蛋糕，體積最大，內部組織細膩。

115.(4)下列何種蛋糕在烘焙時不可擦防黏油脂 (1)海綿蛋糕 (2)重奶油蛋糕 (3)輕奶油蛋糕 (4)天使蛋糕。

116.(1)理想的海綿蛋糕麵糊比重為 (1)0.46 (2)0.56 (3)0.66 (4)0.76 左右。

117.(3)利用糖油拌合法製作丹麥小西餅(Danish cookie)，材料中的麵粉應在最後加入，輕輕拌勻，其主要的原因為：(1)容易吸收水分 (2)好控制麵粉量 (3)避免攪拌出筋 (4)防止破壞打發的氣泡。

118.(4)菠蘿甜麵包整形後，通常置於室內(或烤箱邊)，而不送入最後發酵箱其原因為 (1)不需最後發酵 (2)需較高濕度發酵 (3)需較高溫度發酵 (4)避免高濕高溫的發酵使菠蘿皮融解而化開。

119.(1)50～100公克左右的甜麵包，其烤焙應 (1)上火為主，下火為輔 (2)只用上火 (3)下火為主，上火為輔 (4)只用下火。

120.(2)以糖油拌合法攪拌丹麥小西餅，在糖油部份打發過度，其產品組織較 (1)硬 (2)糙 (3)細膩 (4)沒影響。

121.(2)戚風蛋糕在攪拌蛋白與糖時，如果攪拌不足易造成產品 (1)組織較軟 (2)拌入其他材料時易消泡 (3)體積較大 (4)不影響蛋糕品質。

122.(2)可以減少海綿蛋糕出爐時收縮的程度為 (1)選用麵筋較強的麵粉 (2)烤爐時間避免過久 (3)烤盤擦油 (4)減少配方中的用油量。

123.(4)添加下列那一項材料不會增加蛋糕的柔軟度 (1)糖 (2)油 (3)蛋黃 (4)麵粉。

124.(1)一般麵糊類蛋糕烤熟與否的判斷方法 (1)以探針試探或以手輕拍 (2)以顏色判斷即可 (3)時間一到即可出爐 (4)敲烤盤邊聽聲音判斷。

125.(3)切割蛋糕用的刀子 (1)洗淨使用 (2)以布擦拭後使用 (3)浸在沸水中燙一次，切一次 (4)在沸水中燙一次用布擦一下使用 ，以上那一種方式既可防止細菌污染又可達到切面整齊的要求。

126.(4)煮製檸檬布丁餡時檸檬汁在 (1)與水一道加入 (2)與玉米澱粉拌勻加入 (3)糖水部份煮沸後加入 (4)待餡煮好後加入拌勻。

127.(3)製作丹麥麵包整形宜在 (1)近烤爐邊 (2)一般的工作間 (3)在溫度較低的場所 (4)與溫度無關，在那裡整形皆可。

128.(3)麵粉的pH值變小時，小西餅的體積 (1)不變 (2)變大 (3)變小 (4)變厚。

129.(1)餅乾用麵粉，若酸度偏高時，配方中應提高 (1)小蘇打 (2)水 (3)氧化劑 (4)油脂 的用量。

130.(1)蘇打餅乾成品的PH值比一般奶油小西餅為 (1)高 (2)相同 (3)低 (4)測不出來。

131.(4)下列那種因素不會影響麵包攪拌時間 (1)攪拌速度不同 (2)配方不同 (3)攪拌機型式不同 (4)攪拌人員不同。

132.（1）正常情況下，甜麵包麵糰之攪拌時間，應比白吐司麵包 (1)長 (2)短 (3)一樣 (4)不受限制。

133.（3）麵糰整型時，如經過兩道滾輪之整型機，正常第一道滾輪與第二道滾輪之間隙比為 (1)6:1 (2)4:1 (3)2:1 (4)1:1。

134.（4）下列那一項因素不會影響麵包之基本發酵時間 (1)酵母量 (2)鹽 (3)麵糰溫度 (4)容器。

135.（4）下列何者不是影響烘焙食品烤焙條件設定之因素 （1）產品種類 （2）產品大小（3）烤爐種類（1）烤焙人員。

136.（1）製作組織鬆軟體積較大的奶油蛋糕通常採用 (1)糖油拌合法 (2)麵粉油脂拌合法 (3)直接拌合法 (4)糖水拌合法。

137.（4）以攪拌機攪拌麵糊類蛋糕，下列那一項操作較為正確 (1)自始至終一貫快速拌成 (2)隨時提升攪拌缸以利拌勻 (3)忽快忽慢促進麵筋形成 (4)先用慢速拌和材料，再以快速攪拌，中途停機刮勻缸底麵糊後再繼續攪拌。

138.（2）為促進蛋白的起泡性並改善蛋糕的風味可在配方中酌加 (1)麩胺酸鈉 (2)檸檬汁 (3)酒精 (4)亞硝酸鉀。

139.（3）油炸道納司油脂宜選用 (1)沙拉油 (2)豬油 (3)油炸油 (4)奶油。

140.（1）製作泡芙（奶油空心餅）時常添加之化學膨大劑為 (1)碳酸氫銨（阿摩尼亞） (2)小蘇打 (3)發粉 (4)酵母。

141.（3）鬆餅烤焙時烤爐宜選用 (1)熱風爐 (2)普通爐 (3)蒸氣爐 (4)隧道爐。

142.（2）派皮堅韌不酥的原因為 (1)派餡裝盤時太熱 (2)麵糰拌合太久 (3)烘烤時間不夠 (4)油脂用量太多。

143.（1）派餡中牛奶布丁過於堅韌其原因為 (1)烘烤時間太久 (2)派皮太厚 (3)熱煮膠凝程度不夠 (4)派餡溫度太低。

144.（1）以直接法製作鹹餅乾，麵糰發酵的溫度以下列何者為宜 (1)32℃ (2)42℃ (3)52℃ (4)62℃。

145.（3）麵包製作時翻麵的目的，以下何者為非？ (1)平均溫度 (2)促進發酵 (3)抑制發酵 (4)促進氣體保留。

146.（2）麵包直接法配方中，已知水用量為360g，理想水溫為5℃，自來水溫為20℃，該日室溫為28℃，冰用量為 (1)40g (2)54g (3)80g (4)100g

147.（2）製作蛋糕使用未經鹼處理過的可可粉時，應以部份小蘇打代替發粉，其用量為可可粉用量之 (1)2% (2)7% (3)10% (4)15%。

148.（1）一般蒸烤牛奶布丁，所選用之凝凍材料為 (1)雞蛋 (2)吉利丁 (3)玉米粉 (4)麵粉。

149.（2）烤焙不帶蓋吐司若烤焙時間相同，烤爐溫度太高會造成 (1)體積大 (2)表皮顏色深 (3)烘焙損耗小 (4)表皮顏色淺。

150.（3）烤焙甜麵包時，若烤焙時間相同烤爐溫度太低會造成 (1)體積不變 (2)底部顏色深 (3)表皮顏色淺 (4)組織細緻。

151.（3）攪拌中種麵糰時為控制理想溫度為25℃，下列何者為宜？ (1)攪拌時間延長 (2)水溫提高 (3)依室溫及攪拌設備，控制材料溫度及攪拌時間 (4)用高速攪拌。

152.（3）製作天使蛋糕擬降低蛋白之韌性可增加 (1)蛋白量 (2)麵粉量 (3)糖量 (4)鹽量。

153.（4）為改善麵粉中澱粉之膠體性質及改良麵包之內部組織，一般可加入？ (1)纖維分解酵素 (2)脂肪分解酵素 (3)蛋白質分解酵素 (4)液化酵素。

154.（1）一般攪拌好之麵糰pH值約為6.0發酵後之麵糰pH值會？ (1)下降 (2)上升 (3)不改變 (4)先上升再下降。

155.（4）下列何者，不是造成發酵後之麵糰pH值會下降的原因？ (1)麵糰內之乳酸菌，於發酵時產生乳酸 (2)麵糰內之醋酸菌，於發酵時產生醋酸 (3)硫酸氨改良劑經酵母代謝作用而產生硫酸 (4)麵糰中加乳化劑。

156.（3）餅乾在連續式隧道爐烤焙，若將烤爐分成四區時，餅體組織的固定是在？ (1)第一區 (2)第二區 (3)第三區 (4)第四區。

157.（1）餅乾麵糰在烤焙過程中，物性改變且遞減的是？ (1)水分 (2)顏色 (3)厚度 (4)膨脹度。

158.（2）餅乾麵糰在壓延成型時，打孔洞的原因，下列何者敘述錯誤？ (1)有表面裝飾之作用 (2)減少原料用量、降低成本 (3)切斷麵糰筋性、防止緊縮作用 (4)水分變成水蒸氣，有孔洞時可保持較均勻的膨脹度。

159.（2）解決硬質餅乾或蘇打餅乾在成型時麵片收縮的方法為？ (1)表面噴水 (2)麵片作打浪狀 (3)撒麵粉 (4)重新混合製作。

160.（2）製造調味餅乾在表面加入調味粉最適當之時機為？ (1)餅片成型後、入烤爐前 (2)出烤爐噴油後 (3)在烤焙時 (4)進包裝機前。

161.（1）下列何種產品的生麵片經成型、烤焙後的收縮率最大？ (1)蘇打餅乾 (2)瑪莉餅乾 (3)冰箱小西餅 (4)乳沫類小西餅。

162.（2）下列何種產品在攪拌過程中，麵糰的溫度最高？ (1)蘇打餅乾 (2)瑪莉餅乾 (3)冰箱小西餅 (4)乳沫類小西餅。

163.（3）烤焙巧克力小西餅時，判斷烤熟程度之最佳之方式為？ (1)依烤焙時間決定 (2)依顏色判斷 (3)依烤焙時間及用手觸摸 (4)依產品冒煙程度判斷。

164.（4）製造小西餅麵糰較為乾硬時，成品的質地是？ (1)酥鬆 (2)鬆軟 (3)酥脆 (4)硬脆。

165.（3）造成小西餅裂痕特性的原料是？ (1)葡萄糖漿 (2)糖粉 (3)砂糖 (4)焦糖。

07700烘焙食品 丙級 工作項目04：品質鑑定

1. （3）煮牛奶布丁餡產生結粒原因為 (1)爐火太大 (2)爐火太小 (3)粉與水拌不均勻 (4)粉類太少。
2. （2）製作海綿類小西餅會影響體積的原因為 (1)低溫長時間烤焙 (2)麵糊放置時間 (3)高溫長時間烤焙 (4)麵粉的選用。
3. （3）酵母道納司品嚐時有酸味原因之一為 (1)基本發酵不足 (2)中間鬆弛不足 (3)最後發酵太久 (4)油溫太低。
4. （2）冰箱小西餅切割時易碎裂原因為 (1)冷藏時間不足，麵糰太軟 (2)冷藏時間太久、麵糰太硬 (3)配方內蛋量太多 (4)攪拌時間過久。
5. （3）烤焙出爐後的戚風蛋糕，隨即發生表面收縮係因 (1)麵粉筋度太低 (2)麵糊攪拌不足 (3)烤焙不足 (4)塔塔粉用量不足。
6. （2）組織鬆軟細緻之蛋糕，經放置一段時間變成質地粗糙、品質低劣係因 (1)澱粉α化 (2)澱粉β化 (3)蛋糕熟成化 (4)酵素自家分解作用。
7. （4）麵糊類蛋糕體積小、組織堅實、邊緣低垂、中央隆起係因 (1)攪拌過度 (2)攪拌不足 (3)爐溫太高 (4)發粉用量不足。
8. （3）攪拌後之戚風蛋糕麵糊應為濃稠狀，若呈稀薄且表面多氣泡狀係因 (1)麵粉筋性太強 (2)蛋溫太低 (3)麵糊混合過久 (4)攪拌不足。

9. （１）蛋糕在烤焙中下陷的原因係 (1)配方總水量不足 (2)爐溫太高 (3)攪拌不足 (4)蛋不新鮮。
10.（１）評定餐包的表皮性質是 (1)薄而軟 (2)厚而硬 (3)有斑紋 (4)可吃就好。
11.（４）裹油麵包烤焙出爐，組織類似甜麵包而無層次，可能不是下列那個原因 (1)忘記裹入油 (2)摺疊次數太多 (3)操作室溫太高，裹入油已融化 (4)忘記加鹽。
12.（３）烤焙麵包，爐溫太高，烤焙時間不足，會產生下列那種情況？ (1)好吃不黏牙 (2)外表光滑漂亮 (3)外表皺縮且黏牙 (4)表皮很厚。
13.（４）下列那一項和產品品質鑑定無關 (1)表皮顏色 (2)體積 (3)組織 (4)價格。
14.（２）小西餅配方中，細糖用量愈多，則其組織口感在官能品評上 (1)愈軟 (2)愈硬 (3)不影響 (4)愈鬆。
15.（１）軟小西餅（Soft Cookies），在感官品評（Sensory Evaluation）上其組織、口感宜 (1)鬆軟 (2)脆酥 (3)硬脆 (4)酥硬。
16.（２）評定白麵包的風味應具有 (1)奶油香味 (2)自然發酵的麥香味 (3)具有清淡的香草香味 (4)含有淡淡焦糖味。
17.（４）主食白麵包內部評分佔總分的 (1)40％ (2)50％ (3)60％ (4)70％。
18.（１）蛋糕表面有白色斑點是因為 (1)糖的顆粒太粗 (2)糖的顆粒太細 (3)蛋的用量太多 (4)發粉用量不足。
19.（１）奶油空心餅外殼太厚是因為 (1)蛋的用量太多 (2)蛋的用量不足 (3)麵糊溫度太高 (4)麵糊溫度太低。
20.（３）蛋糕配方中，如韌性原料太多，出爐後的蛋糕外表 (1)較正常色深 (2)表皮厚易脫落 (3)較正常色淺 (4)與正常相似。
21.（２）吐司麵包的表皮性質應該是 (1)厚而堅韌 (2)薄而柔軟 (3)呈褐色 (4)呈黃色。
22.（２）水果蛋糕水果下沉的原因 (1)發粉用量不足 (2)麵粉筋度太低 (3)麵粉筋度太高 (4)總水量不足。
23.（２）蛋糕切開後底部有水線係因配方中 (1)水量少 (2)水量多 (3)發粉多 (4)蛋量少。
24.（３）出爐冷卻之瑪琍餅乾，如表面發生裂痕可能是下列原因 (1)麵糰攪拌時溫度太低 (2)配方內水份太多 (3)配方中糖和油等柔性原料不夠 (4)爐溫太低。
25.（１）蛋糕在烤焙過程中下陷是因為 (1)配方中總水量不足 (2)總水量太多 (3)麵粉筋高太高 (4)烤火爐溫度太高。
26.（１）評鑑法國麵包的品質應 (1)表皮脆而內部柔軟 (2)表皮脆而內部硬 (3)表皮內部都要硬 (4)表皮脆內部細膩如吐司。
27.（４）吐司麵包的表面顏色太淺可能是 (1)材料的糖量過多 (2)烤爐溫度太高 (3)烤焙時間太久 (4)基本發酵過久。
28.（１）麵包的體積太小，可能是 (1)鹽太多 (2)酵母多 (3)糖太多 (4)油太少。
29.（２）小西餅配方中，何種材料量越多，其組織越脆硬 (1)油 (2)糖 (3)蛋 (4)奶粉。
30.（３）煮好的布丁冷卻後，易於龜裂是由於 (1)糖量太多 (2)糖量太少 (3)膠凍原料用量太多 (4)水分太少。
31.（２）麵包基本發酵過久其表皮的性質 (1)韌性大 (2)易脆裂呈片狀 (3)堅硬 (4)薄而軟。
32.（１）烘焙產品底部有黑色斑點原因是 (1)烤盤不乾淨 (2)配方內的糖太少 (3)烤爐溫度不均勻 (4)烤盤擦油太多。
33.（１）評定吐司麵包的口感應 (1)稍具鹹味 (2)稍有甜味 (3)應有濃馥的奶油味 (4)有牛奶和蛋的味

道。

34.（３）雙皮水果派切開時派餡部份應 (1)堅硬挺立不外流 (2)果餡應向四周流散 (3)果餡似流而不流 (4)應為凍狀。

35.（１）判斷麵包結構好壞應採用 (1)手指觸摸法 (2)觀察法 (3)嚐食法 (4)嗅覺法。

36.（１）水果蛋糕配方正常，但切片時容易碎裂，其原因為 (1)烘焙時爐溫太低 (2)爐溫太高 (3)麵糊攪拌不足 (4)麵糊攪拌不勻。

37.（２）葡萄乾麵包切片時，葡萄乾易從麵包內掉落的原因是 (1)麵糰太乾 (2)葡萄乾未做浸水處理 (3)配方內葡萄乾用量太少 (4)葡萄乾浸水太久。

38.（３）法國麵包的風味是由於 (1)配方內添加香料 (2)添加適當的改良劑 (3)自然發酵的效果 (4)配方內不含糖的關係。

39.（２）脆硬性砂糖小西餅表面無龜裂痕狀是由於 (1)糖的顆粒太粗 (2)糖的顆粒太細 (3)麵糊攪拌不夠 (4)爐溫太低。

40.（１）丹麥麵包麵糰組織粗糙與下列那一項有關？ (1)發酵過度 (2)裹入油太多 (3)麵糰攪拌後未予鬆弛 (4)配方中採用冰水。

41.（１）戚風蛋糕出爐後收縮最可能的原因為 (1)配方內水份太多 (2)烤爐溫度太低 (3)使用低筋麵粉 (4)麵糊攪拌過久。

42.（４）海綿蛋糕成品表皮太厚與下列那一項無關？ (1)低溫長時間烤焙 (2)配方內糖的含量較多 (3)爐溫太高 (4)烤焙時間太短。

43.（４）天使蛋糕顏色潔白、組織細膩乃因配方中添加了 (1)小蘇打 (2)發粉 (3)碳酸氫銨 (4)塔塔粉所致。

44.（２）戚風蛋糕出爐後底部有凹入的現象為 (1)麵粉採用低筋粉 (2)底火太強 (3)適當使用發粉 (4)麵糊攪拌均勻。

45.（３）帶蓋吐司烤焙出爐，發現有銳角（俗稱出角）情況，可能是下列那個原因 (1)入爐時麵糰高度不夠高 (2)烤焙溫度太高 (3)最後發酵時間太久 (4)基本發酵不夠。

46.（３）製作麵包時，若鹽量錯放為原來兩倍，麵糰經正常基本發酵後，其高度產生下列那種情形 (1)一樣高 (2)比較高 (3)比較低 (4)表面會有裂痕。

47.（１）蛋白不易打發的原因繁多，下列何者並非其因素 (1)高速攪拌 (2)蛋溫太低 (3)使用陳舊蛋 (4)容器沾油。

48.（３）布丁蛋糕呈頂部高隆、中央部份裂開、四週收縮表示製作中 (1)烤焙時間太久 (2)攪拌不足 (3)爐溫太高 (4)配方水分過多。

49.（４）煙捲小西餅品嚐時不應具有下列何者 (1)奶油香 (2)鬆脆之口感 (3)金黃色 (4)柔軟。

50.（３）餅乾產品經烘焙完成、冷卻階段後，下列何者不是產品表面產生龜裂現象的原因？(1)烘焙不足、水分分佈不平均 (2)烘焙時間不足 (3)產品表面噴油 (4)產品急速冷卻。

０７７００烘焙食品 丙級 工作項目０５ ： 烘品食品之包裝

1.（３）殺菌軟袋(Retort Pouch) 最好的包裝材料是（１）玻璃紙（２）聚丙烯(PP)（３）鋁箔積層（４）尼龍積層。

2.（１）包裝容器為承受內外壓力須有 (1)充分之強度 (2)充分之美觀 (3)愈大愈好 (4)愈小愈好。

3.（４）食品包裝標示下列何者為誤 (1)製造廠商名稱 (2)製造日期 (3)有效期限 (4)療效。

4.（4）要久存的食品要選用 (1)牛皮紙 (2)聚乙烯（PE） (3)聚丙烯（PP） (4)鋁箔膠膜積層。

5.（4）蛋糕在包裝時為延長保存時間常使用 (1)防腐劑 (2)抗氧化劑 (3)乾燥劑 (4)脫氧劑。

6.（4）下列何者不是麵包包裝的最主要目的 (1)保持新鮮 (2)防止老化 (3)提高商品價值 (4)增加重量。

7.（1）容易熱封，但難直接印刷的材質是 (1)PE（聚乙烯） (2)PP（聚丙烯） (3)鋁箔 (4)紙。

8.（4）具有很好的遮光性及防水功能的包裝材料是 (1)PP（聚丙烯） (2)PE（聚乙烯） (3)鋁箔 (4)鋁箔＋PE（聚乙烯）。

9.（3）食品包裝對廠商與消費者何者有利？ (1)廠商有利 (2)消費者有利 (3)兩者均受益 (4)兩者均無利。

10.（4）餅乾最好的包裝材料是 (1)聚乙烯（PE） (2)臘紙 (3)玻璃紙 (4)鋁箔膠模積層。

11.（3）冰淇淋，鮮奶油蛋糕適用的包裝材料 (1)金屬容器 (2)紙製品 (3)泡沫塑膠 (4)玻璃容器。

12.（3）容易熱封，耐低溫的包裝材料是 (1)保麗龍 (2)牛皮紙 (3)聚乙烯（PE） (4)玻璃紙。

13.（3）最適合於保溫的包裝材料是 (1)紙製品 (2)鋁箔 (3)泡沫塑膠 (4)玻璃製品。

14.（2）鋁箔膠模積層是很好的包裝材料，因為其 (1)熱封性良好 (2)透濕度低 (3)美觀 (4)便宜。

15.（3）不能以微波烤箱加熱的包裝材料是 (1)紙製品 (2)玻璃容器 (3)鋁箔 (4)聚丙烯（PP）。

16.（3）有關蛋糕之充氮包裝，以下敘述何者為非 (1)可防止油脂酸敗 (2)可抑制黴菌生長 (3)應使用中密度PE材料 (4)可防止產品變色。

17.（4）下述包裝材料，何者之香氣保存性最佳 (1)高密度聚乙烯（HDPE） (2)聚丙烯（PP） (3)玻璃紙 (4)鋁箔積層。

18.（1）避免空氣對食品品質劣變之影響，最好使用（1）真空包裝（2）牛皮紙包裝（3）拉鏈袋包裝（4）玻璃容器。

19.（1）以下敘述，何者為正確：(1)尼龍積層可用於蒸煮食品時使用 (2)低密度PE（聚乙烯）遇低溫會變脆 (3)PVC（聚氯乙烯）易於燃燒，並有極佳之抗油 (4)泡沫塑膠保濕效果差。

20.（2）下列包裝材料何者適合麵包高速包裝機使用：(1)PE（聚乙烯） (2)PP（聚丙烯） (3)PET（聚酯） (4)PVC（聚氯乙烯）。

21.（3）下列包裝材料何者耐溫範圍最大 (1)HDPE（高密度聚乙烯） (2)PP（聚丙烯） (3)PET（聚酯） (4)PS（聚苯乙烯）。

22.（2）下列包裝材料何者最適合包高油產品 (1)紙盒 (2)鋁箔積層 (3)PVC（聚氯乙烯） (4)PET。（聚酯）

23.（1）下列何者容易熱 (1)PE（聚乙烯） (2)PET（聚酯） (3)鋁箔 (4)臘紙。

24.（2）下列何者撕裂強度範圍最大 (1)紙 (2)PVC (3)鋁箔 (4)PP。

25.（4）食品包裝材料的必備特性，何者為非 (1)衛生性 (2)作業性 (3)便利性 (4)高貴性。

26.（4）印刷性最佳之包裝材料為 (1)鋁箔 (2)PVC（聚氯乙烯） (3)保麗龍 (4)PET（聚酯）。

27.（1）在包裝上使用很廣的材質是 (1)聚乙烯 (2)聚丙烯 (3)聚丁烯 (4)聚苯乙烯。

28.（3）冰品、生日蛋糕使用很廣的包裝材料保麗龍是 (1)發泡PE (2)發泡PVC (3)發泡PS (4)發泡PB。

29.（4）下列數種包裝材料燃燒時最易產生濃煙是 (1)聚乙烯（PE） (2)聚氯乙烯（PVC） (3)聚丙烯（PP） (4)聚苯乙烯（PS）。

30.（４）PS（Poly Styrene）是 (1)聚乙烯（PE） (2)聚丙烯（PP） (3)聚丁烯（PB） (4)聚苯乙烯（PS）。

31.（３）食品包裝紙印刷油墨的溶劑常採用 (1)雙氧水 (2)乙醇 (3)甲苯 (4)汽油。

32.（４）一般認為最不易造成公害的包裝材料是 (1)聚乙烯（PE） (2)聚苯乙烯（PS） (3)聚氯乙烯（PVC） (4)紙。

33.（２）塑膠包裝材料常有毒性，這毒 通常是來自 (1)塑膠本身 (2)添加劑、顏料 (3)製程 (4)變性。

34.（４）透濕性最低的包裝材料是 (1)紙 (2)牛皮紙 (3)臘紙 (4)聚乙烯（PE）。

35.（１）以乾燥劑保存食品時，其採用的包裝材料要求較低的 (1)透濕性 (2)透氣性 (3)透明性 (4)透光性 。

36.（１）避免空氣對食品品質劣變之影響，最好使用 (1)真空包裝 (2)紙盒包裝 (3)木箱包裝 (4)塑膠盒包裝。

37.（４）下列包裝材料何者耐熱性最佳 (1)PE（聚乙烯） (2)PP（聚丙烯） (3)PET（聚酯） (4)鋁箔。

０７７００烘焙食品 丙級 工作項目 ０６ ： 食品之貯存

1. （３）下列原料何者不宜保存在常溫乾燥區（20℃，65%RH）（１）麵粉（２）砂糖（３）奶油（４）巧克力。

2. （４）提高食品保存性之原理何者為誤 (1)酸度提高 (2)滲透壓增高 (3)水分降低 (4)酸度降低。

3. （３）食品貯存時溫度會影響品質所以 (1)應保存在50℃以上高溫 (2)應保存在37℃之溫度 (3)應低溫保存 (4)不必考慮溫度變化。

4. （２）生鮮奇異果應 (1)放在地上 (2)低溫冷藏 (3)曝晒在太陽下 (4)冷凍貯存。

5. （２）雞蛋布丁餡 (1)煮時應加多量防腐劑 (2)煮好應冷藏貯存 (3)煮好應保持在50℃以上 (4)加工時用手抓。

6. （２）香蕉貯存最合適之溫度為 (1)-5℃～0℃ (2)10℃～15℃ (3)20℃～30℃ (4)30℃以上。

7. （２）木瓜貯存最合適之溫度為 (1)-5℃～0℃ (2)7℃～10℃ (3)30℃～35℃ (4)35℃。

8. （３）奶粉及蛋白粉乾燥脫水方式可用 (1)箱式乾燥法 (2)鼓式乾燥法 (3)噴霧乾燥法 (4)隧道乾燥法。

9. （１）焦糖液保存溫度（１）0～5℃（２）6～10℃（３）11～15℃（４）16～20℃ 為宜。

10.（２）下列何種加工方法可保存最完整之營養成分 (1)煮沸殺菌 (2)冷凍乾燥 (3)高壓滅菌 (4)煙燻。

11.（２）酸性食品與低酸性食品之PH界限為 (1)3.6 (2)4.6 (3)5.6 (4)6.6。

12.（２）低酸性食品之PH值應 (1)小於4.6 (2)大於4.6 (3)大於6.0 (4)大於7.0。

13.（４）肉類貯存最合適之相對濕度為 (1)50～60% (2)60～70% (3)70～80% (4)80～90%。

14.（４）出爐後的蛋糕須冷卻至 (1)60℃ (2)50℃ (3)40℃ (4)30℃ 以下才可包裝。

15.（２）貯存麵粉的溫度最好是 (1)10～16% (2)18～24% (3)26～30% (4)32～34%。

16.（１）香辛料之芳香成分，易於揮發及氧化變質，因此選購香辛料時最好不超過 (1)3個月 (2)6個月 (3)1年 (4)2年 以上。

17.（２）鮮奶品易遭受細菌污染，須經常置於 (1)0℃以下 (2)1～5℃ (3)15～20℃ (4)25℃以上。

18.（１）食品之冷藏，必須保存在 (1)7℃以下 (2)10℃以下 (3)25℃以下 (4)沒有規定。

19.（１）無論那一種新鮮奶油，均須隨時存放於 (1)1～5℃ (2)10～20℃ (3)21～30℃ (4)31～40℃的冰箱。

20.（４）食品之熱藏，溫度至少應保持在 (1)40℃ (2)45℃ (3)50℃ (4)65℃。

21.（１）麵粉應貯藏於 (1)陰涼乾燥 (2)陰涼潮濕 (3)高溫多濕 (4)陽光直射 之處。

22.（３）全胚芽如長時間的貯藏 (1)蛋白質 (2)維生素 (3)游離脂肪酸 (4)礦物質 的含量會增加。

23.（１）烘焙食品貯藏條件應選擇 (1)陰冷、乾燥 (2)高溫、陽光直射 (3)陰冷、潮濕 (4)高溫、潮濕的地方。

24.（１）發粉應貯放於 (1)陰涼乾燥 (2)陰涼潮濕 (3)高溫多濕 (4)低溫潮濕的地方。

25.（１）蛋糕容易發黴，常常由於 (1)出爐後長時間放置於高溫、高濕之環境中 (2)烤焙時間長 (3)蛋糕油脂含量太高 (4)蛋糕糖份含量太高。

26.（１）下列奶製品最具貯藏性的是 (1)奶粉 (2)鮮奶 (3)奶水 (4)冰淇淋。

27.（３）未開封的乾酵母（即發酵母）貯存於21℃（70℉）可以保存 (1)3個月 (2)6個月 (3)2年 (4)永久。

28.（１）下列何項可促進黴菌繁殖生長 (1)水分高 (2)水分低 (3)蛋白質高 (4)油脂含量高。

29.（３）麵粉貯藏之理想濕度為 (1)10～20% (2)30～40% (3)55～65% (4)90～100%。

30.（２）新鮮雞蛋買來後最好放置於 (1)室溫 (2)冰箱 (3)冷凍庫 (4)不必注意。

31.（２）一般沙拉油放置一段時間，會 (1)長黴菌 (2)酸敗 (3)發酵 (4)結晶。

32.（４）下列何者無法延長烘焙食品之保存期間 (1)加防腐劑 (2)適當包裝 (3)注意保存條件(4)加熱處理。

33.（１）冷凍蛋解凍後最好 (1)1天內用完 (2)3天用完 (3)1週用完 (4)1個月用完。

34.（２）烘焙食品超過保存期限應 (1)回收再利用 (2)丟棄 (3)減價出售 (4)贈送客戶才正確。

35.（１）食品之儲存應考慮 (1)分門別類 (2)全部集中 (3)考慮方便性即可 (4)隨心所欲。

36.（２）冰淇淋蛋糕一定要 (1)冷藏 (2)冷凍 (3)常溫 (4)10℃ 保存。

37.（２）麵包放置一段時間後會變硬是因為 (1)蛋白質老化 (2)澱粉老化 (3)油脂老化 (4)維也命老化之關係。

38.（４）冷凍食品之保存溫度為 (1)0℃ (2)4℃ (3)-5℃ (4)-18℃ 以下。

39.（４）下列何種材料無法用以延緩麵包老化 (1)乳化劑 (2)糖 (3)油脂 (4)膨大劑。

40.（４）下列何種原因不會造成麵包產品貯藏性不良 (1)包裝不良 (2)冷卻不足即包裝 (3)衛生條件差 (4)奶粉太多。

41.（４）食品原料僅當做加工前之原料而已，故保存時 (1)不必考慮保存條件 (2)隨地存放 (3)一律在冷凍庫 (4)依其性質分開保存。

42.（３）為避免蛋糕容易生霉，出爐後應 (1)隨便放置 (2)放在熱而潮濕的地方 (3)放在乾燥陰涼處 (4)與舊產品放在一起。

43.（３）冷藏食品溫度要保持在 (1)0℃以下 (2)15℃以下 (3)7℃以下 (4)-4℃以下。

44.（２）使用食品添加物時應 (1)與其他原料並列貯存 (2)分開貯存，並由專人管理 (3)不必特別注意 (4)一律放在冰箱中。

45.（４）調理麵包使用之蔬菜應洗滌、殺菁後才使用。下列各項何者為正確 (1)處理過之蔬菜可置於常溫下慢慢使用 (2)使用後之剩餘蔬菜不須冷藏，隔天再使用 (3)調理麵包加工時可不戴衛生手套，不必消毒 (4)應盡速使用完畢。

46.（１）下列何者應貯存於7℃以下冷藏櫃販售 (1)布丁派 (2)海綿蛋糕 (3)椰子餅乾 (4)葡萄吐司。

47.（３）新鮮酵母最適當之貯存溫度為範圍 (1)-20℃ (2)-10℃～-5℃ (3)1～10℃ (4)20℃以上。

48.（４）液體蛋是很方便之烘焙材料，下列敘述何者為不正確 (1)液體蛋應冷藏以防變質 (2)液體蛋變質時初期PH值會升高 (3)液體蛋可加糖冷凍保存 (4)液體蛋可以常溫保存。

49.（２）下列何種油脂貯存於較高溫（如35℃）易變質 (1)氫化棕櫚油 (2)自製豬油 (3)氫化豬油 (4)椰子油。

50.（３）巧克力應貯存於 (1)高濕度之場所 (2)高溫日照之地區 (3)低溫乾燥之場所 (4)隨處均可放置。

51.（２）下列敘述何者不正確(1)食品包裝標示應合乎法律規定(2)內包裝印刷愈漂亮愈好，所以油墨種類要多 (3)包材選擇要適合產品特色，不可一成不變 (4)包材選擇亦應考慮環保因素。

52.（３）製作布丁餡其貯存時考慮之因素不包含？（1）水份含量（2）澱粉的老化（3）pH值（4）未變性蛋白質的存在。

53.(4) 有關麵粉之貯藏，下列何者有誤？ (1)貯藏之場所必須乾淨，良好之通風設備 (2)溫度在18～24℃ (3)相對濕度在55%～65% (4)麵粉靠近牆壁放置。

54.（３）雞蛋及其相關產品所引起的食物中毒，是由下列何種菌造成？ (1)金黃色葡萄球菌 (2)大腸桿菌 (3)沙門氏桿菌 (4)肉毒桿菌。

55.(4) 蛋經貯藏後蛋白會釋出二氧化碳，使其pH值升高至？ (1)6～6.5 (2)7～7.5 (3)8～8.5 (4)9～9.5，會使蛋白的黏度減少，降低起泡性。

90002 食品類共同科目 丙級 工作項目01：食品概論

1. （２）澱粉回凝(老化)變硬的最適溫度是（1）25℃（2）5℃（3）-18℃（4）-30℃ 。

2. （２）植物中含蛋白質最豐富的是（1）穀類（2）豆類（3）蔬菜類（4）薯類。

3. （３）牛奶製成奶粉最常用（1）熱風乾燥（2）冷凍乾燥（3）噴霧乾燥（4）滾筒乾燥。

4. （３）麵筋是利用麵粉中的何種成份製成的？（1）澱粉（2）油脂（3）蛋白質（4）水分。

5. （２）屬於全發酵茶的是（1）綠茶（2）紅茶（3）包種茶（4）烏龍茶。

6. （２）食鹽的主成分為 (1)氯化鉀 (2)氯化鈉 (3)氯化鈣 (4)碘酸鹽。

7. （４）鮑魚菇屬於 (1)水產食品原料 (2)香辛料 (3)嗜好性飲料原料 (4)植物性食品原料。

8. （３）利用低溫來貯藏食品的方法是 (1)濃縮 (2)乾燥 (3)冷凍 (4)混合。

9. （２）味精顯出的味道是 (1)酸味 (2)鮮味 (3)鹹味 (4)甜味。

10.（３）砂糖溶液之黏度隨著濃度之增高而 (1)降低 (2)不變 (3)提高 (4)不一定。

11.（１）隨畜體部位之不同，所得畜肉之軟硬程度亦各異，其中最軟的部份為 (1)腰部肉 (2)腹部肉 (3)腿部肉 (4)頸部肉。

12.（２）食用大豆油應為 (1)黃褐色透明狀 (2)無色或金黃色透明狀 (3)綠色不透明狀 (4)黃褐色半透明狀。

13.（４）葵花籽油是取自於向日葵的 (1)花 (2)根 (3)莖 (4)種子。

14.（２）豆腐凝固是利用大豆中的 (1)脂肪 (2)蛋白質 (3)醣類 (4)維生素 凝固而成。

15.（１）自然乾燥法的優點為 (1)操作簡單，費用低 (2)所需時間短 (3)食品鮮度能保持良好，品質不會劣化 (4)不會受到天候的影響。

16.（２）冷凍完成後之食品凍藏時，必須保持食品中心溫度於 (1)-5℃ (2)-18℃ (3)-50℃ (4)-100℃以下。

17.（１）食醋、豆腐乳是 (1)發酵食品 (2)冷凍食品 (3)調理食品 (4)生鮮食品。
18.（３）食用油脂的貯藏應選擇何種場所 (1)高溫、陽光直射 (2)高溫、潮濕 (3)陰冷、乾燥 (4)高溫、乾燥的地方。
19.（４）食品加工使用最多的溶劑為 (1)酒精 (2)沙拉油 (3)牛油 (4)水。
20.（３）蛋白質水解會產生 (1)甘油 (2)葡萄糖 (3)胺基酸 (4)脂肪酸。
21.（４）砂糖一包，每次用2公斤，可用20天，如果每次改用5公斤，可用 (1)5天 (2)6天 (3)7天 (4)8天。
22.（２）速食麵每包材料費10.4元，售價40元，則其材料費用佔售價的 (1)25％ (2)26％ (3)27％ (4)28％。
23.（１）雞蛋1公斤40元，則雞蛋10磅的價錢為 (1)181元 (2)196元 (3)203元 (4)212元。
24.（１）能將葡萄糖轉變成酒精及二氧化碳的是 (1)酵母 (2)細菌 (3)黴菌 (4)變形蟲。
25.（２）麵糰經過發酵之後，其PH值比未發酵麵糰 (1)增加 (2)降低 (3)相同 (4)依醱酵室溫而定。
26.（４）下列何者不屬於天然甜味劑 (1)蔗糖 (2)玉米糖漿 (3)乳糖 (4)糖精。
27.（３）新鮮蛋放置一星期後 (1)蛋白黏稠度增加 (2)蛋殼變得粗糙 (3)蛋黃體積變大 (4)蛋PH值降低。
28.（４）下列何者營養素在加工過程中容易流失 (1)蛋白質 (2)醣類 (3)礦物質 (4)維生素。
29.（２）下列何者為常被加入食品中，當作乳化劑使用？（１）蒜頭（２）蛋黃（３）醬油（４）鹽。
30.（２）那一樣原料不屬於化學膨脹劑？（１）發粉（２）酵母（３）小蘇打（４）阿摩尼亞。
31.（３）添加何種物，以可維持煮過蔬菜之鮮綠色？（１）鹽（２）味精（３）小蘇打（４）食用油。
32.（２）1 卡的熱量為可使1 公克水升高（１）0.5℃ （２）1.0℃（３）1.5℃（４）2.0℃ 。
33.（４）純水之水活性為（１）0.2（２）0.5（３）0.7（４）1.0 。
34.（４）下列何種油脂，含有反式脂肪酸？（１）沙拉油（２）花生油（３）棕櫚油（４）氫化烤酥油。
35.（１）下列糖類純度相同時，何者甜度最高？（１）果糖（２）葡萄糖（３）蔗糖（４）麥芽糖。
36.（１）購買香腸應選擇（１）具優良肉品標誌之產品（２）肉攤加工者（３）不加硝之產品（４）價格較貴者。

９０００２食品類共同科目 丙級 工作項目０２：營養知識

1. （３）飲食中缺乏維生素C 易罹患（１）乾眼症（２）口角炎（３）壞血病（４）腳氣病。
2. （４）軟骨症是飲食中缺乏（１）維生素A（２）維生素B2 （３）維生素C（４）維生素D。
3. （２）下列何者是屬於水溶性維生素（１）維生素A（２）維生素B2 （３）維生素D（４）維生素E。
4. （１）我國衛生署規定包裝食品營養標示之基準得以何種單位來表示（１）每100公克（２）每100兩（３）每100磅（４）每1公斤。
5. （３）下列何者不是衛生署規定的營養標示所必須標示的營養素？（１）蛋白質（２）鈉（３）膽固醇（４）醣類。
6. （２）微波在食品上是利用於（１）離心（２）加熱（３）過濾（４）洗滌。
7. （４）下列那一種酵素可分解澱粉為（１）蛋白梅（２）脂肪梅（３）風味梅（４）澱粉梅。
8. （４）油脂1克可供給 (1)4大卡 (2)5大卡 (3)7大卡 (4)9大卡 的熱量。
9. （１）醣類1克可供給 (1)4大卡 (2)5大卡 (3)7大卡 (4)9大卡 的熱量。

10.（1）蛋白質1克可供給 (1)4大卡 (2)5大卡 (3)7大卡 (4)9大卡　的熱量。
11.（4）依營養素的分類法，食物可分成 (1)3大類 (2)4大類 (3)5大類 (4)6大類。
12.（1）以營養學的觀點，下列那一種食物的蛋白質品質最好 (1)肉 (2)麵粉 (3)米飯 (4)玉蜀黍。
13.（4）下列那一種食物，蛋白質含量較高 (1)蔗糖 (2)白米飯 (3)麵粉 (4)牛奶。
14.（4）下列那一種食物，不能做為醣類的來源 (1)麵粉 (2)米 (3)蔗糖 (4)牛肉。
15.（3）下列那一種油脂，含不飽和脂肪酸最豐富 (1)豬油 (2)牛油 (3)沙拉油 (4)椰子油。
16.（1）下列食品何者含膽固醇量較高 (1)蛋 (2)雞肉 (3)米 (4)麵粉。
17.（2）下列油脂何者含飽和脂肪酸較高 (1)沙拉油 (2)奶油 (3)花生油 (4)麻油。
18.（4）肉類中不含下列那一種營養素 (1)蛋白質 (2)脂質 (3)維生素B1 (4)維生素C。
19.（2）牛奶中不含下列那一種營養素 (1)維生素B2 (2)維生素C (3)蛋白質 (4)脂質。
20.（1）下列那一種食物含的維生素C最豐富 (1)草莓 (2)檸檬 (3)香蕉 (4)蘋果。
21.（2）糙米，除可提供醣類、蛋白質外，尚可提供 (1)維生素A (2)維生素B群 (3)維生素C (4)維生素D。
22.（4）下列何種油脂之膽固醇含量最高 (1)黃豆油 (2)花生油 (3)棕櫚油 (4)豬油。
23.（4）下列幾種麵粉產品，何者含有最高之纖維素 (1)粉心粉 (2)高筋粉 (3)低筋粉 (4)全麥麵粉。
24.（2）口角炎是飲食中缺乏 (1)維生素B1 (2)維生素B2 (3)維生素C (4)維生素A。
25.（3）精緻的飲食中主要缺乏 (1)礦物質 (2)維生素 (3)纖維素 (4)醣類。
26.（3）那一種不屬於營養添加劑的使用範圍 (1)維生素 (2)胺基酸 (3)香料 (4)無機鹽類。
27.（3）人體之必需胺基酸有 (1)5或6 (2)7 (3)8或9 (4)21 種。
28.（4）肉酥的製造過程中，如果加入高量的砂糖，會增加成品的 (1)蛋白質 (2)脂肪 (3)水分 (4)碳水化合物。
29.（1）米、麵粉及玉米內所含之穀類蛋白，缺乏 (1)離胺酸 (2)色胺酸 (3)白胺酸 (4)酪胺酸。

９０００２食品類共同科目 丙級 工作項目０３：食品包裝

1.（4）下列何種包裝不能防止長黴（1）真空包裝（2）使用脫氧劑（3）充氮包裝（4）含氧之調氣包裝。
2.（1）下列何者常作為積層袋之熱封層（1）聚乙烯(ＰＥ)（2）鋁箔（3）耐龍(Ｎｙ)（4）聚酯(ＰＥＴ)。
3.（3）下列氣體中何者最容易溶解在水中？（1）氧氣（2）氮氣（3）二氧化碳（4）氦氣。
4.（3）下列何種添加物在包裝標示上須同時標示品名與其用途名稱？（1）香料（2）乳化劑（3）抗氧化劑（4）膨脹劑。
5.（3）下列何種包裝方式可減少生鮮冷藏豬肉之離水？（1）真空包裝（2）充氮氣包裝（3）真空收縮包裝（4）熱成型充氣包裝。
6.（2）選擇包裝材料時必須注意材料是否 (1)美觀 (2)衛生 (3)價廉 (4)高級。
7.（3）下列食品包裝容器，那一種不能用來包裝汽水飲料 (1)玻璃容器 (2)金屬容器 (3)紙容器 (4)塑膠容器。
8.（1）以容器包裝的食品必須明顯標示 (1)有效日期 (2)使用日期 (3)出廠日期 (4)販賣日期。
9.（4）在購買看不見內容物之包裝食品時，可憑何種簡易方法選購？（1）打開看內容物（2）看有效日期及外觀（3）憑感覺（4）看商標。
10.（2）下列包裝材料中，那一種是塑膠材料 (1)玻璃紙 (2)聚乙烯(PE) (3)鋁箔 (4)紙板。
11.（4）產品經過適當的包裝能達到下列何種效果 (1)增加貯存時間 (2)防止風味改變 (3)防止污染

(4)以上皆是。

12.（４）下列有關烘焙產品之包裝敘述何者不正確 (1)需使用密封包裝 (2)使用包材不易破裂 (3)產品放冷後包裝 (4)隔天銷售產品才需包裝。

13.（４）食品包裝袋上不須標示 (1)添加物名稱 (2)有效日期 (3)原料名稱 (4)配方表。

14.（２）按我國食品衛生管理法規定，下列何者不為強制性標示事項 (1)品名 (2)製造方法 (3)製造廠 (4)製造日期。

15.（２）下列那一項包裝材料在預備（成型）使用時，會產生大量的塵埃、屑末等，對肉品是一污染： (1)腸衣 (2)紙箱 (3)真空包裝袋 (4)保鮮（縮收）膜。

16.（３）肉品包裝材料的存放，應注意： (1)隱密性，尤其是紙箱存放室以方便作業員午休 (2)最好存放在包裝室內，方便取用 (3)存放場所要清潔衛生、避免陽光直射及分類存放 (4)紙箱為外包裝可直接堆放在地上。

17.（１）以保利龍為材料之餐具，不適合盛裝 (1)100℃ (2)80℃ (3)70℃ (4)60℃ 以上之食品。

18.（１）食品用聚氯乙烯（PVC）其氯乙烯單體必須在 (1)1PPM以下 (2)100PPM以下 (3)1000PPM以下 (4)沒有規定。

19.（２）下列何種容器，不可放入微波爐中加熱(1)磁碗 (2)鋁盤 (3)玻璃杯 (4)聚丙烯 (PP) 塑膠餐盒。

90002 食品類共同科目 丙級 工作項目04：工業安全

1.（２）為防止紅外線（如熔爐）傷害眼睛應配戴下列何種設備？（１）防塵眼鏡（２）遮光眼鏡（３）太陽眼鏡（４）防護面罩。

2.（３）為防止被機器夾捲，應注意事項，下列何者除外？（１）於機器上裝護欄（２）長頭髮與衣服應包紮好（３）機械運轉中隨意進入轉動齒輪周圍（４）啟動機器時應注意附近工作人員。

3.（３）有關感電之預防何者不正確？（１）經常檢查線路並更換老舊線路設施（２）機器上裝置漏電斷路器開關（３）於潮濕地面工作可穿破舊鞋子（４）同一插座不宜同時接用多項電器設備。

4.（３）有關高架作業墜落的預防下列何者不正確？（１）平面兩公尺高以上即屬高架作業（２）高架作業應戴安全帽、安全吊索（３）醉酒及睡眠不足仍可上高架工作（４）應架設防護欄網。

5.（４）有關職業災害勞工保護法何者錯誤？（１）已於九十一年四月二十八日開始實施（２）未投保勞工也可適用（３）提供職傷重殘者生活津貼及看護費補助（４）發生職災時， 轉包工程之雇主沒有責任。

6.（１）塑膠包裝食品其袋口的密封可使用 (1)熱封 (2)膠水 (3)訂書針 (4)膠帶。

7.（４）下列何種汽水包裝容器，由高處落地後比較不易變形、破裂 (1)玻璃容器 (2)金屬容器 (3)紙容器 (4)塑膠容器。

8（１）以事故的原因統計而言，下列敘者何正確 (1)不安全的行為佔多數 (2)不安全的狀況佔多數 (3)不安全的行為與狀況各位一半 (4)天災佔多數。

9.（３）為安全起見，距地多少範圍內機械的傳動帶及齒輪須加防護 (1)1公尺 (2)1.5公尺 (3)2公尺 (4)2.5公尺。

10.（１）電氣火災下列何者不得使用 (1)泡沫滅火器 (2)乾粉滅火器 (3)二氧化碳滅火器 (4)海龍滅火器。

11.（４）男性員工搬運物料，超過多少公斤屬於重體力勞動？ (1)25公斤 (2)30公斤 (3)35公斤

(4)40公斤。

12.（1）有關物料之堆放，下列敘述何者錯誤 (1)依牆壁或結構支柱堆放 (2)不影響照明 (3)不阻礙出入口 (4)不超過最大安全負荷。

13.（1）下列何者為直接損失？ (1)醫療治療費用 (2)工具及設備的損失 (3)工作產品停頓的損失 (4)生產停頓的損失。

14.（4）下列何者為不安全動作？ (1)內務不整潔 (2)照明不充分 (3)通風不良 (4)搬運方法不妥當。

15.（1）下列何者為非觸電直接影響因素？ (1)電磁場大小 (2)電流流通途徑 (3)電流大小 (4)電流流經的時間。

16.（3）機器皮帶運轉的 作為 (1)轉 (2)往復運 (3)直線運 (4)切割 作。

17.（4）依人體工學原理，超過多重以上儘量避免以人工搬運（1）30公斤（2）35斤（3）40公斤（4）45公斤。

18.（4）天花板與堆積物間，至少要保持多遠以上？（1）30公分（2）40公分（3）50公分（4）60公分。

90002 食品類共同科目 丙級 工作項目05：食品衛生

1. （4）食品做醫療效能之標示、宣傳或廣告者，處罰鍰（1）三萬元以上十五萬元以下（2）四萬元以上二十萬元以下（3）六萬元以上三十萬元以下（4）二十萬元以上一百萬元以下。

2. （1）未經核准擅自製造或輸入健康食品者，可處有期徒刑（1）三年以下（2）二年以下（3）一年以下（4）六個月以下。

3. （3）薑粉、胡椒粉、大蒜粉和味精(L-麩酸鈉）均係常用之調味性產品，何者列屬食品添加物管理？（1）大蒜粉（2）胡椒粉（3）味精（4）薑粉。

4. （4）預防調理食品中毒下列何者有誤？（1）清潔（2）迅速（3）加熱或冷藏（4）室溫存放。

5. （3）下列何種違法行為應處刑罰？（1）食品含有毒成分（2）標示、廣告違規（3）違規而致危害人體健康（4）不願提供違規物品之來源。

6. （4）食品衛生管理法所定之罰鍰最高可處（1）十五萬元（2）二十萬元（3）九十萬元（4）一百萬元。

7. （2）製造販賣之食品含有害人體健康之物質，且致危害人體健康者最高可處 (1)4年 (2)3年 (3)2年 (4)1年 有期徒刑。

8. （3）腸炎弧菌是來自 (1)土壤 (2)空氣 (3)海鮮類 (4)肉類。

9. （2）我國食品衛生管理法對食品添加物之品目，係採 (1)自由使用 (2)行政院衛生署指定 (3)比照日本的規定 (4)比照美國之規定。

10.（4）預防葡萄球菌的污染應注意 (1)餐具 (2)用水 (3)砧板 (4)手指之傷口、膿瘡。

11.（4）製造、加工、調配食品之場所 (1)可養牲畜 (2)可居住 (3)可養牲畜亦可居住 (4)不可養牲畜亦不可居住。

12.（3）下列何者非食品添加物 (1)抗氧化劑 (2)漂白劑 (3)烤酥油 (4)甘油。

13.（4）食品用具之煮沸殺菌法係以 (1)90℃加熱半分鐘 (2)90℃加熱1分鐘 (3)100℃加熱半分鐘 (4)100℃加熱1分鐘。

14.（1）下列那一種食品最容易感染黃麴毒素 (1)穀類 (2)肉類 (3)魚貝類 (4)乳品類。

15.（3）洗滌食品容器及器具應以 (1)洗衣粉 (2)清潔劑 (3)食品用洗潔劑 (4)強酸 洗滌。

16.（1）使用食品添加物應優先考慮 (1)安全性 (2)有用性 (3)經濟性 (4)方便性。

17.（4）下列何者與食品中的微生物增殖沒有太多關係 (1)溫度 (2)濕度 (3)酸度 (4)脆度。

18.（4）下列何者被認為是對人體絕對有害的金屬 (1)鈉 (2)鉀 (3)鐵 (4)鎘。

19.（4）下列何者非屬經口傳染病 (1)霍亂 (2)傷寒 (3)痢疾 (4)日本腦炎。

20.（1）屠宰衛生檢查之目的是 (1)防止人畜共通傳染病 (2)保持肉品之新鮮 (3)維護家畜之安全 (4)判定肉品之優劣。

21.（3）澱粉類食品貯存一段時間後若有黏物產生是由於 (1)酵母作用 (2)黴菌作用 (3)細菌作用 (4)自然現象。

22.（3）使用地下水源者，其水源應與化糞池、廢棄物堆積場所等污染源至少保持幾公尺的距離？（1）5公尺（2）10公尺（3）15公尺（4）20公尺

23.（2）冷藏食品應貯存在 (1)0℃ (2)7℃ (3)10℃ (4)20℃以下，凍結點以上。

24.（1）下列何者為法定食品用防腐劑 (1)丙酸鈉 (2)吊白塊 (3)福馬林 (4)硼砂。

25.（4）下列何者為允許可使用之人工食用紅色素 (1)二號 (2)四號 (3)五號 (4)六號

26.（1）食品加工廠最普遍使用之消毒劑是 (1)氯 (2)碘 (3)溴 (4)四基銨。

27.（3）食品加工設備較安全之金屬材質為 (1)生鐵 (2)鋁 (3)不鏽鋼 (4)銅。

28.（4）肉品被細菌污染的因素很多，請選出其污染源 (1)清潔的空氣 (2)乾淨且經消毒的水 (3)有清潔衛生觀念且高度配合的作業人員 (4)掉落地面的肉品，直接撿起來放回生產線上。

29.（1）低溫可 (1)抑制微生物的生長 (2)降低食品的脂肪 (3)增加食品的重量 (4)增加食品中酵素的活力。

30.（3）硼砂進入人體後轉變為硼酸，在體內 (1)隨尿排出 (2)沒影響 (3)積存於體內造成傷害 (4)隨汗排出。

31.（3）食品若保溫貯存販賣（但罐頭食品除外）溫度應保持有 (1)37℃ (2)45℃ (3)60℃ (4)50℃以上。

32.（1）油脂製品中添加抗氧化劑可 (1)防止或延遲過氧化物 (2)調味 (3)永久保存 (4)提高油之揮發溫度。

33.（3）工業級之化學物質 (1)如為食品添加物准用品目，則可添加於食品中 (2)視其安全性判定可否添加於食品 (3)不得作為食品添加物用 (4)沒有明文規定。

34.（4）食品工廠之調理工作檯面光度要求依規定為 (1)50 (2)100 (3)150 (4)200 米燭光以上。

90002 食品類共同科目 丙級 工作項目 06：職業素養

1.（4）下列何者不屬於公害的範圍？（1）噪音（2）惡臭（3）毒物（4）酗酒。

2.（3）團隊精神又稱為（1）品質（2）道德③ 士氣④ 態度。

3.（2）受雇者在職務上研究或開發的營業秘密歸何人所有？（1）受雇者（2）雇用者（3）政府（4）全體國民。

4.（1）採用民主化的管理方式，企業應建立何種溝通的管道？（1）雙向溝通（2）單向溝通（3）通信溝通（4）對外溝通。

5.（4）機器設備定期檢查與保養，屬於下列何種觀念的發揮？（1）工廠整潔（2）團隊精神（3）以廠為家（4）工作安全。

6.（4）增加營業額及提升業績是 (1)推銷員 (2)企業負責人 (3)廠長 (4)大家共同 責任。

7.（4）中小企業最好之廣告媒體是 (1)報紙、雜誌 (2)廣播 (3)電視 (4)自己之員工。

8.（1）下列何者不屬好之工作態度 (1)不理不睬 (2)微笑 (3)謙虛 (4)勤快。

9.（4）雇主得不經預告而終止契約的情況是 (1)生產線減縮 (2)遷廠 (3)無正當理由連續曠工二日 (4)無正當理由連續曠工三日以上。

烘焙食品學科題庫(乙級)

０７７００烘焙食品 乙級 工作項目０１：產品分類

單選題：

1.（2）硬式麵包的產品特性為（1）表皮脆、內部硬（2）表皮脆、內部軟（3）表皮硬、內部脆（4）表皮硬、內部硬。

2.（4）下列何種產品配方中不使用油脂？（1）小西餅（2）派（3）蛋黃酥（4）天使蛋糕。

3.（2）下列何者是屬於餅乾類產品（1）廣式月餅（2）小西餅（3）奶油空心餅（4）台式囍餅。

4.（1）含糖比例最高的產品是（1）水果蛋糕（2）蘇打餅乾（3）鬆餅（4）法國麵包。

5.（4）下列何種產品製作時其麵糰（糊）比重最輕（1）瑪琍餅乾（2）重奶油蛋糕（3）奶油空心餅（4）戚風蛋糕。

6.（2）配方中使用塔塔粉，能產生明顯效果的產品是（1）廣式月餅（2）天使蛋糕（3）奶油空心餅（4）法國麵包。

7.（3）配方中之原料百分比：麵粉為 100，油脂為 80，糖為 60，可製作下列何種產品（1）甜麵包（2）瑪琍餅乾（3）冰箱小西餅（4）海綿蛋糕。

8.（4）配方中原料百分比：麵粉為 100，油脂為 20，糖為 20，可製作下列何種產品？（1）重奶油蛋糕（2）法國麵包（3）天使蛋糕（4）瑪琍餅乾。

9.（2）生派皮生派餡的派是屬於（1）雙皮派（2）單皮派（3）油炸派（4）冷凍戚風派。

10.（2）牛奶雞蛋布丁派屬於（1）生派皮熟派餡（2）生派皮生派餡（3）熟派皮熟派餡（4）熟派皮生派餡。

複選題：

11.（124） 下列那些為奧地利點心？（1）林芝蛋糕（Linzer Torte）（2）沙哈蛋糕（Sacher Torte）（3）核桃塔（Engadiner Nuss Torte）（4）鹿背蛋糕（Belvederre Schnitten）。

12.（124） 下列那些為法國點心？（1）瑪德蕾（Madeleines）（2）皇冠泡芙（Brest）（3）提拉米蘇（Tiramisu）（4）嘉烈德（Galette）。

13.（124） 下列那些為義大利點心？（1）油炸脆餅（Frappe）（2）提拉米蘇（Tiramisu）（3）年輪蛋糕（Baum-Kuchen）（4）義大利脆餅（Biscotti）。

14.（34） 下列那些為德國點心？（1）蘋果酥捲（Apfel strudel）（2）嘉烈德（Galette）（3）年輪蛋糕（Baum-Kuchen）（4）史多倫（Stollen）。

15.（12） 下列何種產品須經發酵過程製作？（1）比薩（Pizza）（2）沙巴琳（Savarin）（3）可麗露（Cannlés de Badeaux）（4）法式道納斯（France Doughnut）。

16.（14） 製作產品與使用的麵粉，下列那些正確？（1）白土司－高筋麵粉（2）廣式月餅－中筋麵粉（3）起酥皮－低筋麵粉（4）義大利麵－杜蘭麵粉。

17.（123） 下列那些產品屬於麵糊類小西餅？（1）布朗尼（2）丹麥小西餅（3）沙布烈餅乾（4）指形小西餅。

18.（23） 下列那些配方為重奶油蛋糕？（1）麵粉 100%、砂糖 170%、雞蛋 180%、奶油

20%（2）麵粉 100%、砂糖 100%、雞蛋 100%、奶油 100%（3）麵粉 100%、砂糖 100%、雞蛋 80%、奶油 75%、牛奶 20%、發粉 1%（4）麵粉 100%、砂糖 80%、雞蛋 55%、奶油 50%、牛奶 40%、發粉 4%。

19.（234） 下列那些產品是以外觀命名？（1）磅蛋糕（2）菠蘿麵包（3）棋格蛋糕（4）松露巧克力。

20.（14） 下列那些產品之麵糰是屬於發酵性麵糰（1）蘇打餅乾（2）鬆餅（puff pastry）（3）英式司康餅（scone）（4）義大利聖誕麵包（panettone）。

0 7 7 0 0 烘焙食品 乙級 工作項目 02：原料之選用

單選題：

1.（3）麵粉俗稱之「統粉」是指（1）小麥粉心部份的麵粉（2）粉心外緣的麵粉（3）小麥全部內胚乳部份（4）全粒小麥磨出的麵粉。

2.（2）一顆小麥中胚芽所佔的重量約為（1）1.5%（2）2.5%（3）3.5%（4）4.5%。

3.（2）麵包添加物用的麥芽粉其主要功用為（1）增強麵粉筋性（2）增加液化酵素含量（3）增加糖化酵素含量（4）減少蛋白質強度。

4.（1）葡萄糖屬於（1）單醣（2）雙醣（3）寡醣（4）多醣類。

5.（4）全脂特級鮮奶，油脂含量最低為（1）10%（2）8.5%（3）6%（4）3.5%。

6.（1）酸性磷酸鈣 Ca（H 2 PO 4）2 ‧H 2 O 是用作發粉的原料，由此原料所配製的發粉，其反應是屬於（1）快速反應（2）中速反應（3）慢速反應（4）與反應速度無關。

7.（1）烘焙食品所使用之糖類，下列中何者甜度最高（1）果糖（2）麥芽糖（3）海藻糖（4）蔗糖。

8.（2）製作蛋糕時，發粉的用量與工作地點的海拔高度有密切的關係，海拔每增高一千呎（304.8 公尺），發粉的用量應減少（1）5%（2）10%（3）12%（4）15%。

9.（2）全麥麵粉中麩皮所佔的重量為（1）11.5%（2）12.5%（3）13.5%（4）14.5%。

10.（3）小麥胚芽中含有（1）15%（2）20%（3）25%（4）30% 的蛋白質。

11.（2）麵粉之蛋白質每增加或減少 1%，即增加或減少吸水量（1）0.85%（2）1.85%（3）2.85%（4）3.85%。

12.（4）麵糰內糖的用量如超過了（1）2%（2）3%（3）4%（4）8% ，酵母的醱酵作用即會受到影響。

13.（4）蛋糕配方內如韌性原料使用過多，出爐後的成品表皮（1）很軟（2）很厚（3）鬆散（4）堅硬。

14.（3）發粉與蘇打粉的代換比例為（1）1:1（2）2:1（3）3:1（4）4:1。

15.（2）麵包、糕餅類食品可使用的防腐劑為（1）安息香酸鹽（2）丙酸鹽（3）去水醋酸鈉（4）苯甲酸。

16.（3）蛋白的水份含量約為（1）68%（2）78%（3）88%（4）98%。

17.（3）新鮮酵母含水量約為（1）6～8%（2）30%（3）70%（4）90%。

18.（4）我國衛生機構核准使用的紅色色素為（1）紅色二號（2）紅色三號（3）紅色四號（4）紅色四十號。

19.（3）蛋黃中的油脂含量為蛋黃的（1）5%（2）15%（3）33%（4）50%。

20.（3）含酒石酸的發粉其作用是屬於（1）慢性的（2）次快性的（3）快性的（4）與反應速度無關。
21.（3）小西餅的材料中，那一種可以使小西餅在烤爐內產生擴展及裂痕（1）油（2）麵粉（3）細砂糖（4）水。
22.（2）製作麵糊類蛋糕（如水果條），那一種油較易將空氣拌入油脂內（1）沙拉油（2）烤酥油（雪白油）（3）豬油（4）花生油。
23.（3）一般奶油蛋糕使用的發粉應選擇（1）快速反應的（2）慢速反應的（3）雙重反應的（4）與反應速度無關。
24.（4）溶解乾酵母的水溫最好採用（1）20～24℃（2）25～29℃（3）30～35℃（4）39～43℃。
25.（2）做好奶油空心餅使用之膨大劑應選（1）碳酸銨（2）碳酸氫銨（3）發粉（4）小蘇打。
26.（1）乳化有兩種情形，所謂油溶於水的乳化是（1）油為分散相（2）油為連續相（3）水為分散相（4）油包水。
27.（1）蛋糕用的麵粉應採用（1）顆粒細而均勻（2）顆粒粗而均勻（3）水份多而顆粒細（4）水分多而顆粒粗。
28.（2）可可粉屬於乾性原料，在蛋糕配方中如添加可可粉時其水份應用時添加（1）與可可粉量相同（2）可可粉量的 1.5 倍（3）可可粉量的 2 倍（4）可可粉量的 2.5 倍。
29.（3）冷凍戚風派餡的膠凍原料為（1）玉米粉（2）低筋粉（3）動物膠（4）洋菜。
30.（4）下列何者屬於食品添加物（1）麵粉（2）酵母（3）奶粉（4）小蘇打。
31.（2）製作土司麵包最好選用（1）特高筋麵粉（2）高筋麵粉（3）中筋麵粉（4）低筋麵粉。
32.（1）使用蒸發奶水代替牛奶時，蒸發奶水與水的比例應為（1）1:1（2）1:1.5（3）1:2（4）1:2.5。
33.（1）快速酵母粉的使用量為新鮮酵母的（1）1/3（2）1/2（3）1（4）2 倍。
34.（3）製作戚風蛋糕常加何種食品添加物於蛋白中以降低其 pH 值（1）阿摩尼亞（2）發粉（3）塔塔粉（4）小蘇打。
35.（2）做麵包的麵粉如果筋性太強，不易攪出麵筋可考慮在配方內添加（1）氧化劑（2）還原劑（3）乳化劑（4）膨大劑。
36.（2）一般使用可可粉製作巧克力產品時，欲使顏色較深可添加（1）發粉（2）小蘇打（3）塔塔粉（4）磷酸二鈣。
37.（2）抗氧化劑一般用在（1）奶製品（2）油脂（3）麵粉（4）硬水。
38.（1）以巧克力取代可可粉時，其配方中材料應調整（1）油脂（2）水份（3）鹽份（4）發粉。
39.（2）一顆小麥中蛋白質含量最高的部份是（1）麥芒（2）胚乳（3）麩皮（4）胚芽。
40.（3）我國國家標準（CNS）對麵粉之分級，高筋麵粉的粗蛋白含量約在（1）8.5%以下（2）8.5%（3）11.5%以上（4）16%以上。
41.（2）使用人造奶油取代烤酥油製作重奶油蛋糕時應調整（1）糖份（2）水份（3）麵粉（4）發粉。
42.（2）衛生署許可添加防腐劑丙酸鈣的用量對產品以丙酸計其含量限制在（1）2.5%以下（2）0.25%以下（3）25ppm 以下（4）2.5ppm 以下。
43.（4）碳酸氫銨適用於下列那些產品（1）法國麵包（2）白土司（3）海綿蛋糕（4）奶油

空心餅。

44.（2）製作戚風蛋糕時，蛋白溫度宜控制在（1）5～10℃（2）17～22℃（3）25～35℃（4）35℃以上。

45.（3）製作水果蛋糕麵糊時為防止蜜餞水果下沉宜選用（1）玉米粉（2）中筋麵粉（3）高筋麵粉（4）低筋麵粉。

46.（3）以下何者為抗氧化劑（1）丙酸鈣（2）丙酸鈉（3）維生素E（4）鹽。

47.（4）已經有油耗味的核桃要如何處理？（1）烘烤再用（2）炸過再用（3）用水洗（4）丟棄不用。

48.（4）在產品包裝上標示的"己二烯酸鉀"是一種（1）抗氧化劑（2）著色劑（3）乳化劑（4）防腐劑。

49.（4）下列何者不是烤酥油（雪白油）充氮氣的目的（1）容易打發（2）增加穩定性（3）提高油脂白度（4）提高硬度。

50.（2）下列那一種蛋糕以使用多量蛋白做為原料？（1）大理石蛋糕（2）天使蛋糕（3）長崎蛋糕（4）魔鬼蛋糕。

51.（3）為了使餅乾能長期保存，使用油脂應特別選擇其（1）保型性（2）打發性（3）安定性（4）乳化性。

52.（1）高筋麵粉的吸水量約在（1）62～66%（2）50～55%（3）48～52%（4）40～46%。

53.（4）下列何者不是造成油脂酸敗的因素（1）高溫氧化（2）水解作用（3）有金屬離子存在時（4）低溫冷藏。

54.（2）由下列何種物理性測定儀器畫出的圖表可以得到麵粉的吸水量、攪拌時間及攪拌耐力？（1）Amylograph（2）Farinograph（3）Extensograph（4）Viscosmeter。

55.（3）砂糖的濃度愈高，其沸點也相對的（1）減低（2）不變（3）昇高（4）無關。

56.（1）砂糖的溶解度會隨著溫度的昇高而（1）增加（2）減低（3）不變（4）無關。

57.（2）急速冷凍比緩慢冷凍通過冰晶形成帶的時間（1）長（2）短（3）相同（4）無關。

58.（3）牛奶保存於 4～10℃的冷藏庫中，生菌數會隨著保存日數的增加而（1）不變（2）減少（3）增加（4）無關。

59.（4）下列那種油脂使用於油炸容易產生肥皂味？（1）麻油（2）沙拉油（3）豬油（4）椰子油。

60.（1）轉化糖漿主要成分是（1）單醣（2）雙醣（3）多醣（4）乳糖。

61.（4）小蘇打配合酸性鹽及其他填充劑，混合而成的物質是（1）碳酸氫鈉（2）碳酸銨（3）碳酸氫銨（4）發粉。

62.（3）可把蔗糖（Sucrose）轉變成葡萄糖（Glucose）和果糖（Fructose）是那一種酵素？（1）麥芽酵素（Maltase）（2）澱粉酵素（α-Amylase、β-Amylase）（3）轉化糖酵素（Invertase）（4）水解酵素（Hydrolase）。

63.（1）有關糖量對麵包品質的影響，下列何者正確？（1）配方中糖的用量不夠時，產品的四角多呈圓鈍形，烤盤流性差（2）配方中糖量過多時，產品顆粒粗糙開放（3）配方中糖用量太多時，表面有淺白色條紋，且顏色蒼白（4）製作白麵包，糖的用量超過 8%，則應減少酵母用量。

64.（2）不同鹽量對麵包品質影響，下列何者正確？（1）無鹽麵包體積最大（2）無鹽麵包組織粗糙，結構鬆軟，切片時麵包屑較多（3）鹽使用過量，因韌性較差，以致麵包兩側無法挺立，在烤盤中收縮，使麵包著色不均，各處散佈白色斑點（4）鹽使用過量，麵包表皮顏色蒼白。

65.（1）有關油量對土司麵包品質之影響，下列何者正確？（1）麵糰的用油量愈多，麵包表皮受熱愈快，顏色愈深（2）不用油或油量過少，則烤出來的麵包底部平整、四角尖銳、兩側多數無裂痕（3）配方中用油量愈多，則表皮愈薄，但質地堅韌（4）用油量增加，麵糰發酵損耗相對增加。

66.（2）有關鬆餅（Puff Pastry）的製作，下列何者正確？（1）使用低筋麵粉製作時，產品體積較大且膨鬆（2）如果麵糰中所用油量較少，則產品品質較脆，體積較大（3）選用油脂融點低的裹入油（4）水的用量約為麵粉量的 20～25%。

67.（2）下列敘述何者正確？（1）使用蛋白質含量高的麵粉製作麵包，攪拌時間與發酵時間應該縮短（2）麵粉所含蛋白質愈高，其麵包表皮顏色愈深（3）改良劑用量與麵糰之吸水性成正比（4）使用改良劑，麵包表皮顏色較淺，因其發酵所需時間較長。

68.（1）乳酸硬脂酸鈉（SSL，Sodium Stearyl-2-Lactylate）是屬於那一類的食品添加物？（1）乳化劑（2）品質改良劑（3）殺菌劑（4）防腐劑。

69.（3）蛋白質酵素（Protease）的功用是（1）減少麵糰流動性（2）增加攪拌時間（3）降低麵筋強度（4）與有機酸或酸性鹽中和。

70.（3）小麥製粉過程中有一步驟稱為漂白（Bleaching），其主要的目的是（1）加水強化麥穀韌性以利分離、軟化或催熟胚乳（2）分析小麥的蛋白質含量及品質（3）催熟麵粉中和色澤（4）利用機械操作除去小麥中的雜質。

71.（2）下列那一種小麥其蛋白質含量最高？（1）硬紅冬麥（Hard Red Winter Wheat）（2）硬紅春麥（Hard Red Spring Wheat）（3）白麥（White Wheat）（4）軟紅冬麥（Soft Red WinterWheat）。

72.（1）有關鹽在烘焙產品中的作用，下列何者為非？（1）減少麵糰的韌性和彈性（2）控制酵母的發酵（3）量多時，在含糖量高的產品中可降低甜味（4）適量的鹽可襯托出烘焙產品中其他原料特有的香味。

73.（1）依中國國家標準 CNS 的定義，硬式麵包及餐包（Hard Bread and Rolls）是指麵包配方中原料使用糖量、油脂量皆為麵粉用量之多少百分比以下？（1）4%（2）6%（3）8%（4）10%。

74.（3）有一配方，純油（100%）用量為 200 克，今改用含油量 80%的瑪琪琳，請問瑪琪琳的用量應為多少克？（1）160（2）200（3）250（4）300。

75.（2）下列何者不是添加氧化劑的主要功用？（1）強化蛋白質組織（2）降低麵筋強度（3）改進麵糰操作性（4）增加產品體積。

76.（3）天然澱粉糊化（Gelatinization）的溫度範圍為何？（1）25～30℃（2）35～40℃（3）55～70℃（4）85～90℃。

77.（3）有關氯氣處理麵粉與普通低筋麵粉的比較，何者正確？（1）氯氣處理麵粉的酸鹼值（pH）較高（2）使用氯氣處理麵粉所做的蛋糕體積較小（3）使用氯氣處理麵粉所做的蛋糕組織較均勻，顆粒細緻（4）氯氣處理麵粉的吸水性較普通低筋麵粉低。

78.（3）活性麵筋（Vital Gluten）對於麵糰的功用，以下何者正確？（1）延緩老化的作用（2）減少麵糰吸水量（3）常添加於全麥或雜糧預拌粉中（4）節省攪拌時間。

79.（2）有關製作冷凍麵糰配方的調整，下列何者正確？（1）配方中的水份應增多（2）配方中的酵母用量應增加（3）配方中油脂用量應減少（4）配方中糖的用量應減少。

80.（3）維生素 C 除了是營養添加劑，亦可作為（1）保色劑（2）漂白劑（3）抗氧化劑（4）殺菌劑。

81.（2）鹽在麵糰攪拌的後期才加入的攪拌方法－後鹽法（Delayed Salt Method）的優點是：（1）增加攪拌時間（2）降低麵糰溫度（3）增加麵糰溫度（4）使麵筋的水合較慢。

複選題：

82.（234） 下列膠凍材料的敘述，那些正確？（1）動物膠、果膠和洋菜主要成份為多醣體（2）動物膠的膠凝溫度比果膠、洋菜低（3）動物膠的溶解溫度比果膠、洋菜低（4）高甲基果膠需有一定量的糖和酸才能形成膠體。

83.（23） 下列那些烘焙原料是食品添加物？（1）紅麴（2）丙酸鈣（3）小蘇打（4）三酸甘油酯。

84.（134） 下列蛋的敘述，那些正確？（1）蛋的熱變性為不可逆（2）蛋白和蛋黃的凝固溫度不同，開始凝固的溫度蛋白比蛋黃高（3）蛋的熱凝膠性受糖和酸濃度的影響（4）安格列斯餡（Anglaise sauce）須煮至 85℃。

85.（13） 有關丹麥麵包裹入用油脂的性質，下列那些正確？（1）延展性要好（2）打發性要好（3）安定性要好（4）融點高約 44℃。

86.（234） 下列何種材料，對麵包產品具有增加表皮顏色之功用？（1）鹽（2）糖（3）奶粉（4）蛋。

87.（34） 下列液體蛋的敘述，那些正確？（1）殺菌蛋品是使用較不新鮮的蛋做為原料，所以呈水樣化（2）殺菌蛋品已經過殺菌，開封後仍可長時間使用（3）冷凍蛋品會添加砂糖或鹽，以防止膠化（4）冷凍蛋品應提前解凍後再使用。

88.（134） 下列那些不是乳化劑在麵包製作上的功能？（1）增加麵包風味（2）使麵包柔軟不易老化（3）防止麵包發黴（4）促進酵母活力。

89.（123） 下列有關蛋的打發，那些正確？（1）蛋白粉的打發性不如殼蛋蛋白（2）蛋白的黏度高者打發慢，但泡沫穩定性高（3）蛋白的打發為其所含的蛋白質受機械變性作用形成（4）蛋白糖（meringue）的體積和穩定度隨著糖比例增加而增加。

90.（13） 下列那些原料可增加小西餅成品的膨脹度？（1）發粉（2）食鹽（3）銨粉（4）粉末香料。

91.（134） 德國名點黑森林蛋糕（Schwarz walder-kirsch torte）裝飾原料中除巧克力外，下列那些為其原料？（1）黑櫻桃（2）蘭姆酒（3）鮮奶油（4）櫻桃酒。

92.（23） 製作蛋糕的材料，下列那些屬於柔性材料？（1）麵粉（2）油脂（3）糖（4）奶粉。

93.（12） 配方中使用亞硫酸鹽（還原劑）製作延壓式硬質餅乾，下列那些是主要目的？（1）縮短攪拌時間（2）降低麵片抗展性（3）增加風味（4）漂白作用。

94.（34） 法國名點聖馬克蛋糕（Saint-Marc）其蛋糕上表面裝飾原料為下列那些原料？（1）鮮奶油（2）黃色色素（3）蛋黃（4）砂糖。

95.（23） 製作餅乾，可使用下列那些原料調整麵糰之酸鹼度（pH 值）？（1）油脂（2）酸性焦磷酸鈉（3）小蘇打（4）食鹽。

96.（123） 下列那些不是鹽在製作天使蛋糕上的主要功能？（1）增加柔軟性（2）增加蛋糕體積（3）使組織較為細緻（4）增加蛋白韌性。

97.（134） 有關膨脹劑，下列那些正確？（1）魔鬼蛋糕添加小蘇打的目的為提高 pH 值，增加蛋糕顏色及風味（2）製作蛋糕用量相同時，小蘇打的膨脹性比發粉小（3）一般蛋糕製作應選用雙重發粉（4）阿摩尼亞膨脹力強，但只適用於低水份（2～4%）的產品。

98.（123） 下列那些原料兼具調整餅乾麵糰酸鹼度（pH 值）及膨脹性？（1）銨粉（2）酸性焦磷酸鈉（3）小蘇打（4）食鹽。

99.（14） 有關天然奶油和人造奶油的比較，下列那些正確？（1）天然奶油有較佳的烤焙風味（2）烘烤用人造奶油融點較低（3）餐桌用人造奶油有較佳的打發性（4）裏入用人造奶油有較佳可塑性。

100.（134） 下列那些正確？（1）麵粉中的醇溶蛋白可使麵糰具有延展性（2）麵粉中的蛋白質缺乏甘胺酸，可添加乳品加以補充（3）麵粉組成分中，含量最多者為澱粉（4）使用麵糰攪拌特性測定儀（Farinograph）可測得麵粉的吸水量，攪拌時間及攪拌耐力。

101.（34） 有關糖的敘述，下列那些錯誤？（1）砂糖的吸濕性大，可加強產品中水份的保存，延緩產品的老化（2）葡萄糖漿是澱粉分解而成（3）砂糖具有還原性（4）砂糖的成份為果糖與葡萄糖，甜度比果糖高。

102.（234） 有關液體糖的敘述，下列那些正確？（1）轉化糖漿的成份為 100%葡萄糖（2）轉化糖漿的甜度比葡萄糖高（3）葡萄糖漿是澱粉糖的一種（4）蜂蜜的主要成份為轉化糖。

103.（123） 使用化學膨脹劑的目的有那些？（1）增加產品的體積（2）使產品內部有細小孔洞（3）使產品鬆軟（4）增加酸味。

104.（134） 有關動物膠（gelatin），下列那些正確？（1）由動物的皮或骨提煉出來的膠質（2）溶解溫度約 100℃（3）主要的成份為蛋白質（4）凝固點在 10℃以下。

105.（124） 蘇打粉（Sodium Bicarbonate）在有酸及受熱情況下，會作用而分解產生（1）二氧化碳（CO_2）（2）水（H_2O）（3）氨（NH_3）（4）碳酸鈉（Na_2CO_3）。

106.（124） 發粉所產生的氣體不能低於重量 12%，是由那些組成分混合攪拌而成的一種膨脹劑？（1）玉米澱粉（2）酸性鹽（3）碳酸鈣（4）蘇打粉。

107.（13） 有關全脂奶粉成份中，下列那些正確？（1）奶油 28.7%（2）奶油 15%（3）乳糖 36.9%（4）乳糖 53%。

108.（34） 有關麵粉的敘述，下列那些正確？（1）麵粉的灰份含量（%）是與麵粉的蛋白質含量（%）成正比（2）麵粉的蛋白質含量（%）與麵粉的水分含量（%）成正比（3）麵粉的蛋白質含量（%）與麵粉的總固形物含量（%）成正比（4）麵粉的總水量（%）（麵粉水分含量＋麵粉吸水量）與麵粉的總固形物含量（%）成正比。

109.（14） 製作西點蛋糕使用的動、植物性鮮奶油之特性，下列那些錯誤？（1）植物性鮮奶油有來自乳脂肪獨特口味（2）動物性鮮奶油打發終點的時間短（3）植物性鮮奶油作業安定性好（4）動物性鮮奶油作業安定性好。

110.（14） 有關烘焙原料之特性，下列那些正確？（1）葡萄糖甜度比麥芽糖高（2）麵包製作時鹽是柔性材料（3）澱粉經糖化酵素（β-amylase）作用可產生蔗糖（4）三酸甘油酯就是油脂。

111.（34） 下列那些慕斯（Mousse）配方中無動物膠即可完成慕斯產品作業？（1）水果慕斯（2）核果慕斯（3）巧克力慕斯（4）乳酪慕斯。

112.（123） 影響酵母發酵產氣的各種因子有：（1）死的酵母（2）溫度（3）滲透壓（4）小麥

種類。

113.（12） 下列那些為製作翻糖（Fondant）的原料？（1）砂糖（2）水（3）玉米粉（4）果糖。

114.（24） 關於杏仁膏 Marzipan 下列那些正確？（1）可塑性細工用（杏仁 1：砂糖 1）（2）可塑性細工用（杏仁 1：砂糖 2）（3）可塑性細工用（杏仁 3：砂糖 1）（4）餡料用（杏仁 2：砂糖 1）。

115.（24） 有關奶粉對麵包品質影響的敘述，下列那些正確？（1）具有起泡及打發的特性（2）可增強麵糰的攪拌韌性（3）可降低麵糰的發酵彈性（4）可增加麵包的表皮顏色。

116.（134） 有關油脂的敘述，下列那些正確？（1）油脂是由甘油和脂肪酸酯化而成（2）黃豆油的不飽合脂肪酸含量高，較為穩定，不容易氧化酸敗（3）油炸油應選用發煙點高的油脂（4）脂肪酸的碳鏈越長融點越高。

117.（123） 麵糰攪拌特性測定儀（Farinograph）可以得知麵糰的那些資訊？（1）擴展時間（Peak time）（2）攪拌彈性（stability）（3）麵糰吸水量（4）麵粉澱粉酵素的活性。

118.（134） 下列那些代糖的甜度比砂糖低？（1）山梨醇（2）阿斯巴甜（3）海藻糖（4）木糖醇。

119.（14） 老麵微生物中的野生酵母（除商業酵母外之其它酵母）及乳酸菌，下列那些正確？（1）野生酵母 1,500～2,800萬個（2）野生酵母 6～20億個（3）乳酸菌 1,500～2,800萬個（4）乳酸菌 6～20億個。

120.（124） 有關測定麵粉品質的儀器，下列那些正確？（1）麵糰攪拌特性測定儀（Farinograph）可測出麵粉的吸水量（2）麵糰拉力特性測定儀（Extensoigraph）可測出麵糰的延展性（3）麵粉酵素活性測定儀（Amylograph）可測得麵粉的灰份（4）麵粉沉降係數測定儀（Falling Number）可測定澱粉酵素的強度。

121.（234） 有關麵粉白度測定（Pekar test）的敘述，下列那些正確？（1）可測定麵粉的粗蛋白（2）易受折射光線所產生陰影的影響發生偏差（3）平板上之麵粉泡水容易發生偏差（4）麵粉表面經乾燥後，受酵素的影響會發生偏差。

122.（23） 某一麵包重90公克，其每100公克之營養分析結果為：蛋白質8公克、脂肪 12 公克、飽和脂肪 6 公克、碳水化合物 50 公克，下列那些正確？（1）每 100 公克麵包熱量為 394 大卡（2）每個麵包熱量為 306 大卡（3）若每人每日熱量攝取之基準值以 2000 大卡計，吃一個麵包配一瓶熱量 184 大卡飲料，熱量攝取佔每日需求 24.5%（4）脂肪熱量佔麵包熱量 20.6%。

123.（234） 有關醇溶蛋白（Gliadin）和麥穀蛋白（Glutenin）之比較，下列那些正確？（1）醇溶蛋白分子較大（2）醇溶蛋白延展性較好（3）醇溶蛋白可溶解於酸、鹼或 70%酒精溶液（4）麥穀蛋白較具彈性。

124.（234） 製作西點蛋糕使用的可可粉種類，下列那些正確？（1）酸化可可粉（2）鹼化可可粉（3）高脂可可粉（4）低脂可可粉。

125.（124） 下列那些食品添加物使用於烘焙食品有用量限制？（1）丁二酸鈉澱粉（2）維生素 B2（3）乙醯化磷酸二澱粉（4）丙酸鈉。

126.（124） 下列那些敘述正確？（1）麵粉中的澱粉約佔總麵粉重量的 70%（2）小麥澱粉含直鏈澱粉（amylose）和支鏈澱粉（amylopectin）（3）糖化酵素（β-amylase）對熱的穩定度比液化酵素（α-amylase）高（4）澱粉的糊化溫度約為56～60℃。

127.（12） 有關油脂用於蛋糕製作的功能，下列那些正確？（1）使麵粉蛋白質及澱粉顆粒富有潤滑作用，柔軟蛋糕（2）油脂於攪拌時能拌入空氣，使蛋糕膨大（3）可抑制黴菌的滋長（4）促進氧化還原作用。

07700 烘焙食品 乙級 工作項目 03：產品製作

單選題：

1.（2）水果派皮油脂用量應為（1）25～35%（2）40～80%（3）90～110%（4）不受限制。

2.（4）土司麵包麵糰重量 500 公克配方總百分比為 180%，其麵粉用量應為（1）248 公克（2）258 公克（3）268 公克（4）278公克。

3.（2）麵糊類蛋糕油脂用量應為麵粉的（1）20～30%（2）45～100%（3）120～140%（4）不受限制。

4.（1）硬式麵包配方內副原料糖的用量為麵粉的（1）0～2%（2）3～4%（3）5～6%（4）7～8%。

5.（4）主麵糰水量為 12 公斤，自來水溫度 20℃，適用水溫 5℃，其應用之水量為（1）1.2 公斤（2）1.4 公斤（3）1.6 公斤（4）1.8 公斤。

6.（1）直接法麵糰理想溫度 26℃，室內溫度 28℃，麵粉溫度 27℃，機器摩擦增高溫度 20℃，其適用水溫是（1）3℃（2）4℃（3）5℃（4）6℃。

7.（2）葡萄乾麵包若增加葡萄乾的用量則應增加（1）糖（2）酵母（3）油（4）蛋 的用量。

8.（3）海綿蛋糕攪拌蛋、糖時，蛋的溫度在（1）11～13℃（2）20～21℃（3）40～42℃（4）55～60℃ 時，所需攪拌時間較短 。

9.（4）奶油空心餅在烤焙過程中產生小油泡是因為（1）烤爐溫度太高（2）烤爐溫度太低（3）蛋用量太多（4）麵糊調製時油水乳化情形不良。

10.（4）剛擠出來的原料奶用來做麵包時必須先加熱至（1）30（2）45（3）55（4）85 ℃破壞牛奶蛋白質中所含之活潑性硫氫根（-HS）。

11.（3）利用直接法製作麵包，麵糰攪拌後的理想溫度為（1）36℃（2）33℃（3）26℃（4）20℃。

12.（3）製作奶油空心餅（俗稱泡芙）何者為正確（1）麵粉、油脂、水同時置鍋中煮沸（2）油脂煮沸即加入水、麵粉拌勻（3）油脂與水煮沸並不斷地攪拌，加入麵粉後，繼續攪拌煮至麵粉完全膠化（4）水、油脂煮沸即離火，加入麵粉拌勻。

13.（3）天使蛋糕配方中鹽和塔塔粉的總和為（1）0.4%（2）0.5%（3）1%（4）1.5%。

14.（2）法國麵包製作配方內不含糖份，但仍能完成發酵，它是由於（1）酵母的活性好（2）澱粉酵素作用轉變麵粉內澱粉為麥芽糖供給酵母養份（3）麵粉內蛋白質酵素軟化麵筋使酵母更具活力（4）在嫌氣狀態下，酵母分解蛋白質作為養份。

15.（2）海綿蛋糕之理想比重為（1）0.30（2）0.46（3）0.55（4）0.7。

16.（2）殼蛋蛋白拌打時最佳溫度為（1）15～16℃（2）17～22℃（3）23～25℃（4）26～28℃。

17.（1）調製杯子蛋糕欲使中央隆起裂開，烤爐溫度應（1）較高（2）較低（3）與一般普通蛋糕同（4）烤焙時間稍長。

18.（3）原來配方中無水奶油用量為 3.2 公斤，今改用含油量 80%的瑪琪琳，其用量應為（1）3.6

公斤（2）3.8 公斤（3）4公斤（4）4.2 公斤。

19.（2）中種發酵法第一次中種麵糰攪拌後溫度應為（1）21～23℃（2）24～26℃（3）30～32℃（4）33～37℃。

20.（4）配方中，不添加任何油脂的產品是（1）廣式月餅（2）魔鬼蛋糕（3）水果蛋糕（4）天使蛋糕。

21.（3）製作麵糊類蛋糕，細砂糖用 100%，若 30%的細砂糖，換成果糖漿，其果糖漿的使用量為（1）20%（2）30%（3）40%（4）22.5%（果糖漿之固體含量以 75%計之）。

22.（3）配方中純豬油用量為 480 公克，擬改為含油量 80%的瑪琪琳，則瑪琪琳用量為（1）500 公克（2）550 公克（3）600公克（4）650 公克。

23.（2）製作某種麵包，其配方如下：麵粉 100%、水 60%、鹽 2%、酵母 2%、合計 164%，假定損耗 5%若要製作分割重量為 300 公克的麵包 100 條，需要麵粉量為（1）18.25 公斤（2）19.26 公斤（3）20.35 公斤（4）21.24 公斤。

24.（2）配方中何種原料，可使餅乾烘烤後產生金黃色之色澤（1）麵粉（2）高果糖（3）玉米澱粉（4）蛋白。

25.（3）原料加水攪拌後，麵糰不可產生麵筋的產品是（1）麵包（2）甜餅乾（3）小西點（4）蘇打餅乾。

26.（4）烤焙後的餅乾表面欲噴油時以何種油脂最適合（1）鮮奶油（2）豬油（3）大豆沙拉油（4）精製椰子油。

27.（3）下列產品出爐後，吸濕性最強的是（1）蘇打餅乾（2）小西點（3）煎餅（wafer）（4）甜餅乾。

28.（1）在使用小蘇打加入麵糰攪拌，不可同時混合的原料為（1）檸檬酸（2）玉米粉（3）水（4）碳酸氫銨。

29.（3）配方平衡時，麵糰中含油量最高的是（1）蘇打餅乾（2）煎餅（wafer）（3）小西點（4）甜餅乾。

30.（2）配方中麵粉酸度過強時，應以（1）自來水（2）小蘇打（3）塔塔粉（4）香料 調整。

31.（4）為使麵糰在攪拌時，增加水合能力，使成份更平均分佈時，可添加（1）香料（2）椰子油（3）膨鬆劑（4）乳化劑。

32.（2）分割後之麵糰滾圓的目的為（1）使麵糰不會黏在一起（2）防止新生氣體之消失（3）造型（4）抑制發酵。

33.（1）攪拌產生之機器摩擦增高溫度，以何者增加較低（1）中種麵糰攪拌（2）直接法攪拌（3）主麵糰攪拌（4）快速法攪拌。

34.（4）產品製作，下列何者不受 pH 值變動影響（1）酸鹼度（2）發酵作用（3）產品內部顏色（4）溫度。

35.（4）配方中可可粉（油脂含量為 12%）用量為 10 公斤，今改用含油量 50%的可可膏時，為維持含可可固形物，若不考慮水份含量時，其可可膏用量應為（1）2.4kgs（2）4.8kgs（3）8.8kgs（4）17.6kgs。

36.（3）烘焙製品之顏色與用糖種類有關，若於同一烤焙溫度操作下，加入何種糖類，其著色最差（1）葡萄糖（2）麥芽糖（3）乳糖（4）高果糖。

37.（2）為防止麵包老化、抑制乾硬，可在配方中加入（1）玉米澱粉（2）吸濕性強之還原糖（3）高筋度麵粉（4）香料。

38.（3）下列何者對增加麵包中之氣體無關（1）增加發酵時間（2）增加酵母用量（3）加入適量糖精（4）加入適量改良劑。

39.（2）製作 16.6 公斤麵包麵糰時需使用 10 公斤麵粉，其中 6.5 公斤用於中種麵糰中，請問中種全麵糰所用麵粉比例為（1）70/30（2）65/35（3）60/80（4）50/50。

40.（2）製作霜飾時，需使用下列何種原料，才有膠凝作用（1）水（2）洋菜（3）香料（4）油脂。

41.（4）奶油空心餅的麵糊在最後階段可以用下列何種原料來控制濃稠度（1）沙拉油（2）麵粉（3）小蘇打（4）蛋。

42.（3）製作鬆餅，選擇裹入用油脂的必備條件為（1）液體狀（2）流動性良好（3）可塑性良好（4）愈硬愈好。

43.（2）下列何者對奶油空心餅在烤爐中呈扁平狀擴散無關（1）麵糊太稀（2）麵糊太乾（3）攪拌過度（4）上火太強。

44.（4）下列何者對奶油空心餅產生膨大無關（1）水汽脹力（2）濕麵筋承受力（3）油脂可塑性（4）調整風味。

45.（1）在烘焙過程中，能使奶油空心餅膨大並保持最大體積的原料（1）高筋麵粉（2）低筋麵粉（3）玉米澱粉（4）洗筋粉。

46.（3）對一般產品而言，下列何者麵糰（糊）配方中不含糖（1）奶油蛋糕（2）瑪琍餅乾（3）奶油空心餅（4）廣式月餅。

47.（4）下列何者不是砂糖對小西餅製作產生的功能（1）賦予甜味（2）調節硬脆度（3）著色（4）調整酸鹼度（pH）。

48.（3）下列何者不是使鬆餅缺乏酥片層次的因素（1）油脂熔點太低（2）摺疊操作不當（3）未刷蛋水（4）麵糰貯放在爐旁太久。

49.（3）海綿蛋糕配方中若蛋的用量增加，則蛋糕的膨脹性（1）不變（2）減少（3）增加（4）受鹽用量之影響。

50.（3）麵糊類蛋糕的配方，低筋麵粉 100%、糖 100%、鹽 2%、白油 40%、蛋 44%、奶水 71%、發粉 5%，依此配方應採用何種攪拌方法較適當（1）直接法（2）麵粉油脂拌合法（3）糖油拌合法（4）兩步拌合法。

51.（1）低成分麵糊類蛋糕之配方其糖之用量（1）低（2）高（3）2 倍（4）3 倍　於麵粉之用量。

52.（3）糖漿煮至 121℃，其性狀是屬於（1）濃糖漿（2）軟球糖漿（3）硬球糖漿（4）脆糖。

53.（1）裝飾用不含糖的鮮奶油（Whipped Cream）當鮮奶油為 100%時細砂糖的用量應為（1）10～15%（2）20～25%（3）30～35%（4）40～45%，則攪拌出來的成品會比較堅實。

54.（4）傳統長崎蛋糕之製作依烘焙百分比當麵粉用量為 100%時，砂糖的用量為（1）90～100%（2）110～120%（3）130～140%（4）180～200%。

55.（3）長崎蛋糕的烘焙以下列何者正確（1）進爐後持續以高溫（240℃以上）至烘焙完成才可出爐（2）進爐後持續以低溫（150℃以下）至烘焙完成才可出爐（3）進爐後，大約烤 3 分鐘後，必須拉出於表面噴水霧，並做消泡動作（4）進爐後，大約烤 3 分鐘後，必須拉出於表面噴油霧，並做消泡動作。

56.（3）水果蛋糕若水果沈澱於蛋糕底部與下列何者無關（1）水果切得太大（2）爐溫太低（3）油脂用量不足（4）水果未經處理。

57.（4）海綿蛋糕在烘焙過程中收縮與下列何者無關（1）配方內糖的用量太多（2）蛋糕在爐內受到震動（3）麵粉用量不夠（4）油脂用量不夠。

58.（4）製作鬆餅時，攪拌時所加入的水，宜用（1）熱水（80℃）（2）溫水（40℃）（3）冷水（20℃）（4）冰水（2℃）。

59.（3）下列何者蛋糕出爐後，必須翻轉冷卻（1）重奶油蛋糕（2）輕奶油蛋糕（3）戚風蛋糕（4）水果蛋糕（麵糊類）。

60.（4）下列何者蛋糕出爐後，不須翻轉冷卻（1）戚風蛋糕（2）海綿蛋糕（3）天使蛋糕（4）輕奶油蛋糕。

61.（4）長崎蛋糕於烘焙之前，必須有消泡動作，其目的（1）降低爐溫（2）使蒸氣之大量水蒸氣散逸（3）將攪拌時產生的汽泡破壞（4）使氣泡細緻、麵糊溫度均衡 ，如此才可得到平坦膨脹的產品。

62.（4）製作奶油空心餅時，下列何種原料可以不加（1）蛋（2）油脂（3）水（4）碳酸氫銨 依然可以得到良好的產品。

63.（3）製作奶油空心餅時，蛋必須在麵糊溫度為（1）100℃～95℃（2）80℃～75℃（3）65℃～60℃（4）40℃～30℃ 時加入。

64.（4）派皮缺乏酥片之主要原因（1）麵粉筋度太高（2）水份太多（3）使用多量之含水油脂（4）麵皮攪拌溫度過高。

65.（1）奶油空心餅之麵糊，在加蛋時油水分離之原因為（1）麵糊溫度太低（2）油脂在麵糊中充分乳化（3）加入麵粉時攪拌均勻（4）麵糊充分糊化。

66.（2）奶油空心餅烤焙時應注意之事項，何者不正確（1）烤焙前段不可開爐門（2）爐溫上大下小，至膨脹後改為上小下大（3）若底火太大則底部有凹洞（4）麵糊進爐前噴水，以助膨大。

67.（2）欲使小西餅增加鬆酥程度，須如何調整？（1）增加砂糖用量（2）提高油和蛋量（3）增加水量（4）增加麵粉量。

68.（1）下列玉米粉之特性何者為非（1）冷水中會溶解（2）65℃以上會吸水膨脹成膠黏狀（3）膠體加熱至 30℃會再崩解→水解作用（4）膠體無還原性。

69.（2）下列何者非為動物膠之特性？（1）遇酸會分解而失去一部份膠體（2）加熱會增加其凝固力（3）冷水中可吸水膨脹不會溶解（4）60℃熱水溶解為佳，時間不可太長。

70.（2）麵糰經過積層機折疊麵皮對產品品質不會產生影響的是（1）甜餅乾（2）小西餅（3）蘇打餅乾（4）硬質鹹餅乾。

71.（3）連續式隧道烤爐，對烘烤甜餅乾之產品結構有固定作用的是（1）第一區（2）第二區（3）第三區（4）第四區。

72.（3）餅乾烤焙時，表面產生氣泡現象的原因，與以下何者無關（1）配方平衡（2）膨脹劑種類（3）香料（4）烤爐溫度。

73.（1）餅乾表面若欲噴油時，對使用油脂特性不需考慮的是（1）包裝型態（2）風味融合性（3）安定性（4）化口性。

74.（1）在生產條件不變的情況下，由於每批麵粉特性之差異，餅乾配方中不可作修改的是（1）香料用量（2）碳酸氫銨（3）水量（4）攪拌條件。

75.（1）連續式隧道烤爐，對餅乾製作而言，排氣孔絕對不能打開的是（1）第一區（2）第二區（3）第三區（4）第四區。

76.（2）攝氏零下 40℃等於華氏（1）40℉（2）-40℉（3）104℉（4）-25℉。

77.（2）乾濕球濕度計的溫度差愈大則相對濕度（1）愈大（2）愈小（3）不一定（4）與溫度無關。

78.（3）今欲做 60 公克甜麵包 30 個，已知配方總%為 200 則麵粉用量最少為（1）800 公克（2）850 公克（3）900 公克（4）1200 公克。

79.（1）下列何種製法容易造成麵包快速老化（1）快速直接法（2）正常中種法（3）正常直接法（4）基本中種法。

80.（1）在以直接法製作麵包的配方中，已知水的用量為 640 克，適用水溫 8℃，自來水溫 20℃，則應用冰量為（1）77 克（2）108 克（3）154 克（4）200 克。

81.（3）圓烤盤直徑 20 公分，高 5 公分，則其容積為（1）500 立方公分（2）1,020 立方公分（3）1,570 立方公分（4）2,000 立方公分。

82.（2）製作木材硬質麵包其總加水量約為多少（1）25%（2）35%（3）55%（4）64%。

83.（2）配方總百分比為 185%時，其麵粉係數為（1）0.45（2）0.54（3）0.6（4）0.65。

84.（3）麵糊類（奶油）蛋糕，常使用的攪拌方法除麵粉油脂拌合法外，還有（1）直接法（2）中種法（3）糖油拌合法（4）二步法。

85.（2）下列海綿蛋糕，在製作時那一種最容易消泡（1）咖啡海綿蛋糕（2）巧克力海綿蛋糕（3）香草海綿蛋糕（4）草莓海綿蛋糕。

86.（1）下列那一種麵糊攪拌後比較不容易消泡（1）SP 海綿蛋糕（2）香草海綿蛋糕（3）戚風蛋糕（4）長崎蛋糕。

87.（2）蛋糕裝飾用的霜飾，下列那一種霜飾在操作時比較不容易受到溫度限制（1）動物性鮮奶油（2）奶油霜飾（3）巧克力（4）植物性鮮奶油。

88.（4）裝飾在蛋糕表面的水果刷上亮光液的目的，下列何者為非？（1）增加光澤（2）防止水果脫水（3）增加水果保存期限（4）防止蟲咬。

89.（2）快速酵母粉於夏天使用時（1）先溶於冰水（2）溶於與體溫相似的水（3）溶於 50℃以上溫水（4）與糖先行混勻。

90.（3）下列何種油脂含有約 3%的鹽?（1）豬油（2）酥油（3）瑪琪琳（4）雪白油。

91.（4）下列何物對促進酵母發酵沒有幫助？（1）食鹽（2）銨鹽（3）糖（4）塔塔粉。

92.（2）以瑪琪琳代替白油時下列那種材料需同時改變?（1）糖與奶水（2）奶水與鹽（3）糖與鹽（4）酵母與糖。

93.（4）下列何種成分與麵包香味無關?（1）油脂（2）雞蛋（3）酒精（4）二氧化碳。

94.（2）海綿蛋糕為了降低蛋糕之韌性且使組織柔軟在配方中可加入適量之（1）固體油脂（2）液體油脂（3）黃豆蛋白（4）塔塔粉。

95.（4）供蛋糕霜飾用的油脂不宜採用（1）雪白油（2）瑪琪琳（3）酥油（4）葵花油。

96.（4）製作海綿蛋糕，若配方中之蛋和糖要隔水加熱，其加熱之溫度勿超過（1）20℃（2）30℃（3）40℃（4）50℃。

97.（1）輕奶油蛋糕之配方中含有較多之化學膨脹劑，因此在製作時通常與重奶油蛋糕較不同點是（1）烤焙溫度高低（2）麵糊軟硬度（3）攪拌時間（4）蛋含量高低。

98.（2）海綿或戚風蛋糕的頂部呈現深色之條紋係因（1）烤焙時間太久（2）上火太大（3）麵糊攪拌不足（4）麵糊水分不足。

99.（1）製作蛋糕時為促進蛋白之潔白性及韌性，打發蛋白時可加入適量（1）塔塔粉（2）石膏粉

（3）小蘇打粉（4）太白粉。

100.（2）製作巧克力蛋糕使用天然可可粉時，可在配方中加入適量的（1）碳酸氫銨（NH_4HCO_3）（2）碳酸氫鈉（$NaHCO_3$）（3）氯化鈣（$CaCl_2$）（4）硫酸鎂（$MgSO_4$）。

101.（4）裝飾蛋糕用之奶油霜飾，其軟硬度的調整通常不使用（1）奶水（2）果汁（3）糖漿（4）全蛋。

102.（2）水果派餡的調製，下列何者為非?（1）糖的濃度會降澱粉的膠凝性，所以糖加入太多，派餡不易凝固（2）煮好的派餡應立即放入冰箱以幫助凝膠（3）用酸性較強的水果調製派餡會影響膠凝性（4）澱粉的用量應隨糖水的用量增加而增加。

103.（4）下列何者不是使用冰水調製派皮的目的?（1）避免油脂軟化（2）保持麵糰硬度（3）防止麵筋形成（4）防止破皮。

104.（2）酵母道納斯（油炸甜圈餅）最後發酵的條件為（1）35～38℃，50～60%RH（2）35～38℃，65～75%RH（3）15～20℃，75%RH（4）35～38℃，85%RH。

105.（1）有關油炸油使用常識下列何者是對?（1）使用固體油炸油比液體油炸油炸出的成品較乾爽（2）油炸油不用時也要保持於 180℃，以免油炸油溫度變化太大而影響油脂品質（3）油炸油應每星期過濾一次（4）應選擇不飽和脂肪酸多的油脂作為油炸油。

106.（2）蛋糕道納斯（油炸甜圈餅）配方的油量以不超過（1）15%（2）25%（3）35%（4）45% 為宜。

107.（2）牛奶雞蛋布丁餡主要膠凍材料為（1）牛奶（2）雞蛋（3）玉米粉（4）動物膠。

108.（3）鬆餅麵糰配方中加蛋的目的為（1）增加膨脹力（2）增加麵糰韌性（3）增加產品顏色與風味（4）增加產品酥鬆感。

109.（2）鬆餅不夠酥鬆過於硬脆，乃因（1）爐溫過高（2）折疊操作不當（3）裹入用油比例太高（4）使用太多低筋麵粉。

110.（1）製作脆皮比薩，整形後應（1）立即入爐烤焙（2）鬆弛 60 分鐘後烤焙（3）鬆弛 50 分鐘後烤焙（4）鬆弛 30 分鐘後烤焙。

111.（4）下列何種乳酪具有拉絲的特性，常作為比薩餡料？（1）Parmenson Cheese（2）Cream Cheese（3）Cheddar Cheese（4）Mozzerella Cheese。

112.（2）烤餅乾隧道烤爐使用下列何者熱源不會使餅乾產品著色？（1）電力（2）微波（3）瓦斯（4）柴油。

113.（2）下列何者不是烤餅乾隧道烤爐的傳熱方式？（1）傳導（2）比熱（3）輻射（4）對流。

114.（3）製作小西餅下列何種膨大劑不適合使用？（1）發粉（B.P.）（2）碳酸氫銨（3）酵母（4）小蘇打。

115.（4）為增加小西餅口味的變化，下列那種原料不能添加?（1）巧克力（2）核果（3）椰子粉（4）發粉。

116.（3）製作餅乾為減少麵糰筋性常使用的酵素為（1）液化酵素（2）糖化酵素（3）蛋白質酵素（4）脂肪分解酵素。

117.（4）蘇打餅乾常適合胃酸多的人吃是因其 pH 值為（1）強酸（2）強鹼（3）弱酸（4）弱鹼。

118.（2）一般製作奶油蘇打餅乾經過積層作用（Lamination）會增加其鬆酥性，其積層的層次常為（1）4層以下（2）6～12層（3）20～30層（4）千層以上。

119.（1）下列何者不是小西餅機器成型方式？（1）輪切（2）擠出（3）推壓（4）線切。

120.（1）製作墨西哥麵包的外皮原料使用比率為麵粉：砂糖：奶油：蛋＝（1）1:1:1:1（2）1:1:2:1（3）2:1:1:1（4）1:2:1:1。

121.（4）麵粉 1：油脂 1：水 1：蛋 2，此配方為那種產品？（1）小西餅（2）派（3）奶油蛋糕（4）泡芙。

122.（3）調煮糖液時，水 100cc，砂糖 100g 在 20℃狀態其糖度約為（1）30%（2）40%（3）50%（4）60%。

123.（4）製作德國名點黑森林蛋糕內餡的水果為（1）黃杏桃（2）南梅（3）葡萄（4）櫻桃。

124.（2）製作調溫型巧克力時，巧克力溫度應先升高至（1）35℃（2）45℃（3）55℃（4）65℃ 左右再行其他作業工作。

125.（1）何者膠凍原料不宜製作酸性水果果凍？（1）洋菜（2）動物膠（3）果膠（4）鹿角菜膠。

126.（1）製作英式白土司配方中砂糖及油脂對麵粉比率為（1）2～4%（2）6～8%（3）10～12%（4）15～20%。

127.（4）製作舒弗蕾（Souffle）產品所使用的模型為（1）鐵製（2）鋁製（3）銅製（4）陶瓷。

128.（2）製作法國麵包時其烤焙損耗一般設定為（1）5～10%（2）15～20%（3）21～25%（4）26～30%。

129.（2）麵包製作時添加微量維生素 C，最主要是給予麵包的（1）營養（2）膨脹（3）風味（4）柔軟。

130.（1）那一種糖類對發酵沒有直接影響？（1）乳糖（2）麥芽糖（3）葡萄糖（4）蔗糖。

131.（3）麵糰發酵的目的下列何者為錯誤？（1）酸化的促進（2）生成氣體（3）麵筋的形成（4）改變麵糰的伸展性。

132.（2）製作法國麵包配方中的麥芽酵素主要添加理由為（1）糖分的補給，促進酵母活性化（2）因液化酵素（α-Amylase）的作用促進酵母活性化（3）因糖化酵素（β-Amylase）的作用促進酵母活性化（4）產品外皮增厚。

133.（2）使用硬水製作麵包時避免（1）增加酵母量（2）增加食鹽量（3）增加水量（4）將麵糰溫度上昇。

134.（1）攪拌麵糰時促使麵筋形成最重要的是（1）S-S 結合（2）水素結合（3）鹽的結合（4）水分子之間的水素結合。

135.（2）製作傳統維也納沙哈蛋糕（Sacher Torte）其條件需要那三種東西（1）巧克力淋醬-嘉納錫（Ganache），黃杏桃果醬，蛋糕體內含純黑巧克力（2）巧克力翻糖（Schokoladan Konserveglasur），黃杏桃果醬，蛋糕體內含純巧克力（3）巧克力淋醬-嘉納錫，柳橙果醬，蛋糕體內含純黑巧克力（4）巧克力翻糖，黃杏桃果醬，蛋糕體內含可可粉。

136.（3）咕咕洛夫（Kouglof）其產品名稱是來自（1）創造者名（2）地名（3）模型名（4）配方名。

137.（2）製作義大利蛋白糖其糖液需加熱至（1）125～130℃（2）115～120℃（3）100～105℃（4）90～99℃ 為宜。

138.（3）攪拌麵糰時最能使麵筋形成的水溫為（1）10℃以下（2）11～20℃（3）25～35℃（4）40℃以上。

139.（2）一般硬式麵包其最後發酵箱溫度為（1）20～25℃（2）26～30℃（3）35～38℃（4）40～45℃。

140.（1）墨西哥麵包表皮的配方類似（1）重奶油蛋糕（2）海綿蛋糕（3）酥硬性小西餅（4）脆硬性小西餅 的配方。

141.（4）製作口袋麵包（Pita Bread）的膨脹特性是來自（1）澱粉糊化效應（2）酵母發酵效應（3）油脂擴散效應（4）麵筋膨化效應 所得。

142.（1）軟性小西餅適合（1）擠出成形（2）切割成形（3）推壓成形（4）平搓成形 作業。

143.（2）製作泡芙時，下列何者不是必要的材料？（1）麵粉（2）鹽（3）水（4）油脂。

144.（4）製作海綿蛋糕時，下列何者不是必要的材料？（1）麵粉（2）蛋（3）砂糖（4）油脂。

145.（3）使用動物膠（吉利丁）製作果凍時，其凝固膠凍能力不受（1）酸（2）熱（3）糖（4）酒精 影響而變弱。

146.（4）一般製作拉糖，其糖液需加熱至（1）120～125℃（2）126～135℃（3）140～145℃（4）150～160℃。

147.（4）製作法國名點可莉露（Canneles）內含的酒類為（1）白蘭地（2）伏特加（3）櫻桃蒸餾酒（4）蘭姆酒。

148.（4）製作布里歐秀（Brioche）其製程需冷藏、冷凍下列那一項不是理由?（1）抑制發酵（2）以利整形（3）促進風味生成（4）以利烤焙。

149.（2）下列何者是導致水果奶油蛋糕之水果蜜餞下沉原因?（1）麵筋強韌（2）膨大劑過量（3）充分攪拌均勻（4）水果蜜餞充分瀝乾。

150.（1）在溫度 2℃以下，使用同量的水分及砂糖，下列何者膠凍原料用量需要最多，才能使其產品凍結凝固？（1）動物膠（2）果膠（3）洋菜（4）鹿角菜膠。

151.（4）製作法式西點時常使用的材料「T.P.T.」是指（1）杏仁粉 2：糖粉 1（2）核桃粉 2：糖粉 1（3）玉米粉 1：糖粉 1（4）杏仁粉 1：糖粉 1。

152.（3）海綿蛋糕製作時為使組織緊密可增加（1）蛋黃（2）砂糖（3）澱粉（4）膨大劑的用量。

153.（3）製作下列何者產品可以先行完成攪拌作業，靜置半天再整形?（1）海綿蛋糕（2）戚風蛋糕（3）泡芙（4）天使蛋糕。

複選題：

154.（24） 現欲製作 5 條葡萄乾土司，每條成品重 520 公克，若配方烘焙總百分比為 249.5%，損耗率為 10%，則需要的麵糰總重量及麵粉的用量應為：（1）麵糰總重量應為 2778 公克（2）麵糰總重量應為 2889 公克（3）麵粉用量應為 1165 公克（4）麵粉用量應為 1158 公克。

155.（14） 麵包依配方中糖、油含量比率特性，下列那些正確？（1）硬式麵包為低糖、低油（2）軟式麵包（土司麵包）為高糖、低油（3）甜麵包為低糖、高油（4）美式甜麵包為高糖、高油。

156.（134） 烘焙食品或食品添加物有下列情形之一者，不得製造：（1）腐敗者（2）成熟者（3）有毒或異物者（4）染有病原菌者。

157.（234） 麵包製作方法中，直接法與中種法比較之優、缺點，下列那些正確？（1）直接法發酵味道比較好（2）中種法體積比較好（3）直接法攪拌耐性比較好（4）中種法發酵耐性比較好。

158.（234） 使用快發酵母粉製作麵包，下列那些錯誤？（1）直接和麵粉拌勻再加入其他材料攪拌（2）先用 4～5 倍的熱水溶解，再使用（3）先用 4～5 倍冰水溶解，再使用（4）和新鮮酵母一樣直接使用。

159.（13） 製作慕斯（Mousse）產品需要冷凍，冷凍應注意事項（1）使用急速冷凍凍結法（2）最大冰結晶生成帶－1～－5℃（3）最短時間之內通過最大冰結晶生成帶（4）使用一般冷凍凍結法。

160.（123） 麵包攪拌功能中，下列那些正確？（1）使配方中所有的材料混合均匀分散於麵糰中（2）加速麵粉吸水形成麵筋（3）使麵筋擴展（4）使麵糰減少吸水。

161.（24） 有關天使蛋糕的製作，下列那些錯誤？（1）蛋白的溫度應在 17～22℃（2）蛋白攪拌至乾性發泡（3）模型不可塗油（4）出爐後應趁熱脫模。

162.（34） 製作麵包有直接法和中種法，各有其優點和缺點，下列那些是中種法的優點？（1）減少麵糰發酵損耗（2）省人力及設備（3）產品體積較大，內部結構與組織較細密柔軟（4）有較佳的發酵容忍度。

163.（1234） 麵糰攪拌時間的影響因素，下列那些正確？（1）水的量和溫度（2）水的酸鹼度（pH 值）（3）水中的礦物質含量（4）室溫。

164.（123） 下列那些可做為慕斯餡（Mousse）的膠凍材料？（1）動物膠（gelatin）（2）玉米粉（3）巧克力（4）洋菜（agar-agar）。

165.（134） 製作水果蛋糕時蜜餞水果泡酒的目的，下列那些正確？（1）增加產量（2）降低成本（3）平衡蜜餞水果和麵糊的水分（4）使蛋糕更濕潤柔軟。

166.（123） 下列那些方式可改善瑪琍牛奶餅乾麵糰的延展性，並降低麵糰的抗展性？（1）使用法定還原劑（2）添加蛋白質分解酵素（3）延長攪拌時間（4）增加配方中麵粉的比例。

167.（124） 麵包在正常製作下，麵糰基本發酵下列那些正確？（1）直接法體積為原來 2～3 倍（2）發酵室溫度為 28～29℃，相對濕度為 75%（3）發酵室溫度為 38℃，相對濕度為 85%（4）發酵時間和配方中酵母用量成反比。

168.（23） 有關慕斯餡（mousse）的製作，下列那些正確？（1）一般以果膠為膠凍材料（2）選用殺菌蛋品製作，衛生品質較有保障（3）需經冷凍處理（4）片狀動物膠使用量須比粉狀動物膠多。

169.（123） 奧地利銘點沙哈蛋糕（Sacher Torte），下列那些為作業要點？（1）含有巧克力的蛋糕體（2）巧克力翻糖披覆蛋糕體（3）杏桃果醬披覆蛋糕體（4）嘉納錫披覆蛋糕體。

170.（13） 有關重奶油蛋糕的敘述，下列那些正確？（1）發粉用量隨著油脂用量增加而減少（2）發粉用量隨著油脂用量增加而增加（3）屬於麵糊類蛋糕（4）屬於乳沫類蛋糕。

171.（1234） 麵包製作，影響發酵速度的因素下列那些正確？（1）來自高糖含量的滲透壓（2）溫度高低（3）添加防腐劑（4）酸鹼度（pH 值）。

172.（124） 輕奶油蛋糕體積膨脹的主要來源為（1）油脂（2）膨脹劑（3）砂糖（4）水蒸氣。

173.（134） 麵包烤焙過程，麵糰的內部從 38℃昇至 99℃，在熱交換過程也伴隨著很多物理的、化學的變化，下列那些正確？（1）殺死酵母和部份酵素不活化（2）蛋白質不會變性（3）揮發性物質和水分蒸發（4）糖和蛋白質產生梅納反應。

174.（1234） 食品的乾燥方法有自然乾燥及人工乾燥，在乾燥過程會產生那些變化？（1）蛋白質的變化（2）澱粉的變化（3）酵素的變質（4）非酵素的變質梅納反應（Maillard reaction）。

175.（14） 下列那些產品，須完成打蛋白糖霜後再和其他原料拌合？（1）馬卡龍（Macaron）（2）指形小西餅（Fingers）（3）義大利脆餅（Biscotti）（4）鏡面餅乾（Miroir）。

176.（123） 糖漬蜜餞，加糖的主要目的有那些？（1）滲透壓上升（2）水活性降低（3）抑制微生物生長（4）增加甜味。

177.（234） 手工小西餅配方為低筋麵粉 100%、奶油 50%、糖粉 50%、雞蛋 25%，以糖油拌合法攪拌，可配合下列何種成形方法完成產品作業？（1）擠出成形法（2）推壓成形法（3）割切成形法（4）手搓成形法。

178.（14） 手工小西餅配方為低筋麵粉 100%、奶油 66%、糖粉 33%、雞蛋 20%，以糖油拌合法攪拌，可配合下列何種成形方法完成產品作業？（1）擠出成形法（2）推壓成形法（3）割切成形法（4）手搓成形法。

179.（124） 下列那些正確？（1）歐美俗稱的磅蛋糕（Pound cake）是屬於麵糊類蛋糕（2）塔塔粉在天使蛋糕中最主要的功能是降低蛋白的鹼性（3）海綿蛋糕的基本配方原料為麵粉、糖、發粉、水（4）理想海綿蛋糕麵糊比重約為 0.46。

180.（134） 蛋糕在烤爐中受熱過程會膨脹，下列那些正確？（1）攪拌時拌入空氣，受熱時空氣膨脹（2）配方中所含的乳化劑，因受熱而產生氣體膨脹（3）配方中所含的化學膨大劑，因酸鹼中和而產生氣體膨脹（4）麵糊中水份受熱變成水蒸汽膨脹。

181.（14） 製作麵包時，在所有條件不變之下，若將配方中麵糰加水量較正常情況減少 5%（烘焙百分比），下列那些正確？（1）麵糰捲起時間較快（2）捲起後至麵糰完成擴展之攪拌時間較短（3）最後發酵時間縮短（4）最終麵包含水量會較低。

182.（234） 手工小西餅配方為低筋麵粉 100%、奶油 33%、糖粉 66%、雞蛋 20%，以糖油拌合法攪拌，可配合下列何種成形方法完成產品作業？（1）擠出成形法（2）推壓成形法（3）割切成形法（4）手搓成形法。

183.（124） 有關奶油空心餅的製作，下列那些正確？（1）在油脂與水煮沸後，加入麵粉繼續攪拌加熱使麵粉糊化（2）可添加碳酸氫銨（3）產品外殼太厚是因為蛋用量不足所致（4）體積不夠膨大，為添加蛋時麵糊溫度太低所致。

184.（234） 蛋糕攪拌的重點是打發拌入空氣，而拌入空氣便會改變麵糊的比重，下列那些正確？（1）麵糊類的比重在 0.35～0.38 之間（2）海綿類在 0.40～0.45 之間（3）天使類在 0.35～0.38 之間（4）麵糊類的比重在 0.82～0.85 之間。

185.（24） 有關巧克力，下列那些錯誤？（1）融化巧克力的溫度不可超過 50℃（2）操作巧克力的室溫宜維持在 28℃（3）可可脂的融點約 32～35℃（4）避免水蒸氣，融化時宜直接在瓦斯爐上加熱。

186.（13） 製作麵包時，對於麵糰配方與攪拌的關係，下列那些正確？（1）柔性材料越多，捲起時間越長（2）柔性材料越多，麵糰攪拌時間越短（3）韌性材料多，麵筋擴展時間縮短（4）增加鹽的添加量可縮短麵糰攪拌時間。

187.（14） 下列何者產品須二階段烤焙（入烤箱後，產品出爐冷卻後再進烤箱烤焙）？（1）義大利脆餅（Biscotti）（2）馬卡龍（Macaron）（3）嘉烈德（Galette）（4）鏡面餅乾（Miroir）。

188.（24） 有關派的製作，下列那些正確？（1）製作檸檬布丁派使用雞蛋作為主要膠凍原料（2）派皮整形前，需放入冰箱中冷藏的目的為使油脂凝固，易於整形（3）製作生派皮生派餡派使用玉米澱粉做為膠凍原料（4）派皮配方中油脂用量太少會使派皮過度收縮。

189.（124） 以直接法製作麵包，對於「翻麵」的步驟下列那些正確？（1）使麵糰溫度均勻（2）使麵糰發酵均勻（3）排出麵糰內因發酵產生的二氧化碳，減緩發酵速度（4）促進麵筋擴展。

190.（1234） 下列何者產品，須經二種不同加熱方式，才能完成產品作業？（1）貝果（Bagel）（2）可麗露（Cannlés de Badeaux）（3）沙巴琳（Savarin）（4）泡芙（Pâte ā choux）。

191.（124） 下列那些是造成麵包體積過小之原因？（1）配方糖量太多（2）麵糰攪拌不足（3）烤焙時烤爐溫度較低（4）最後發酵時間較短。

192.（23） 下列小西餅名稱須兩種不同配方組合，並一同烤焙？（1）嘉烈德（Galette）（2）鏡面餅乾（Miroir）（3）羅米亞（Romias）（4）煙卷（Cigarette）。

193.（24） 下列那些正確？（1）以攪拌機攪拌吐司麵糰時，應先以快速攪拌使所有原料混合均勻，再以最慢速攪拌使麵筋結構緩慢形成（2）包裝機之熱封溫度與包裝機之速度有關，若速度變動，熱封溫度亦需作調整，以確保包裝封口之完整性（3）攪拌機的轉速與攪拌所需時間有關，所以為求最快之攪拌時間，攪拌機轉速的選擇愈高愈好（4）齒輪傳動之攪拌機，調整轉速時一定要先把攪拌機停止，再調整排檔，起動開關。

194.（34） 為節省作業程式，以奶油 100%、砂糖 100%、雞蛋 50%拌勻成半成品後，再添加適當麵粉即可轉變成下列那些產品使用？（1）墨西哥皮（2）起酥皮（3）菠蘿皮（4）塔皮。

195.（34） 有關麵糊類蛋糕的製作，下列那些正確？（1）理想的麵糊比重為 0.45～0.5（2）輕奶油蛋糕的麵糊比重比重奶油蛋糕輕（3）一般裝盤量約八分滿（4）重奶油蛋糕出爐後應趁熱脫模。

196.（124） 製作水果奶油蛋糕，下列那些錯誤？（1）水果量多，宜採用糖油拌合法製作（2）相同裝盤量，水果量越多，體積越大（3）水果量多，宜選用高筋麵粉製作，以防水果下沉（4）水果量越多，可增加發粉用量，使蛋糕更鬆軟。

197.（124） 下列那些正確？（1）麵糊類（奶油）蛋糕中油脂為麵粉含量 80%時視為重奶油，對麵粉含量 35%時視為輕奶油（2）配方平衡時，配方中之水量，輕奶油蛋糕較重奶油蛋糕多（3）欲使蛋糕組織緊密，可酌量減少韌性原料用量（4）塔塔粉在蛋糕製作時其主要功能是調整酸鹼度。

198.（134） 以天然酵母（nature yeast）培養的老麵，也稱為複合酵母，是將自然界的微生物培養成適合製作麵包的菌種，其中含有那些微生物？（1）野生酵母（2）商業酵母（3）醋酸菌（4）乳酸菌。

199.（24） 下列那些正確？（1）海綿蛋糕與天使蛋糕同屬麵糊類蛋糕，並使用發粉作為膨脹劑（2）發粉是屬於柔性材料（3）蛋糕配方中之總水量，蛋量不包含在內（4）重奶油蛋糕之配方中，蛋是主要的濕性原料。

200.（134） 添加老麵製作的產品，其特色有那些？（1）延緩老化（2）體積較大（3）增加產品咬感（4）增加風味。

201.（13） 製作重奶油蛋糕配方中含有杏仁膏，為使其分散均勻，攪拌作業可先和下列那些原料拌合，再和其他原料拌合？（1）奶油（2）砂糖（3）雞蛋（4）低筋麵粉。

202.（234） 製作法國麵包採用後鹽法攪拌麵糰其功能有那些？（1）降低麵筋韌性（2）促進麵筋伸展（3）加強麵筋網狀結構（4）提前水合作用。

203.（14） 製作德式裸麥麵包時配方中標示 TA（Teig Ausbeute）180 時，其標示為下列那些材料之間的關係？（1）裸麥麵粉 100（2）糖 80（3）油脂 100（4）水 80。

204.（134） 巧克力調溫的目的，是使巧克力表面有光澤，易脫模，保存性好，防止產生油脂霜斑（Fat Bloom）產生，將巧克力加熱至 45～50℃，再冷卻到 27～28℃，再把溫度提升到 30℃左右，調溫過程要得到的晶核，下列那些錯誤？（1）α 晶核（2）β 晶核（3）γ 晶核（4）δ 晶核。

205.（34） 麵包烤焙時其麵糰之物理反應有那些？（1）生成二氧化碳（2）梅納反應（3）表皮薄膜化形成（4）酒精昇華。

206.（12） 麵包烤焙時其麵糰之化學反應有那些？（1）生成二氧化碳（2）梅納反應（3）表皮薄膜化形成（4）酒精昇華。

207.（12） 下列那些因素可造成烘焙產品在烤焙過程中發生膨脹作用？（1）麵糊攪拌時拌入空氣（2）麵糰中之水汽（3）麵糊添加多磷酸鈉（4）重奶油蛋糕添加塔塔粉。

208.（12） 製作硬式麵包採蒸氣烤焙的功能有那些？（1）促使麵糰表皮薄膜化（2）增進麵糰表面張力使其膨脹（3）增進麵糰吸濕性並降低麵包成本（4）促使麵糰受熱降低焦化作用。

209.（123） 有關蛋在烘焙產品的功能，下列那些正確？（1）增加烘焙產品的營養價值（2）作為產品的膨大劑（3）蛋黃的卵磷脂可提供乳化作用（4）可增加麵筋的韌性。

210.（14） 製作德式裸麥麵包時酸麵種 TA180 為標準值，下列那些正確？（1）超過則增進乳酸生成（2）超過則增進醋酸生成（3）降低則增進乳酸生成（4）降低則增進醋酸生成。

211.（234） 麵包製作時，食鹽在麵糰攪拌之功能，下列那些正確？（1）促進水合作用（2）增進麵糰機械耐性（3）阻礙水合作用（4）延長攪拌時間。

212.（34） 麵包製作時，食鹽在麵糰發酵之功能，下列那些正確？（1）促進酸化作用（2）增進麵糰膨脹性（3）阻礙麵糰氣體生成（4）抑制麵糰發酵。

213.（124） 麵包製作時，下列那些正確？（1）分割機是依重量進行分割（2）後鹽法可縮短攪拌時間（3）添加脫脂奶粉可以促進發酵（4）分割機是依容量進行分割。

214.（124） 甜麵包麵糰配方制定時，下列那些正確？（1）添加多量的葡萄乾，應增加酵母用量（2）糖量 20%以上，可採用高糖酵母（3）為縮短基本發酵時間，可以增加脫脂奶粉用量（4）為增加麵包烤焙彈性，可提高蛋黃用量。

215.（124） 製作法國麵包烤焙前的作業條件，下列那些正確？（1）攪拌完成時麵糰理想溫度 22～24℃（2）基本發酵：27℃、75%R.H.（3）最後發酵：38℃、85%R.H.（4）刀割表面以 30～40 度角切入。

07700烘焙食品 乙級 工作項目04：品質鑑定

單選題：

1.（1）麵包最後發酵不足其內部組織（1）顆粒粗糙（2）鬆弛（3）多孔洞（4）孔洞大小不一。

2.（1）麵包表皮有小氣泡，可能是產品的（1）最後發酵濕度太大（2）最後發酵濕度太低（3）麵糰太硬（4）糖太少。

3.（4）海綿蛋糕體積不足的因素很多，其中那一項錯誤？（1）攪拌不當（2）蛋攪拌不足（3）應放發粉但未放發粉（4）膨大材料過多。

4.（2）那一項不會影響海綿蛋糕出爐後的過份收縮（1）麵粉筋度太強（2）麵糊較乾（3）出爐應倒扣未倒扣（4）烤盤擦油太多。

5.（3）烘焙產品烤焙的焦化程度與下列那項無關（1）奶粉（2）糖（3）香料（4）烤焙溫度。

6.（2）依照 CNS 所謂全麥麵包，全麥粉的用量應為（1）10%（2）20%（3）30%（4）50%以上。

7.（1）圓頂吐司出爐後兩頭低垂是（1）基本發酵不夠（2）基本發酵過度（3）最後發酵不足（4）最後發酵過度。

8.（1）麵包體積大小是否適中，一般以體積比來表示，所謂體積比是（1）麵包的體積除以麵包的重量（2）麵包的重量除以麵包的體積（3）麵包的體積除以麵糰的重量（4）麵糰的重量除以麵包的體積。

9.（1）攪拌過度的麵包麵糰會（1）表面濕而黏手（2）表面乾而無光澤（3）麵糰用手抓時易斷裂（4）麵糰彈性奇佳。

10.（1）標準的水果派皮性質應該（1）具鬆酥的片狀組織（2）具脆而硬的特質（3）酥軟的特質（4）酥硬的特質。

11.（2）奶油空心餅在 175℃的爐溫下烘烤出爐後向四週擴張而不挺立其原因為（1）爐火太大（2）蛋的用量太多（3）爐溫不夠（4）鹽的用量太多。

12.（1）基本發酵不足的麵包外表顏色（1）紅褐色（2）金黃色（3）淺黃色（4）乳白色。

13.（1）烤焙後派皮過度收縮是因為（1）油脂用量太少（2）油脂用量太多（3）麵粉筋度太低（4）水量不足。

14.（4）標準不加蓋白麵包的體積（毫升），應約為此麵包重量（公克）的（1）2 倍（2）3 倍（3）4 倍（4）6 倍。

15.（2）出爐後之瑪琍餅乾如表面發生裂痕可能是下列何種原因（1）冷卻溫度太高（2）冷卻溫度太低（3）餅乾內油的熔點太低（4）使用糖的顆粒太細。

16.（2）蛋糕表面有白斑點是（1）糖的顆粒太細（2）糖的顆粒太粗（3）油脂的熔點太低（4）油脂的熔點太高。

17.（3）海綿蛋糕下層接近底部處如有黏實的麵糊或水線，其原因為（1）配方內水分用量太少（2）底火太強（3）攪拌時未能將油脂拌勻（4）配方內使用氯氣麵粉。

18.（1）蛋糕中央部份有裂口其原因為（1）爐溫太高（2）攪拌均勻（3）麵粉用量太少（4）筋度太弱。

19.（1）海綿蛋糕出爐後收縮，其原因為（1）配方內糖或油的用量過多（2）配方內水分太少（3）麵粉選用低筋粉（4）配方內油太少。

20.（3）蛋糕內水果下沈的原因為（1）麵糊太乾（2）配方中的糖用量太少（3）發粉用量太多

（4）配方中油量太少。

21.（3）麵糊類蛋糕體積膨脹不足其原因為（1）配方中柔性原料適量（2）選用液體蛋（3）麵糊溫度過高或過低（4）烤模墊紙。

22.（4）下列那項不是造成海綿蛋糕內部有大洞的原因（1）蛋攪拌不夠發或過發（2）底火太強（3）麵糊攪拌太久（4）麵糊太溼。

23.（1）海綿蛋糕在烤焙過程中收縮其原因之一為（1）蛋糕在爐內受到振動（2）蛋攪拌前加熱至42℃（3）蛋在攪拌時拌打不夠（4）配方中採用細砂糖。

24.（4）海綿蛋糕過份收縮，下列那一項不是其原因（1）烤盤擦油太多（2）出爐後未立即從烤盤中取出或未倒置覆轉（3）裝盤麵糊數量不夠（4）配方中麵粉用一部份玉米粉取代。

25.（4）戚風蛋糕出爐後底部常有凹入部份其原因為（1）蛋糕在攪拌時拌入太多空氣（2）發粉使用過量（3）蛋白打至濕性發泡（4）配方內選用高筋粉。

26.（1）烤焙鬆餅體積不大，膨脹性小其原因為（1）裹入用油熔點太低（2）切割時層次分明（3）摺疊後鬆弛 10～15 分鐘（4）爐溫採用高溫烤焙（220～230℃）。

27.（4）鬆餅表面起不規則氣泡或層次分開，下列那一項不是其原因（1）大型產品整形後未予穿刺（2）未刷蛋水或刷的不均勻黏合處未壓緊（3）摺疊時多餘的乾粉未予掃淨（4）使用壓麵機摺疊操作。

28.（2）派皮過度收縮其原因為（1）派皮中油脂用量太多（2）整形時揉捏過多（3）使用中筋或低筋麵粉（4）配方中採用冰水。

29.（2）派皮缺乏應有的酥片其原因為（1）油脂選用酥片瑪琪琳（2）油脂熔點太低（3）摺疊次數適當（4）避免麵糰溫度過高，使用冰水代替水。

30.（1）麵包表皮顏色太深其原因為（1）糖量太多（2）烤爐溫度太低（3）最後發酵溫度太高（4）酵母太多。

31.（3）奶油空心餅中蛋的最少用量不能低於多少百分比，否則會影響其體積（1）80%（2）90%（3）100%（4）125%。

32.（3）土司麵包使用麵粉筋度過強會產生何種影響（1）表皮顏色太深（2）風味較佳（3）麵包體積變小（4）麵包內部顆粒粗大。

33.（2）麵包表皮顏色太深其原因為（1）使用過多的手粉（2）最後發酵濕度太高（3）中間發酵時間太長（4）麵粉筋度太高。

34.（2）葡萄乾麵包因葡萄乾含多量的果糖，為使表皮不致烤黑應用（1）高溫（220℃～240℃）（2）中溫（180℃～200℃）（3）低溫（140℃～160℃）（4）不受溫度影響。

35.（3）影響法國麵包品質最大的因素是（1）攪拌（2）整形（3）發酵（4）水份。

36.（3）麵糊類（奶油）蛋糕，在烤爐內體積漲很高，出爐後中央凹陷，有可能是下列那種情形（1）麵糊量過多（2）麵粉過量（3）發粉過量（4）油不足。

37.（3）下列那一種方法可防止乳沫類、戚風類蛋糕收縮劇烈（1）出爐倒扣，完全冷卻再脫模（2）出爐平放，完全冷卻再脫模（3）出爐倒扣，稍冷卻即脫膜（4）出爐平放，稍冷卻即脫模。

38.（3）下列何種材料不是製作蛋糕奶油霜飾必備的材料（1）乳化油脂（2）糖漿（3）麵粉（4）奶水。

39.（3）下列那個項目不是好的蛋糕條件（1）式樣正確（2）質地柔軟（3）黏牙（4）組織細緻、均勻。

40.（2）戚風蛋糕若底部發生凹陷是因為：（1）麵糊攪拌不足（2）麵糊攪拌過度（3）底火太低（4）麵粉筋性太低。

41.（4）海綿蛋糕出爐後若發生嚴重凹陷時下列何者是原因之一？（1）爐溫太高（2）烤焙時間太久（3）麵糊攪拌過度（4）烤焙不足。

42.（2）切開水果蛋糕，若水果四週呈現大孔洞且蛋糕切片時水果容易掉落之原因為（1）麵糊水分不足（2）水果太乾（3）水果過度濡濕（4）麵糊攪拌不足。

43.（3）蛋糕在烤焙時呈現麵糊急速膨脹或溢出烤模，致使成品中央下陷組織粗糙，是因為：（1）麵糊攪拌不足（2）上火太高（3）配方中膨脹劑用量過多（4）麵糊攪拌後放置太久才進爐烤焙。

44.（1）海綿蛋糕在烤焙時間一定時，若爐溫太高，下列那一種不是其特徵？（1）蛋糕頂部下陷（2）蛋糕頂部破裂（3）蛋糕表皮顏色過深（4）蛋糕容易收縮。

45.（3）派皮過於堅韌，下列原因何者錯誤？（1）麵粉筋度太高（2）使用太多回收麵皮（3）水份太少（4）麵糰揉捏過度。

46.（2）國家標準酥脆類餅乾成品的水分依規定需在（1）8%（2）6%（3）3%（4）1% 以下。

47.（2）製作小西餅時，配方中糖含量高，油脂含量較低，成品呈（1）鬆酥（2）脆硬（3）鬆軟（4）酥硬。

48.（4）巧克力慕斯內餡，下列那一項不是嚴重缺點？（1）內餡分離（2）內餡不凝固（3）有顆粒狀巧克力（4）內餡光滑爽口。

49.（3）土司麵包內部有大孔洞，下列那一項不是其可能原因？（1）中種麵糰溫度太高（2）延續發酵時間太長（3）中種麵糰發酵時間不足（4）改良劑用量過多。

50.（3）下列那一項不是導致奶酥麵包內餡和麵糰分開的可能原因？（1）麵糰太硬（2）餡太軟（3）攪拌過度（4）基本發酵過度。

51.（4）下列那一項不是導致甜麵包底部裂開的可能原因？（1）麵糰太硬（2）改良劑用量過多（3）麵糰溫度太高（4）最後發酵箱濕度太高。

52.（1）下列那一項不是導致甜麵包表面產生皺紋的可能原因？（1）麵粉筋性太低（2）後發酵時間太久（3）攪拌過度（4）酵母用量太多。

53.（4）下列那一項不是導致丹麥麵包烤焙不容易著色的可能原因？（1）手粉使用過量（2）冷凍保存時間太久（3）裹油及摺疊操作不當（4）烤焙溫度過高。

54.（3）丹麥麵包烤焙時會漏油，下列那一項不是其可能原因？（1）最後發酵室溫度太高（2）操作室溫太高（3）油脂融點太高（4）裹油及摺疊操作不當。

55.（2）會引起小西餅組織過於鬆散，下列那一項不是其可能原因？（1）攪拌不正確（2）油量太少（3）化學膨大劑過多（4）油量過多。

56.（2）下列那一項不是導致小西餅容易黏烤盤的可能原因？（1）攪拌不正確（2）糖量太少（3）烤盤擦油不足（4）烤盤不乾淨。

57.（3）攪拌奶油霜飾，常發現有顆粒殘留，其可能原因是（1）煮糖溫度太低（2）未使用奶油（3）雪白油和奶油軟硬度不一致（4）沒有加糖粉。

58.（3）下列那一項不是導致三層乳酪慕斯派餅乾底鬆散的原因？（1）油脂使用量不足（2）餅乾屑顆粒太粗（3）未加糖粉（4）攪拌不均勻。

59.（4）製作鮮奶油蛋糕時，發覺鮮奶油粗糙不光滑，下列那一項不是其可能原因？（1）打發過度（2）鮮奶油放置太久（3）室溫太高（4）打發不足。

複選題：

60.（24） 派皮出爐後會收縮，下列那些為其原因？（1）入爐前經足夠時間鬆弛（2）整形時揉捏過多（3）烤焙過度（4）使用麵粉筋度太強。

61.（24） 下列那些因素是造成巧克力產品的油霜（fat bloom）現象？（1）產品水分位移（2）巧克力調溫不當（3）糖粉使用不當（4）儲存場所之溫度差異過大。

62.（134） 下列那些因素是造成餅乾成品在貯存時破裂現象（checking）的原因？（1）烘焙不當（2）表面噴油（3）成品內部水分不平均（4）烘焙後急速冷卻。

63.（23） 下列那些方式可使餅乾產品外觀紋路更為清晰？（1）配方中增加用水量（2）配方中使用部分玉米粉取代麵粉（3）延長攪拌時間（4）配方中改用液體油脂。

64.（23） 蛋糕的水活性是（1）為該食品中結合水之表示法（2）為該食品中自由水之表示法（3）為該食品之水蒸汽壓與在同溫度下純水飽和水蒸汽壓所得之比值（4）為該食品中微生物不能利用的水。

65.（1234）製作蒸烤乳酪蛋糕時，常發現乳酪沉底，其可能的原因為那些？（1）蛋白打發不夠（2）乳酪麵糊溫度太低（3）蛋白和乳酪麵糊攪拌過度（4）蛋白和乳酪麵糊攪拌不勻。

66.（124） 麵包烤焙後體積比較小，下列那些正確？（1）麵糰溫度太低（2）攪拌不足（3）糖量太少（4）酵母超過保存期限。

67.（134） 麵包烤焙後烤焙顏色太淺，下列那些正確？（1）糖量太少（2）發酵不足（3）發酵過度（4）爐溫太低。

68.（13） 蛋糕烤焙後體積膨脹不足的原因，下列那些正確？（1）化學膨大劑添加太少（2）化學膨大劑添加太多（3）麵糊打發不足（4）麵糊打發過度。

69.（124） 烤焙中蛋糕收縮原因，下列那些正確？（1）麵粉使用不適當（2）化學膨大劑使用過多（3）打發不足（4）打發過度。

70.（124） 下列那些因素會造成麵包在烤焙時體積比預期小？（1）麵糰攪拌不足，造成麵筋未擴展，保氣力不足（2）麵糰溫度過低，發酵不足（3）烤爐溫度較低，無法立即使酵母失活（4）將高筋麵粉誤用為低筋麵粉。

71.（34） 下列那些正確？（1）麵包最後發酵不足，烤焙時可提高爐溫，加速麵包膨脹，避免產品體積過小（2）麵粉的破損澱粉含量增加，麵粉的吸水率隨之降低（3）不帶蓋圓頂土司烤焙後一側有整齊裂痕是正常現象（4）中種麵糰的基本發酵，其損耗的主要部份為水份及醣類。

72.（14） 下列那些正確？（1）土司麵包最後發酵不足，重量較一般正常麵包重（2）為使麵包品質最佳，應使用剛磨好的麵粉（3）麵包烤焙時中心溫度應達 100℃且維持 3 分鐘，以確保麵包柔軟好吃（4）使用中種法製作麵包，酵母使用量比快速直接法少。

73.（123） 配方中不同鹽量對麵包製作之影響，下列那些正確？（1）超量的鹽使麵糰筋性增加，韌性過強（2）未使用鹽，麵包表皮顏色蒼白（3）未使用鹽的麵包組織粗糙，結構鬆軟（4）鹽的用量越多，麵糰的發酵損耗越多。

74.（124） 配方中不同油量對帶蓋土司麵包製作之影響，下列那些正確？（1）未使用油脂，麵包體積甚小，離標準體積相差甚遠（2）未使用油脂之麵包底部大多不平整，頂部兩端低垂（3）油量使用越多，麵包外皮受熱慢，顏色較淺（4）油量使用越多，麵包表皮越厚，質地越柔軟。

75.（123） 不同基本發酵時間對土司麵包製作之影響，下列那些正確？（1）基本發酵時間超過標準時，進爐後缺乏烤焙彈性（2）基本發酵時間超過標準時，麵包表皮顏色成蒼白，體積較小（3）基本發酵時間低於標準時，麵糰整形後烤盤流性極佳，四角及邊緣尖銳整齊（4）基本發酵時間超過標準時，麵糰中剩餘糖量太多，麵包底部有不均勻的黑色斑點。

76.（234） 下列那些是麵包內部品質評分項目？（1）表皮質地（2）內部顏色（3）香味與味道（4）組織與結構。

77.（123） 下列那些是麵包外部品質評分項目？（1）體積（2）表皮顏色（3）表皮質地（4）組織。

0 7 7 0 0 烘焙食品 乙級 工作項目 05：烘焙食品之包裝

單選題：

1.（2）一般蛋糕、麵包機械包裝最常用的包裝材料是（1）聚乙烯（PE）（2）結晶化聚丙烯（CPP）（3）延伸性聚丙烯（OPP）（4）聚氯乙烯（PVC）。

2.（1）延展性最好的材料是（1）聚乙烯（PE）（2）結晶化聚丙烯（CPP）（3）延伸性聚丙烯（OPP）（4）聚氯乙烯（PVC）。

3.（3）耐熱性高但在低溫下會有脆化現象的包裝材料是（1）鋁箔（2）聚乙烯（PE）（3）聚丙烯（PP）（4）泡沫塑膠。

4.（3）可耐 120℃殺菌處理的包裝材料（1）低密度聚乙烯（2）中密度聚乙烯（3）高密度聚乙烯（4）聚苯乙烯。

5.（2）本身無法加熱封密，必須在其表面塗佈可熱封性的材料是（1）延伸性聚乙烯（OPP）（2）鋁箔（3）聚丙烯（PP）（4）泡沫塑膠。

6.（3）餅乾類食品為了長期保存，最好的包裝材料是（1）聚乙烯（PE）（2）結晶化聚丙烯（CPP）（3）鋁箔積層（4）聚氯乙烯（PVC）。

7.（1）烘焙食品包裝材料透氣性最小的是（1）鋁箔（2）聚乙烯（PE）（3）聚丙烯（PP）（4）玻璃紙。

8.（3）食品自動機械包裝不使用聚乙烯（PE）是因為其（1）透氣性（2）透明度（3）延展性（4）安全性 不適合機械自動操作。

9.（2）密封包裝之食品可不標示（1）品名（2）售價（3）內容物之成份重量（4）製造廠名及地址。

10.（3）積層包裝材料的熱封性常來自（1）聚苯乙烯（PS）（2）延伸性聚丙烯（OPP）（3）聚乙烯（PE）（4）聚氯乙烯（PVC）。

11.（3）鋁箔使用於熱封包裝時，鋁箔最好先經過（1）塗腊（2）塗聚氯乙烯（PVC）（3）塗聚乙烯（PE）（4）塗聚苯乙烯（PS）處理 。

12.（3）為了適應包裝需要，包裝材料常須做積層加工例：KOP/AL/PE 其所代表的是（1）一層（2）二層（3）三層（4）四層 的積層材料 。

13.（2）耐腐蝕性，隔絕性佳的包裝材料是（1）玻璃紙（2）鋁箔積層（3）聚乙烯（PE）（4）牛皮紙。

14.（3）具有粘著性耐低溫，但很難直接印刷的包裝材料是（1）牛皮紙（2）玻璃紙（3）聚乙烯

（4）鋁箔。

15.（1）烘焙食品包裝使用脫氧劑時，須選用氧氣透過率低的包裝質料，即氧氣透過率（cc／每平方公尺、1 氣壓、24 小時）不得超過（1）20cc（2）30cc（3）40cc（4）50cc。

16.（2）下列敘述何者錯誤（1）光對油脂之劣化會產生影響（2）PE（聚乙烯）比鋁箔之防止色素劣化效果佳（3）紫色光及可見光均會對色素劣化有影響（4）食品包裝材料已漸趨使用低污染包材為方向。

17.（1）不耐低溫的包材是（1）聚丙烯（PP）（2）耐龍（PA）（3）聚乙烯（PE）（4）保麗龍。

18.（1）為減少保存蛋糕時受空氣之影響，常於包裝時利用（1）脫氧劑（2）乾燥劑（3）抗氧化劑（4）防腐劑。

19.（2）下列何種不適奶粉包裝（1）鋁箔積層（2）透明玻璃（3）積層牛皮紙（4）馬口鐵罐。

20.（1）依衛生署製定的食品器具、容器、包裝衛生、塑膠類材料材質的重金屬鉛、鎘含量合格標準為（1）10（2）50（3）100（4）200 ppm 以下 。

21.（4）食品經過良好的包裝，下列何者不是在包材可防止變質的原因?（1）生物性（2）化學性（3）物理性（4）生產方式。

22.（3）配合物流倉儲運輸作業，下列何者不是紙箱品質選擇之主要考慮因素?（1）成本（2）破裂強度（3）美觀性（4）耐壓強度。

23.（2）下列何者包裝材質適於使用脫氧劑的包裝（1）延伸性聚丙烯／聚乙烯（OPP/PE）（2）聚偏二氯乙烯塗佈延伸性聚丙烯／聚乙烯（KOP/PE）（3）聚乙烯（PE）（4）聚丙烯（PP）。

24.（3）充氣包裝中有抑菌效果的氣體是（1）氧（O 2）（2）一氧化碳（CO）（3）二氧化碳（CO 2）（4）二氧化氮（NO 2）。

25.（4）使用脫氧劑包裝主要是抑制（1）酵母菌（2）金黃色葡萄球菌（3）肉毒桿菌（4）黴菌。

26.（3）一般市售甜麵包不宜使用何種材質之包裝袋？（1）延伸性聚丙烯（OPP）（2）聚丙烯（PP）（3）聚氯乙烯（PVC）（4）聚乙烯（PE）。

27.（3）下列何者不是衛生署營養標示法所規定的項目（1）熱量（2）蛋白質量（3）鈣含量（4）鈉含量。

07700 烘焙食品 乙級 工作項目 06：食品之貯存

單選題：

1.（1）巧克力儲存時其相對濕度應保持在（1）50～60%（2）65～70%（3）70～75%（4）80～85%。

2.（1）麵粉之貯存時間長短與脂肪分解酵素有密切關係，它主要存在（1）糊粉層（2）胚芽（3）內胚乳（4）麩皮。

3.（2）椰子粉於良好貯存條件下即（1）溫度（10～15℃）相對濕度 60%以下（2）溫度（10～15℃）相對濕度 50%以下（3）溫度（27～32℃）相對濕度 60%（4）溫度（32～38℃）相對濕度 70%以下，可貯藏數月不變質。

4.（1）下列奶製品中，最容易變質的是（1）布丁（2）奶粉（3）煉乳（4）保久乳。

5.（1）布丁派應貯存在（1）7℃（2）10℃（3）12℃（4）15℃ 以下冷藏櫃內 。

6.（3）椰子粉應貯藏於（1）清潔、乾淨、高溫之處（2）清潔、低溫、陽光直射之處（3）清潔、乾淨、低溫陽光不易照射之處（4）到處可以存放。

7.（2）抽取的香料需貯藏於密閉容器中，而且溫度最好在（1）0℃以下（2）4～10℃（3）20～30℃（4）40℃以上。

8.（3）下列何種乳製品可不需冷藏（1）乳酪（2）鮮奶（3）奶粉（4）布丁。

9.（1）葡萄乾貯存時，應（1）避免將盒子拆封，放置於 22℃乾燥之處（2）將盒子拆封，放置於 40℃高溫之處（3）避免將盒子拆封，放置於 60℃乾燥之處（4）不必考慮貯存條件。

10.（4）冷凍食品應保存在攝氏（1）0℃以下（2）-10℃以下（3）-12℃以下（4）-18℃以下。

11.（4）快速乾燥酵母粉在製造時須用真空包裝，以隔絕空氣及水氣，不開封在室溫下可貯放一年，但封口拆開，則須在（1）21～30 天（2）15～20 天（3）10～14 天（4）3～5 天內用完 。

12.（4）新鮮酵母容易死亡，必須貯藏在冰箱（3～7℃）中，通常保存期限不宜超過（1）1～2 年（2）6～9 月（3）3～4 月（4）3～4星期。

13.（4）熱藏食品之保存溫度為（1）30℃（2）40℃（3）50℃（4）65℃ 以上。

14.（2）為防止麵包老化常在製作時加入（1）抗氧化劑（2）乳化劑（3）膨大劑（4）酸鹼中和劑。

15.（2）使用食品添加物時要考慮以下那一點（1）品質可用（2）必須有食品添加物許可證（3）價格便宜（4）進口者。

16.（2）儲存食品或原料的場所（1）可以與寵物共處一處（2）不可養豬狗等寵物（3）若空間太小可以考慮共用（4）不可養狗，但可養貓以便捉老鼠。

17.（1）能於常溫保存之製品，其容器包裝之材質應具（1）低透光性低透氣性（2）高透光性高透氣性（3）低透光性高透氣性（4）高透光性低透氣性。

18.（4）食品放置大氣中，不會因下列何者因素而引起變質？（1）生物性（2）化學性（3）物理性（4）操作性。

19.（2）乳化劑可使產品（1）膨大（2）增加貯藏性（3）增加韌性（4）增加色澤。

20.（2）工作場所裝置紫外線燈（1）可防止微生物污染，可直接照射人之眼睛（2）可防止微生物污染，不可直接照射人之眼睛（3）不可防止微生物污染，可直接照射人之眼睛（4）不可防止微生生物污染，不可直接照射人之眼睛。

21.（4）冷凍麵糰應貯存在下列何者條件下？（1）-4～-5℃（2）-6～-10℃（3）-11～-15℃（4）-20℃以下。

22.（3）製作乳酪蛋糕的乳酪（Cream Cheese）宜儲存在（1）-10～-20℃（2）-10～-1℃（3）0～5℃（4）5～15℃。

23.（2）片裝巧克力最佳貯存溫度為（1）35℃（2）20℃（3）0℃（4）-18℃。

24.（3）為了維持天然鮮奶油（Whipping Cream）之鮮度及最佳起泡性，應將其儲存在（1）20～25℃（2）10～15℃（3）4～7℃（4）-15～-18℃。

25.（1）烘焙後之產品若要採取冷凍保存，為了得到解凍後最佳的品質，應將產品先行以（1）-40℃（2）-30℃（3）-25℃（4）-20℃，急速冷凍後再進入一般冷凍庫保存。

26.（2）蒸烤乳酪蛋糕，在銷售時應儲存在（1）室溫（2）4～7℃（3）-18℃（4）-40℃ 櫃子展售，以維持產品的鮮度與好吃。

27.（3）高水活性的烘焙食品，為了使產品品嚐時，具有濕潤感及鮮美，應將其儲放在（1）高溫、高濕（2）高溫、低濕（3）低溫、高濕（4）低溫、低濕。

28.（2）倉庫貯藏物品，距離牆壁地面應在（1）3 公分以上（2）5 公分以上（3）30 公分以上（4）50 公分以上，以利空氣流通及物品之搬運 。

29.（1）市售之液體全蛋，未經殺菌處理，若貯存時間在 8 小時以下，應放置在（1）7.2℃以下（2）10.5℃以下（3）15.8℃以下（4）23℃以下之環境存放。

複選題：

30.（234） 食品保存的目的是：（1）加速品質低落（2）減緩變壞或腐敗（3）延長可食期限（4）保存產量過剩的產品。

31.（234） 引起食物中毒病菌－沙門氏菌（Salmonella）的生長溫度：（1）最低溫度 0℃（2）最低溫度 6℃（3）最適溫度 43 ℃（4）最高溫度 46℃。

32.（13） 加熱殺菌方法有殺菌（pasteurization）和滅菌（sterilization）二種，下列那些敘述錯誤？（1）殺菌是高溫，使用120℃（一大氣壓）15 磅蒸汽的溫度，15～20 分鐘會將孢子和所有微生物殺死（2）殺菌是低溫，使用 63℃、30分鐘，或瞬間殺菌 71℃、8～15 秒鐘（3）滅菌是低溫，使用 63℃、30 分鐘，或瞬間殺菌 71℃、8～15 秒鐘（4）滅菌是高溫，使用 120℃（一大氣壓）15 磅蒸汽的溫度，15～20 分鐘會將孢子和所有微生物殺死。

33.（123） 對鮮奶的殺菌方法有一般殺菌、HTST（高溫短時）殺菌、UHT（超高溫）殺菌，下列那些正確？（1）一般殺菌溫度 62～65℃，時間 30 分（2）HTST 殺菌溫度 72℃以上，時間 15 秒（3）UHT 殺菌，溫度 120～150℃以上，時間 1～3 秒（4）UHT 殺菌溫度 120℃以上，時間 15 秒。

34.（124） 殺菌液蛋衛生要求有那些？（1）總生菌數要降到 5000 個以下（2）沙門氏菌為陰性（3）大腸桿菌為 10（4）使用傳統包裝在 4.4℃可保存 7-14 天。

35.（13） 有關麵粉貯存的敘述，下列那些正確？（1）貯存的場所必須乾淨且有良好的通風設備（2）溫度在 35～45℃（3）相對濕度維持在 55～65%（4）放置麵粉時可緊靠牆壁堆疊，以節省空間。

36.（134） 完整包裝之烘焙食品應以中文及通用符號顯著標示下列那些事項？（1）品名（2）生產者姓名（3）內容物名稱及重量（4）食品添加物名稱。

37.（124） 改變食品貯藏環境（包括包裝內）的氣體成份，抑制食品品質劣變的方法有那些？（1）真空包裝（2）充氮包裝（3）充氧包裝（4）添加脫氧劑。

07700 烘焙食品 乙級 工作項目 07：品質管制

單選題：

1.（2）一般所用之品質管制都是利用（1）檢驗品管（2）統計品管（3）隨機品管（4）製造品管，而達品管目的。

2.（3）品質管制之循環為（1）P-A-C-D（2）A-C-D-P（3）P-D-C-A（4）C-P-D-A。

3.（3）引起產品品質發生變異的原因有四種稱為 4M 即為材料（Material），方法（Method），機器（Machine）和（1）錢（Money）（2）市場（Market）（3）人員（Man）（4）

牛乳（Milk）。

4.（2）統計上所謂全距 R 是指（1）最大值－最小值／2（2）最大值－最小值（3）最大值÷最小值（4）最大值＋最小值。

5.（3）常態分配下，平均值±3 個標準差（M±3σ）之機率為（1）68.27%（2）95.44%（3）99.73%（4）100%。

6.（4）品質管制的工作是（1）生產製造人員（2）檢驗人員（3）販賣人員（4）全體員工之責任。

7.（2）P管制圖代表（1）不良數管制圖（2）不良率管制圖（3）缺點數管制圖（4）平均值管制圖。

8.（1）要做好品質管制最基本的是（1）要建立各項標準（2）要做好檢驗（3）要做好包裝（4）要訓練人員。

9.（1）為對問題尋求解決方案常常利用腦力激盪，其原則為（1）絕不批評（2）互相批評（3）事先安排好發言人（4）觀念愈少愈好。

10.（1）品質保證之目的為（1）使顧客買到滿意的產品（2）使顧客買到便宜產品（3）使顧客很容易購買（4）使顧客要多少就能買多少。

11.（4）當一個基層幹部，部屬有不同意見時要（1）盡力說服（2）不理其意見（3）請同事說明（4）傾聽後再詳細說明。

12.（2）原物料之購買時要（1）考慮價格就好（2）選擇注重品質之有信用供應商（3）找相關朋友（4）由老闆決定。

13.（4）將收集之數據依照班別或日期別、機台別分開歸納處理之品管手法稱為（1）特性要因分析（2）相關迴歸（3）散佈圖（4）層別。

14.（1）管制循環中之 P-D-C-A 之 C 代表（1）查核（2）教育訓練（3）採取行動（4）標準化。

15.（2）掌握問題所應用的"A.B.C.圖"指的是（1）直方圖（2）柏拉圖（3）散佈圖（4）統計圖。

16.（4）何者不屬於計量值管制圖（1）$\tilde{X}$-R管制圖（2）$\tilde{X}$-R管制圖（3）$\tilde{X}$-σ管制圖（4）P管制圖。

17.（3）柏拉圖是用來解決多少不良原因的圖表？（1）10～20%（2）30～40%（3）70～80%（4）100%。

18.（3）管制圖呈常態分配±3σ 時，檢驗 1,000 次中，約有幾次出現在界限外，仍屬於管制狀態中？（1）5 次（2）0.3 次（3）3次（4）30 次。

複選題：

19.（24） 下列那些是管製圖之主要用途？（1）決定方針用（2）圖示看板（3）交貨檢查用（4）製程解析管制用。

20.（34） 一般在製造的過程中，品質特性一定都會變動，無法做成完全一致的產品，下列那些是引起變動的異常（非機遇）原因？（1）新機器設備（2）設備投資遷移至新環境（3）不遵守正確程式（4）不良原物料。

21.（23） 下列那些是品管活動統計手法上，一般所謂的「QC（品管）七大手法」？（1）甘特圖（2）管製圖（3）柏拉圖（4）矩陣圖。

22.（12） 有關烘焙食品業者對於主管機關檢驗結果有異議者，下列那些錯誤？（1）得於收到有關通知後十日內，向原抽驗機關申請複驗（2）受理複驗機關應於十日內就其餘存檢體複驗之（3）但檢體已變質者，不得申請複驗（4）申請複驗以一次為限，並應繳納檢驗費。

23.（234） 企業採行抽檢的主要原因中，下列那些正確？（1）避免賠償（2）顧客對品質的要求仍未達到必須全檢的地步（3）全數檢驗費用或檢驗時間不符經濟效益（4）產品無法進行全檢。

24.（124） 下列那些敘述正確？（1）組織的品質水準必須予以持續的量測與監控（2）過程量測與監控的目的在於提早發現問題並避免不合格品的大量出現（3）一般而言製程檢查是比產品的檢查來的容易許多（4）過程有時被稱為流程，但在製造業裡被稱為製程。

25.（34） 下列那些是計量值管製圖？（1）不良率管製圖（2）缺點數管製圖（3）平均數與全距管製圖（4）多變數管製圖。

26.（13） 下列那些是計量值品質特性？（1）重量（2）良品數（3）溫度（4）缺點數。

27.（23） 下列那些是用來評估製程能力的指標？（1）客戶（2）規格（3）良率（4）實用要求。

28.（134） 關於拒收貨品的處理對策，下列那些正確？（1）篩選（2）折價（3）退貨（4）報廢。

29.（34） 下列那些是品質管理的應用範圍？（1）企業策略（2）營運計劃（3）品質政策之擬定（4）品質改善之推行。

30.（13） 下列那些是品質成本？（1）預防成本（2）行銷成本（3）鑑定成本（4）原料成本。

31.（123） 下列那些不是顧客申訴及產品在保證使用年限內的免費服務等費用的歸屬？（1）預防成本（2）鑑定成本（3）內部失敗成本（4）外部失敗成本。

32.（24） 精度或準度不足的量測儀器應避免使用，須經過下列那些作業後方得使用？（1）檢查（2）外校（3）稽核（4）內校。

33.（123） 下列那些是建立標準檢驗程式的主要目的？（1）降低檢驗作業的錯誤機率（2）降低檢驗的誤差與變異（3）提升檢驗效率與避免爭議（4）在產品不良時採取矯正與預防對策。

34.（123） 下列那些是製程能力分析常用的方法？（1）對製程直接測定，如溫度（2）間接測定，如 6 標準差（6σ）之概念（3）製程變數與產品結果之相關分析（4）成本分析。

35.（13） 下列那些敘述正確？（1）管製圖使用前應完成標準化作業（2）使用規格值製作管製圖（3）管製圖使用前應先決定管制項目（4）管制項目與使用之管製圖種類無關。

36.（24） 對異常現象所採取的處置或改善措施，下列那些正確？（1）憑經驗法則去決定問題（2）使用柏拉圖把握問題點（3）根據主觀判斷問題原因（4）利用統計方法解析問題。

37.（123） 有關特性要因圖的敘述，下列那些正確？（1）敘述原因與結果之間的關係（2）又稱為魚骨圖（3）原因可依製程別或4M（人、機械、材料、方法）分類（4）使用○△X等記號作為數據的紀錄。

38.（23） 下列那些是品質管制的正確觀念？（1）提高品質必然增加成本（2）提供最適當品質給客戶或消費者（3）品質與價格無關，與價值有關（4）品質是品管部門之責任。

39.（14） 下列那些是 QC 工程圖（製程管制方案）之內容？（1）管制項目（2）現場作業人數

（3）標準工時（4）檢查頻率。

40.（12） 下列那些為製程能力分析之用途？（1）提供資料給設計部門，以現有製程能力設計新產品（2）設定一適當之中心值，以獲得最經濟之生產（3）提供資料給行銷部門，以供通路策略使用（4）考核及篩選合格之作業員。

0 7 7 0 0 烘焙食品 乙級 工作項目 08：成本計算

單選題：

1.（4）以下小西餅配方為成本計算用配方（依烘焙百分比列述），若每一鍋所投入之原料總重為 23.2 公斤，請問此鍋小西餅總原料成本為多少元？（1）523（2）623（3）723（4）823 元。

A. 原料、單價、固形率

原料名稱	單價 元／kg	固形率（%）	原料名稱	單價 元／kg	固形率（%）	原料名稱	單價 元／kg	固形率（%）
低筋麵粉	11	86	全蛋（液體蛋）	40	25	鮮奶油	180	56
中筋麵粉	12	86	蛋白（液體蛋）	40	12.5	發粉	50	0
高筋麵粉	13	86	蛋黃（液體蛋）	90	50	小蘇打	13	0
無鹽奶油	90	84	細粒特砂	29	98	脫脂奶粉	60	96
烤酥油（shortening）	50	100	糖粉	31	98	全脂奶粉	65	96
沙拉油	40	100	玉米澱粉	12	96			
轉化糖漿	30	80	精鹽	10	96			
玉米糖漿	30	80	鮮奶	35	13			

B. 小西餅配方：

原料名稱	%	原料名稱	%	原料名稱	%	原料名稱	%	%
無鹽奶油	50	糖粉	50	精鹽	0.8	全蛋（液體蛋）	15	
鮮奶	10	玉米澱粉	100	玉米澱粉	5	發粉	1.2	合計232

2.（4）以下西餅配方為成本計算用配方（依烘焙百分比列述），若每一鍋所投入之原料總重為 116 公斤，請問此鍋小西餅總原料成本為多少元？（1）2,165（2）2,865（3）3,865（4）4,115 元。

A. 原料、單價、固形率

原料名稱	單價 元／kg	固形率（%）	原料名稱	單價 元／kg	固形率（%）	原料名稱	單價 元／kg	固形率（%）
低筋麵粉	11	86	全蛋（液體蛋）	40	25	鮮奶油	180	56
中筋麵粉	12	86	蛋白（液體蛋）	40	12.5	發粉	50	0
高筋麵粉	13	86	蛋黃（液體蛋）	90	50	小蘇打	13	0
無鹽奶油	90	84	細粒特砂	29	98	脫脂奶粉	60	96
烤酥油（shortening）	50	100	糖粉	31	98	全脂奶粉	65	96
沙拉油	40	100	玉米澱粉	12	96			
轉化糖漿	30	80	精鹽	10	96			
玉米糖漿	30	80	鮮奶	35	13			

B. 小西餅配方：

原料名稱	%	原料名稱	%	原料名稱	%	原料名稱	%	%
無鹽奶油	50	糖粉	50	精鹽	0.8	全蛋（液體蛋）	15	
鮮奶	10	玉米澱粉	100	玉米澱粉	5	發粉	1.2	合計232

3.（2）如下表，小西餅配方為成本計算用配方（依烘焙百分比列述），若每一鍋所投入之原料總重為 23.2 公斤，烘焙後此小西餅之含水率為 2%，製造之損耗率為 3%，請問此小西餅每公斤成品之原料成本為多少元？（1）36（2）46（3）56（4）66 元。

A. 原料、單價、固形率

原料名稱	單價 元／kg	固形率（%）	原料名稱	單價 元／kg	固形率（%）	原料名稱	單價 元／kg	固形率（%）
低筋麵粉	11	86	全蛋（液體蛋）	40	25	鮮奶油	180	56
中筋麵粉	12	86	蛋白（液體蛋）	40	12.5	發粉	50	0
高筋麵粉	13	86	蛋黃（液體蛋）	90	50	小蘇打	13	0
無鹽奶油	90	84	細粒特砂	29	98	脫脂奶粉	60	96
烤酥油（shortening）	50	100	糖粉	31	98	全脂奶粉	65	96
沙拉油	40	100	玉米澱粉	12	96			
轉化糖漿	30	80	精鹽	10	96			
玉米糖漿	30	80	鮮奶	35	13			

B. 小西餅配方：

原料名稱	%	原料名稱	%	原料名稱	%	原料名稱	%	%
無鹽奶油	50	糖粉	50	精鹽	0.8	全蛋（液體蛋）	15	
鮮奶	10	玉米澱粉	100	玉米澱粉	5	發粉	1.2	合計232

4.（4）如下表，小西餅配方為成本計算用配方（依烘焙百分比列述），現今由於無鹽奶油缺貨，公司政策性決定以烤酥油代替，烤酥油之使用百分比為（1）50（2）48.5（3）46（4）42。

A. 原料、單價、固形率

原料名稱	單價元／kg	固形率（%）	原料名稱	單價元／kg	固形率（%）	原料名稱	單價元／kg	固形率（%）
低筋麵粉	11	86	全蛋（液體蛋）	40	25	鮮奶油	180	56
中筋麵粉	12	86	蛋白（液體蛋）	40	12.5	發粉	50	0
高筋麵粉	13	86	蛋黃（液體蛋）	90	50	小蘇打	13	0
無鹽奶油	90	84	細粒特砂	29	98	脫脂奶粉	60	96
烤酥油（shortening）	50	100	糖粉	31	98	全脂奶粉	65	96
沙拉油	40	100	玉米澱粉	12	96			
轉化糖漿	30	80	精鹽	10	96			
玉米糖漿	30	80	鮮奶	35	13			

B. 小西餅配方：

原料名稱	%	原料名稱	%	原料名稱	%	原料名稱	%	%
無鹽奶油	50	糖粉	50	精鹽	0.8	全蛋（液體蛋）	15	
鮮奶	10	玉米澱粉	100	玉米澱粉	5	發粉	1.2	合計232

5.（3）以下小西餅配方為成本計算用配方（依烘焙百分比列述），現今由於鮮奶保存不易，想調整配方，但不希望風味及口感上有太大的變化，應如何修訂此配方（1）以脫脂奶粉 9%對水 91%混合調配（2）以全脂奶粉 9%對水 91%混合調配（3）以全脂奶粉 13%對水 87%混合調配（4）以脫脂奶粉 12%對水 88%混合調配。

A. 原料、單價、固形率

原料名稱	單價元／kg	固形率（%）	原料名稱	單價元／kg	固形率（%）	原料名稱	單價元／kg	固形率（%）
低筋麵粉	11	86	全蛋（液體蛋）	40	25	鮮奶油	180	56
中筋麵粉	12	86	蛋白（液體蛋）	40	12.5	發粉	50	0
高筋麵粉	13	86	蛋黃（液體蛋）	90	50	小蘇打	13	0
無鹽奶油	90	84	細粒特砂	29	98	脫脂奶粉	60	96
烤酥油（shortening）	50	100	糖粉	31	98	全脂奶粉	65	96

原料名稱	單價 元／kg	固形率（%）	原料名稱	單價 元／kg	固形率（%）			
沙拉油	40	100	玉米澱粉	12	96			
轉化糖漿	30	80	精鹽	10	96			
玉米糖漿	30	80	鮮奶	35	13			

B. 小西餅配方：

原料名稱	%	原料名稱	%	原料名稱	%	原料名稱	%	%
無鹽奶油	50	糖粉	50	精鹽	0.8	全蛋（液體蛋）	15	
鮮奶	10	玉米澱粉	100	玉米澱粉	5	發粉	1.2	合計232

6.（1）以下小西餅配方為成本計算用配方（依烘焙百分比列述），現今由於鮮奶缺貨，廠內僅有脫脂奶粉及無水奶油可供利用，請問如何修訂此配方，使儘量符合原配方之品質（1）以 10%脫脂奶粉對 87%的水和 3%無水奶油（2）以 9%脫脂奶粉對 90%的水和 1%無水奶油（3）以 9%全脂奶粉對 88%的水和 3%無水奶油（4）以 10%全脂奶粉對 88%的水和 2%無水奶油。

A. 原料、單價、固形率

原料名稱	單價 元／kg	固形率（%）	原料名稱	單價 元／kg	固形率（%）	原料名稱	單價 元／kg	固形率（%）
低筋麵粉	11	86	全蛋（液體蛋）	40	25	鮮奶油	180	56
中筋麵粉	12	86	蛋白（液體蛋）	40	12.5	發粉	50	0
高筋麵粉	13	86	蛋黃（液體蛋）	90	50	小蘇打	13	0
無鹽奶油	90	84	細粒特砂	29	98	脫脂奶粉	60	96
烤酥油（shortening）	50	100	糖粉	31	98	全脂奶粉	65	96
沙拉油	40	100	玉米澱粉	12	96			
轉化糖漿	30	80	精鹽	10	96			
玉米糖漿	30	80	鮮奶	35	13			

B. 小西餅配方：

原料名稱	%	原料名稱	%	原料名稱	%	原料名稱	%	%
無鹽奶油	50	糖粉	50	精鹽	0.8	全蛋（液體蛋）	15	
鮮奶	10	玉米澱粉	100	玉米澱粉	5	發粉	1.2	合計232

7.（4）中筋麵粉每包 310 元，請問每公斤多少元？（1）11（2）12（3）13（4）14 元。

8.（3）無鹽奶油每一箱重 25 磅市價 1200 元，請問每公斤多少元（1）48（2）58（3）106（4）126 元。

9.（4）海綿蛋糕若採用全蛋攪拌法時，其基本配方為麵粉 100%、糖 166%、蛋 166%、鹽 3%、沙拉油 25%時，所使用之攪拌鍋容積為 60 公升時，蛋之用量大約為多少公斤最適合（1）

3.5（2）4.5（3）5.5（4）6.5 公斤。

10.（1）以下海綿蛋糕配方為成本計算用配方（依烘焙百分比列述），依下述配方做 20 個 8×1.5 英吋之圓型烤模，每個模子內裝麵糊 240 公克，則麵粉的用量應為（1）1,200（2）1,300（3）1,400（4）1,500 公克。

A. 原料、單價、固形率

原料名稱	單價 元／kg	固形率（%）	原料名稱	單價 元／kg	固形率（%）	原料名稱	單價 元／kg	固形率（%）
低筋麵粉	11	86	全蛋（液體蛋）	40	25	鮮奶油	180	56
中筋麵粉	12	86	蛋白（液體蛋）	40	12.5	發粉	50	0
高筋麵粉	13	86	蛋黃（液體蛋）	90	50	小蘇打	13	0
無鹽奶油	90	84	細粒特砂	29	98	脫脂奶粉	60	96
烤酥油（shortening）	50	100	糖粉	31	98	全脂奶粉	65	96
沙拉油	40	100	玉米澱粉	12	96			
轉化糖漿	30	80	精鹽	10	96			
玉米糖漿	30	80	鮮奶	35	13			

B. 海綿蛋糕配方：

原料名稱	%	原料名稱	%	原料名稱	%	原料名稱	%
全蛋	140	鹽	2	發粉	2	水	35
細粒特砂	116	低筋麵粉	100	奶粉（全脂）	5	合計	400

11.（4）以下海綿蛋糕配方為成本計算用配方（依烘焙百分比列述），若本配方想做每個麵糊重 65 公克之小海綿蛋糕 20個，則全蛋之用量應為（1）280（2）380（3）430（4）455 公克。

A. 原料、單價、固形率

原料名稱	單價 元／kg	固形率（%）	原料名稱	單價 元／kg	固形率（%）	原料名稱	單價 元／kg	固形率（%）
低筋麵粉	11	86	全蛋（液體蛋）	40	25	鮮奶油	180	56
中筋麵粉	12	86	蛋白（液體蛋）	40	12.5	發粉	50	0
高筋麵粉	13	86	蛋黃（液體蛋）	90	50	小蘇打	13	0
無鹽奶油	90	84	細粒特砂	29	98	脫脂奶粉	60	96
烤酥油（shortening）	50	100	糖粉	31	98	全脂奶粉	65	96
沙拉油	40	100	玉米澱粉	12	96			
轉化糖漿	30	80	精鹽	10	96			
玉米糖漿	30	80	鮮奶	35	13			

B. 海綿蛋糕配方：

原料名稱	%	原料名稱	%	原料名稱	%	原料名稱	%
全蛋	140	鹽	2	發粉	2	水	35
細粒特砂	116	低筋麵粉	100	奶粉（全脂）	5	合計	400

12.（2）以下海綿蛋糕配方為成本計算用配方（依烘焙百分比列述），依下述配方做 10 個 8×1.5 英吋之圓型烤模，每個模子內裝麵糊 240 公克，則每個蛋糕之原料成本應為多少元？（1）3.3（2）6.3（3）12.6（4）25.2 元。

A. 原料、單價、固形率

原料名稱	單價 元／kg	固形率（%）	原料名稱	單價 元／kg	固形率（%）	原料名稱	單價 元／kg	固形率（%）
低筋麵粉	11	86	全蛋（液體蛋）	40	25	鮮奶油	180	56
中筋麵粉	12	86	蛋白（液體蛋）	40	12.5	發粉	50	0
高筋麵粉	13	86	蛋黃（液體蛋）	90	50	小蘇打	13	0
無鹽奶油	90	84	細粒特砂	29	98	脫脂奶粉	60	96
烤酥油（shortening）	50	100	糖粉	31	98	全脂奶粉	65	96
沙拉油	40	100	玉米澱粉	12	96			
轉化糖漿	30	80	精鹽	10	96			
玉米糖漿	30	80	鮮奶	35	13			

B. 海綿蛋糕配方：

原料名稱	%	原料名稱	%	原料名稱	%	原料名稱	%
全蛋	140	鹽	2	發粉	2	水	35
細粒特砂	116	低筋麵粉	100	奶粉（全脂）	5	合計	400

13.（3）以下海綿蛋糕配方為成本計算用配方（依烘焙百分比列述），依下述配方每日做 100 個 10.5 英吋之圓型烤模，需3 位操作人員，每位員工日薪為 600 元則每個蛋糕應負擔多少人工費用（1）1.8（2）6（3）18（4）36 元。

A. 原料、單價、固形率

原料名稱	單價 元／kg	固形率（%）	原料名稱	單價 元／kg	固形率（%）	原料名稱	單價 元／kg	固形率（%）
低筋麵粉	11	86	全蛋（液體蛋）	40	25	鮮奶油	180	56
中筋麵粉	12	86	蛋白（液體蛋）	40	12.5	發粉	50	0
高筋麵粉	13	86	蛋黃（液體蛋）	90	50	小蘇打	13	0
無鹽奶油	90	84	細粒特砂	29	98	脫脂奶粉	60	96
烤酥油（shortening）	50	100	糖粉	31	98	全脂奶粉	65	96
沙拉油	40	100	玉米澱粉	12	96			

原料名稱	單價元／kg	固形率（%）	原料名稱	單價元／kg	固形率（%）	原料名稱	單價元／kg	固形率（%）
轉化糖漿	30	80	精鹽	10	96			
玉米糖漿	30	80	鮮奶	35	13			

B. 海綿蛋糕配方：

原料名稱	%	原料名稱	%	原料名稱	%	原料名稱	%
全蛋	140	鹽	2	發粉	2	水	35
細粒特砂	116	低筋麵粉	100	奶粉（全脂）	5	合計	400

14.（3）以下海綿蛋糕配方為成本計算用配方（依烘焙百分比列述），依下述配方做 100 個 10.5 英吋之圓烤盤，每個原料成本為 50 元，需 3 位操作人員，每位員工日薪為 600 元，製造費 3000 元，包裝材料費用每個 50 元，銷售管理費用每個 20 元，公司所需利潤佔售價之 20%，則每個應賣多少元才合理？（1）168（2）180（3）210（4）280 元。

A. 原料、單價、固形率

原料名稱	單價元／kg	固形率（%）	原料名稱	單價元／kg	固形率（%）	原料名稱	單價元／kg	固形率（%）
低筋麵粉	11	86	全蛋（液體蛋）	40	25	鮮奶油	180	56
中筋麵粉	12	86	蛋白（液體蛋）	40	12.5	發粉	50	0
高筋麵粉	13	86	蛋黃（液體蛋）	90	50	小蘇打	13	0
無鹽奶油	90	84	細粒特砂	29	98	脫脂奶粉	60	96
烤酥油（shortening）	50	100	糖粉	31	98	全脂奶粉	65	96
沙拉油	40	100	玉米澱粉	12	96			
轉化糖漿	30	80	精鹽	10	96			
玉米糖漿	30	80	鮮奶	35	13			

B. 海綿蛋糕配方：

原料名稱	%	原料名稱	%	原料名稱	%	原料名稱	%
全蛋	140	鹽	2	發粉	2	水	35
細粒特砂	116	低筋麵粉	100	奶粉（全脂）	5	合計	400

15.（2）某麵粉含水分 13%、蛋白質 12%、吸水率 63%、灰分 0.5%，則固形物百分比為（1）88（2）87（3）37（4）99.5 %。

16.（1）某麵粉含水 13%、蛋白質 13.5%、吸水率 66%，經過一段時間儲存後，水分降至 10%，則其蛋白質含量變為（1）13.97（2）12.52（3）11.63（4）10.75 %。

17.（3）某麵粉含水 12.5%、蛋白質 13.0%、吸水率 60%、灰分 0.48%，儲存一段時間後，水分降至 10%，則其吸水率為（1）62.6（2）63.6（3）64.6（4）65.6 %。

18.（4）下列四種麵粉，那一種最便宜（1）A 麵粉，含水 10.9%，每 100 公斤，價格為 1180 元（2）B 麵粉，含水 11.5%，每100 公斤，價格為 1160 元（3）C 麵粉，含水 12.2%，每

100 公斤，價格為 1140 元（4）D 麵粉，含水 13.0%，每 100公斤，價格為 1120 元。

19.（1）本公司高筋麵粉規格水分為 12.5%，與廠商談妥，價格為每公斤 11.8 元，這一批交貨 50 噸，取樣分析水分為13.8%，本公司損失多少錢？（以固形物計算，求小數點到第一位）（1）8,765 元（2）9,000 元（3）10,800 元（4）11,200 元。

20.（3）假設麵粉的密度為 400 公斤／立方公尺，今有 10 噸的散裝麵粉，則需要多少空間來儲存？（1）20（2）22（3）25（4）28 立方公尺。

21.（3）某容器淨重 400 公克，裝滿水後的重量為 900 公克，裝滿麵糊的重量為 840 公克，請問此麵糊的比重為多少？（1）1.34（2）0.93（3）0.88（4）0.82。

22.（2）某蛋糕攪拌機，其攪拌缸容積為 60 公升，今欲攪拌某麵糊 9 分鐘，使麵糊比重為 0.85，請問下列那一種麵糊最有效益而不溢流？（不計攪拌器的容積）（1）30（2）40（3）51（4）55 公斤。

23.（4）經過一天的生產後，產生的不良麵包有 33 條，佔總產量的 1.5%（不良率）請問一共生產多少條麵包？（1）1,600（2）1,800（3）2,000（4）2,200。

24.（1）葡萄乾今年的價格是去年的 120%，今年每公斤為 48 元，去年每公斤應為（1）40（2）42（3）44（4）46 元。

25.（2）蛋殼所佔全蛋之比例為（1）6～8%（2）10～12%（3）15～18%（4）18～20%。

26.（1）產品售價包含直接人工成本 15%，如果烘焙技師月薪（工作天為 30 天）連食宿可得新台幣 21,000 元，則其每天需生產產品的價值為（1）4,666 元（2）3,840 元（3）3,212 元（4）2,824 元。

27.（1）無水奶油每公斤新台幣 160 元，含水奶油（實際油量 80%）每公斤 140 元，依實際油量核算則含水奶油每公斤比無水奶油每公斤（1）貴 15 元（2）相同（3）便宜 15 元（4）便宜 20 元。

28.（2）麵包廠創業貸款 400 萬元，年利率 12%，每月應付利息為（1）3 萬元（2）4 萬元（3）5 萬元（4）6 萬元。

29.（3）帶殼蛋每公斤 38 元，但帶殼蛋的破損率為 15%，連在蛋殼上的蛋液有 5%，蛋殼本身佔全蛋的 10%，因此帶殼蛋真正可利用的蛋液，每公斤的價格應為（1）45.6 元（2）50.6 元（3）52.3 元（4）62.5 元。

30.（2）某廠專門生產土司麵包，雇用男工 3 人，月薪 25,000 元，女工 2 人，月薪 15,000 元，每年固定發 2 個月獎金，一個月生產 25 天，每天生產 8 小時，每小時生產 300 條，則每條人工成本為（1）1.95（2）2.04（3）2.58（4）3.12 元／條。

31.（2）新建某麵包廠，廠房投資 2,400 萬元，設備機器投資 2,400 萬元，假定廠房折舊以 40 年分攤，設備機器折舊以10 年分攤，則建廠初期的每月折舊費用為（1）20（2）25（3）30（4）35 萬元／月。

32.（2）某廠專門生產土司麵包，麵糰重 900 公克／條，配方及原料單價如下：麵粉 100%,12 元／公斤、糖 5%,24 元／公斤、鹽 2%,8.5 元／公斤、酵母 2.5%,30 元／公斤、油 4%,40 元／公斤、奶粉 4%,60 元／公斤、改良劑 0.5%,130 元／公斤、水 62%（不計價），合計 180%，則每條土司的原料成本為（1）9.24 元（2）9.385 元（3）10.15 元（4）10.56 元。

33.（1）製作某麵包其配方及原料單價如下：麵粉 100%；單價 12 元／公斤、水 60%、鹽 2%；單價 8 元／公斤、油 2%；單價 40 元／公斤、酵母 2%；單價 14 元／公斤，合計 166%，假定損耗 5%，則分割重量 300 公克／條之原料成本為（1）2.52（2）3.02（3）3.52（4）3.88 元／條。

34.（3）若某烘焙食品公司其銷貨毛利為 40%，但其營業利益祇有 5%，請問何種費用偏高所引起的？（1）原料費用與製造費用（2）包裝材料費用與管理費用（3）銷售費用與管理費用（4）銷售費用與直接人工成本。

35.（2）欲製作 900 公克的麵糰之土司 5 條，若損耗以 10%計，則總麵糰需要（1）4,500 公克（2）5,000 公克（3）5,500 公克（4）6,000 公克。

36.（3）已知實際百分比麵粉為 20%白油為 10%，則白油的烘焙百分比為（1）30%（2）40%（3）50%（4）60%。

37.（3）已知烘焙總百分比為 200%糖用量為 12%，則麵糰總量為 3000 公克時糖用量為（1）100 公克（2）150 公克（3）180 公克（4）240 公克。

38.（4）以含水量 20%的瑪琪琳代替白油時，若白油使用量為 80%則使用瑪琪琳宜改成（1）70%（2）80%（3）90%（4）100%。

39.（2）製作 8 吋圓型戚風蛋糕 5 個，每個麵糊重為 500 公克，配方百分比之總和為 510%，烘烤損耗率若為 10%，若配方中之砂糖量為 120%，每公斤砂糖 30 元，則每個蛋糕之砂糖成本約為（1）3 元（2）4 元（3）5 元（4）6 元。

40.（2）某蛋糕西點公司製作某一種蛋糕原料成本佔售價 1/3，其原料成本為 80 元，則其售價應為（1）200 元（2）240 元（3）300 元（4）350 元。

41.（2）兩種蛋糕配方，一種以烘焙百分比計算，另一種以實際百分比計算，若原料總重量同樣為 5 公斤，其中麵粉重量同為 1 公斤，蛋分別以 60%添加，則蛋之重量（1）烘焙百分比者高較高（2）實際百分比者較高（3）兩者相等（4）兩者無關。

42.（1）天然奶油今年價格降低 2 成，若今年每公斤為 90 元，則去年每公斤為（1）112.5 元（2）110 元（3）108 元（4）106.5 元。

43.（4）欲生產 50 個酵母道納斯（油炸甜圈餅），每個麵糰重 50 公克，則應準備麵粉（1）1,736.1 公克（2）1,718.8 公克（3）1,640公克（4）1,562.5 公克。（配方中麵粉係數為 0.625）

44.（3）攪拌一次餅乾麵糰要 8 袋麵粉，若每小時攪拌 4 次，請問一天工作 7.5 小時需多少麵粉（1）200 袋（2）220 袋（3）240袋（4）260 袋。

45.（2）製作夾心餅乾，若成品夾心餡為 30%，今有 1.5 公噸餅乾半成品需多少夾心餡?（1）0.53 公噸（2）0.64 公噸（3）0.45公噸（4）1.0 公噸。

46.（4）椰子油每公斤 70 元，今有一批餅乾噴油前 400 公斤，若成品噴油率為 10%，則需花在椰子油的成本為（1）1,000元（2）2,800 元（3）4,000 元（4）3,111 元。

47.（3）假設法國麵包之發酵及烘焙損耗合計為 10%，以成本每公斤 18 元之麵糰製作成品重 180 公克之法國麵包 150個，則所需之原料成本為（1）486 元（2）510 元（3）540 元（4）1,500 元。

48.（2）製作可鬆麵包（Croissant），其中裹入油佔未裹油麵糰重之 50%，已知未裹油之麵糰每公斤成本 12 元，裹入油每公斤 78 元，假設製作可鬆麵包之損耗為 15%，現欲製作每個 80 公克之可鬆麵包，其每個產品成本為（1）2.7 元（2）3.2 元（3）5.0 元（4）7.2 元。

49.（2）製作奶油空心餅，其配方及原料單價如下：麵粉 100%，11.7 元／公斤；全蛋液 180%，40 元／公斤；油 72%，50 元／公斤；鹽 3%，10 元／公斤；水 125%（不計價）。假設生產損耗及不良品率合計為 20%，則生產麵糊重 20公克之奶油空心餅 10,000 個，所需之原料成本為（1）5,000 元（2）6,250 元（3）50,000 元（4）62,500 元。

50.（3）欲製作每個成品重 90 公克之奶油蛋糕，若烘焙損耗假設為 10%，則使用每公斤成本 40 元之麵糊生產，其每個產品之原料成本應為（1）3.6 元（2）3.8 元（3）4.0 元（4）

4.2 元。

51.（2）已知海綿蛋糕烘焙總百分比為 400%，其中全蛋液佔 150%，每公斤全蛋液單價為 40 元，若改用每公斤 30 元之帶殼蛋取代（假設蛋殼及敲蛋損耗合計為 20%），則生產每個麵糊重 100 公克之蛋糕 10,000 個，原料成本可節省（1）375 元（2）937.5 元（3）2,500 元（4）3,750 元。

52.（2）某工廠生產蘇打餅乾之原、物料（包材）成本合計每包 6 元，假設每個產品包材費 1.5 元，佔售價之 6%，今該工廠作促銷，產品打八折，則原料成本佔售價之比率變為：（1）18%（2）22.5%（3）24%（4）30%。

53.（1）製作土司麵包，其烘焙總百分比為 200%，其中水 60%。今為提升產品品質，配方修改為水 40%，鮮乳 20%，若水不計費用，鮮乳每公斤 50 元，則製作每條麵糰重 900 克之土司，每條土司原料成本將增加（1）4.5 元（2）9 元（3）13.5 元（4）45 元。

54.（3）某麵包店為慶祝週年慶，全產品打八折促銷。已知產品銷售之平均毛利率原為 50%，則打折後平均毛利率變為（1）32.5%（2）35%（3）37.5%（4）40%。

55.（3）某工廠專門生產土司麵包，其每小時產能 900 條。若每條土司麵糰為 900 克，烘焙總百分比 200%，該工廠每天生產 16 小時，則需使用麵粉（1）810 公斤（2）2,592 公斤（3）6,480 公斤（4）12,960 公斤。

56.（3）製作紅豆麵包，每個麵包麵糰重 60 克，餡重 30 克，假設麵糰與餡每公斤成本相同，產品原料費佔售價之 30%，今因紅豆餡漲價 30%，則原料費佔售價比率變為（1）31%（2）32%（3）33%（4）34%。

57.（2）生產油炸甜圈餅（道納司、doughnuts），其每個油炸甜圈餅油炸後吸油 5 克。若每生產 30,000 個油炸甜圈餅需換油 500 公斤，另因產品吸油需再補充加油 100 公斤。若油炸油每公斤 40 元，則平均每個油炸甜圈餅分攤之油炸油成本為（1）0.67 元（2）0.8 元（3）0.87 元（4）1.0 元。

58.（1）假設某甜麵包之烘焙總百分比為 200%，今若改作冷凍麵糰，水份減少 2%，酵母增加 1%，且增加使用改良劑1%，則生產每個重 100 克之冷凍麵糰成本增加多少元？（假設水不計費，酵母每公斤 80 元，改良劑每公斤 200 元。）（1）0.14 元（2）0.2 元（3）0.28 元（4）0.8 元。

複選題：

59.（24） 每個菠蘿麵包之原、物料費為 5.5 元，已知佔售價之 25%，若人工費用每個 2.2 元，製造費用每個 1.6 元，則下列那些正確？（1）麵包售價為 25 元（2）人工費率為 10%（3）製造費率為 8%（4）毛利率 57.7%。

60.（14） 製作雙色花樣冰箱小西餅，使用每公斤成本 30 元之白色麵糰及每公斤成本 40 元之巧克力麵糰，假設白色麵糰與巧克力麵糰之使用量為 2：3，製作每個麵糰重 10 公克之雙色花樣冰箱小西餅，若製造損耗為 10 %，下列那些正確？（1）每個原料成本為 0.4 元（2）製作 1500 個小西餅需使用 6 公斤白色麵糰（3）製作 2000 個小西餅需使用 12 公斤黑色麵糰（4）白色麵糰佔總成本 33.3%。

61.（13） 製作每個麵糰 300 公克、售價 100 元之法國麵包，假設配方為麵粉 100%、新鮮酵母 3 %、鹽 2%、水 64%、改良劑 1 % 。若不考慮損耗，下列那些正確？（1）A 牌酵母每公斤 100 元，若改用每公斤 117 元之 B 牌酵母則每個麵包成本增加 0.09 元（2）A 牌酵母每公斤 100 元，若改用每公斤 150 元之 C 牌酵母但只需使用 2.5 %，則使用A 牌酵母成本較高（3）若麵粉價格由每公斤 27.5 元降價至 23.25 元，則產品毛利率增加 0.75 %（4）每天銷售 800 個麵包，若因原料價格波動造成毛利率降低 2.5%，則每天會少賺 200 元。

62.（34） 葡萄乾吐司依實際百分比葡萄乾佔 20 %，葡萄乾每磅價格為 50 元。若製作每條 1,200 公克之吐司 50 條，下列那些正確？（1 磅約 0.454 公斤，元以下四捨五入）（1）購買葡萄乾之金額為 1,156 元（2）葡萄乾使用量為 10.5 公斤（3）若葡萄乾價格每磅調漲 10 元，則成本增加 264 元（4）若葡萄乾佔比增加至 25%，則購買葡萄乾之金額為 1,652 元。

63.（14） 某麵包店每月固定支出店租 10 萬元，人事費 35 萬元，水、電、瓦斯 5 萬元，其他支出 10 萬元，若原、物料費用佔售價 40%，下列那些正確？（1）要達到損益兩平，每月營業額應達 100 萬元（2）若營業額每月達 150 萬元，則店利益有 50 萬元（3）若每月營業額為 50 萬元，則店淨損 20 萬元（4）若某月促銷，全產品打 8 折，要達到損益兩平，營業額應達 120 萬元。

64.（24） 糖粉每公斤 60 元，若使用每公斤 30 元之砂糖自行磨粉，其人工成本每公斤 12 元，製造成本每公斤 3 元，生產損耗 10 %，下列那些正確？（1）每月使用 1.5 噸自磨糖粉，成本降低 22,500 元／月（2）若糖粉及砂糖價格都下跌 20%，則自磨糖粉成本仍較低（3）若每月使用增加至 3 噸，但增加人員加班費每公斤 5 元，自磨糖粉可降低成本30,000 元／月（4）若投入新磨粉設備，人工成本降至每公斤 11 元，且無損耗，但設備折舊每月固定增加 2 萬元，又糖粉及砂糖價格都下跌 20%，則當每月使用量達 2 噸以上時，自磨糖粉成本仍較低。

65.（14） 為滿足市場消費者需求及公司利潤要求，今欲開發一個售價 500 元，原、物料成本佔售價 30 %之生日蛋糕。下列那些正確？（1）若包材每單個產品成本 30 元，則每個蛋糕之原料費需控制在 120 元（2）若每個原料費為 100 元，則包材成本佔售價 8%（3）若促銷打 8 折，但原、物料價格不變，則原、物料成本佔售價比為 40 %（4）若原、物料價格調漲至 180 元，為維持原、物料成本佔售價 30 %，則售價需調漲至 600 元／個。

66.（13） 下列那些正確？（1）某工廠開發出一新產品，已知原、物料費用為 3.5 元，人工、製造費佔售價之 30%，產品毛利率 35%，則產品之售價為 10 元（2）製作海綿蛋糕，使用之全蛋液每公斤 30 元，今全蛋液缺貨，改使用每公斤 50 元之蛋黃與每公斤 20 元之蛋白來取代，則可降低成本（3）每個菠蘿麵包之原料費為 2.5 元，已知佔售價之25%，若人工費每個 0.7 元，則人工費率為 7%（4）麵粉會因儲存場所之濕度不同而改變重量，若將麵粉存放於相對濕度較高的環境，使重量增加，可降低成本。

67.（34） 下列那些正確？（1）麵粉中蛋白質含量會影響麵粉之吸水量，所以任何烘焙產品皆要要求麵粉供應商提供最高蛋白質含量的麵粉，以提高產品吸水量，可降低成本（2）製作白吐司麵包，以烘焙百分比計算，全脂奶粉佔 2%，今若改用全脂鮮乳取代，則應使用 4%鮮乳，且水份應減少 2%（3）製作成品 90 公克之紅豆麵包，製作及烘焙損耗總計 10%，紅豆餡：麵糰重=2：3，紅豆餡 120 元／公斤，麵糰 28 元／公斤，則每個麵包原料成本為 6.48元（4）某麵包原料成本佔售價 42%，若原料價格由 12.6 元提高至 14.4 元，則原料成本佔售價變為 48%。

68.（24） 某麵包工廠生產每個麵糰 60 公克售價 20 元的麵包，各工段設備最大能力：麵糰攪拌為 300 公斤／時，分割機 8,000 個／時，人工整型 5,680 個／時，最後發酵 9,500 個／時，烤焙滿爐可烤 1,200 個麵包，烤焙時間 15 分鐘，生產線共有員工 18 人，平均薪資 320 元／時，若不考量各工段生產損耗，全線連續生產不中斷及等待，下列那些正確？（1）每個麵包人工成本為 1.5 元（2）若某天三人辭職，造成加班，平均薪資增加 40 元／時，每個麵包人工成本可降低 0.075 元（3）若要降低人工費率 3%，則可訓練人工整型速度提升 3%，至 5850 個／時（4）若工廠改善製程將烤焙時間縮短為 12 分鐘，則人工費率為 5.76%。

0 7 7 0 0 烘焙食品 乙級 工作項目 09：烘焙食品良好作業規範

單選題：

1.（2）充餡裝飾的調理加工廠屬（1）一般作業區（2）清潔作業區（3）普通作業區（4）準清潔作業區。

2.（3）食品調配混合廠（攪拌區）應屬（1）一般作業區（2）非食品處理區（3）準清潔作業區（4）普通作業區。

3.（4）原料處理場的工作檯面應保持（1）50（2）100（3）150（4）220 米燭光以上的亮度。

4.（4）檢查作業的檯面應保持在（1）240（2）340（3）440（4）540 米燭光以上的亮度。

5.（2）地下水源應與污染源保持（1）20（2）15（3）10（4）5 公尺以上的距離，以防止污染。

6.（2）下列何種水龍頭，無法防止已清洗及消毒的雙手再污染（1）肘動式（2）手動式（3）電眼式（4）自動式。

7.（4）清潔作業區的室內，若有窗台且超過 2 公分，則應有適當的斜度，其檯面與水平應形成（1）15°（2）25°（3）35°（4）45° 以上的斜角。

8.（1）使用非自來水的食品廠，應指定專人（1）每日（2）每週（3）每月（4）每年 測定有效氯殘留量，並作紀錄以備查核。

9.（1）成品包裝後放置在（1）棧板或台架上（2）墊紙的地上（3）直接置地面（4）墊布的地上較佳。

10.（2）貯存時應使物品距離地面至少（1）0（2）5（3）20（4）50 公分以上，可利空氣的流通及物品的搬運。

11.（1）從事生產麵食烘焙的工廠，至少有（1）一人（2）二人（3）三人（4）四人，擁有烘焙食品類技術士證照，才可申請烘焙食品的 GMP 認證。

12.（1）食品製造過程中，應減低微生物的污染，但控制（1）配方（2）酸鹼度（3）溫度（4）水活性 無法達到此一目的。

13.（3）工廠對食品良好作業規範所規定有關的紀錄，至少應保存至該批成品（1）賣完以後（2）有效期限（3）有效期限後一個月（4）有效期限後兩個月。

14.（4）利用 pH 值高低來防止食品有害微生物生長者，pH 值應維持在（1）10.6（2）8.6（3）6.6（4）4.6 以下。

15.（3）包裝的標示不須具備（1）品名（2）食品添加物名稱（3）製法（4）淨重。

16.（4）廠區若設置圍牆，距離地面至少（1）100（2）80（3）50（4）30 公分以下部份應採用密閉性材料結構。

17.（3）試驗室中，下列那一場所應嚴格加以隔間？（1）物理試驗場（2）化學試驗場（3）病原菌操作場（4）微生物試驗場。

18.（3）依食品 GMP 的分類，包裝區應屬（1）一般作業區（2）非食品處理區（3）清潔作業區（4）準清潔作業區。

19.（3）冷藏食品中心溫度應保持在（1）15℃以下（2）10℃以下（3）7℃以下（4）3℃以下，

凍結點以上。

20.（3）食品工廠之員工應每（1）三個月（2）六個月（3）一年（4）二年　，至少作一次健康檢查　。

21.（2）食品 GMP 最注重工廠的（1）美觀雄偉（2）自主管理及衛生安全（3）豐富的利潤（4）產量的大小。

22.（3）原材料的品質驗收標準應由（1）食品衛生管理人員（2）食品衛生檢驗人員（3）品質管制設計人員（4）作業員 訂定之。

23.（1）品質異常時得要求工廠停止生產或禁止出貨之權限應屬（1）品質管制部門（2）生產部門（3）衛生管理部門（4）倉儲部門。

24.（4）食品 GMP 認證制度中是以（1）一個工廠（2）一條生產線（3）一類產品（4）單一產品，發給一個認證字號。

25.（3）下列何項不須貯存於上鎖的固定位置，並派專人管理（1）清潔劑（2）消毒劑（3）麵粉（4）食品添加劑。

26.（4）下列何單位不是食品良好作業規範推行會報的配合單位（1）工業局（2）衛生署（3）標檢局（4）交通部。

27.（1）申請食品良好作業規範（食品 GMP）的認證應向何單位提出（1）工業局（2）衛生福利部（3）商檢局（4）交通部。

28.（4）洗手消毒室應緊鄰（1）品管室（2）一般作業區（3）倉庫（4）包裝區　設置，並應獨立隔開。

29.（1）下列何種為洗手消毒室的最合理動線（1）洗手台→烘乾機→消毒器（2）消毒器→洗手台→烘乾機（3）消毒器→烘乾機→洗手台（4）洗手台→消毒器→烘乾機。

30.（2）包裝食品之內包裝工作室應屬於（1）一般作業區（2）清潔作業區（3）準清潔作業區（4）非管制作業區。

31.（1）烘焙後之產品，其中心溫度應降至（1）30℃（2）40℃（3）50℃（4）60℃　以下，才可以包裝。

32.（3）G.M.P.廠房，其特殊作業區之牆角及柱角應具適當的弧度，其曲率半徑應在（1）1 公分以上（2）2 公分以上（3）3 公分以上（4）0.5 公分以上　，以利清洗清毒。

33.（2）通過食品ＧＭＰ認証之工廠或產品，於一年內累計年度主要缺點達（1）一次（2）三次（3）五次（4）十次　者取消認證字號及標誌使用權。

34.（3）食品ＧＭＰ對製造作業場所清潔度要求最高之區域為（1）一般作業區（2）準清潔作業區（3）清潔作業區（4）原料貯放區。

35.（2）為使產品銷售時可據以追蹤品質與經歷資料需建立產品之（1）品名（2）批號（3）箱數（4）重量　以利銷後追蹤。

36.（2）在人事與組織中，生產製造負責人不得相互兼任的是（1）衛生管理（2）品質管制（3）安全管理（4）人事管理　部門。

37.（3）下列何者不是烘焙食品工廠視需要應具備之基本設備?（1）秤量設備（2）攪拌混合設備（3）封罐設備（4）烤焙設備。

38.（4）沒有洗手消毒室泡鞋池，使用氯化合物消毒劑時，其餘氯濃度應經常保持在（1）10ppm（2）50ppm（3）100ppm（4）200ppm　以上。

39.（2）下列水龍頭開關方式不是食品ＧＭＰ所允許的洗手設施?（1）腳踏式（2）手動扭轉式（3）肘動式（4）電眼感應式。

40.（1）製造作業場所中有液體或以水洗方式清洗作業之區域，地面之排水斜度應在（1）1/100

（2）1/50（3）1/20（4）1/10 以上。

41.（1）烘焙食品ＧＭＰ認証追蹤中，加嚴追蹤時，每（1）一個月（2）二個月（3）三個月（4）六個月　一次以上追蹤查驗。

42.（2）食品ＧＭＰ合約有效期間，自訂約日起（1）一年（2）二年（3）三年（4）五年　期滿自動終止。

43.（4）依食品良好衛生規範規定，廁所應於明顯處標示（1）如廁前請換鞋（2）如廁時勿吸煙（3）如廁後請沖水（4）如廁後請洗手。

44.（2）高水活性食品是指成品之水活性在多少以上之食品？（1）0.80（2）0.85（3）0.90（4）0.95。

45.（2）食品 GMP 工廠之蓄水池（塔、槽）應保持清潔，且設置地點應距污穢場所、化糞池等污染源幾公尺以上，以防污染 。（1）1 公尺（2）3 公尺（3）10 公尺（4）15 公尺。

46.（1）以奶油、布丁、果凍、餡料等裝飾或充餡之蛋糕、派等，應貯存於何條件下保存？（1）7℃以下冷藏（2）18℃恒溫（3）25℃之室溫（4）65℃以上。

47.（1）HACCP 制度是建構在（1）良好作業規範（GMP）與衛生標準操作程序（SSOP）工作上（2）危害分析（Hazard Analysis）及重要管制點（Critical Control Point）工作上（3）良好作業規範（GMP）與重要管制點（Critical Control Point）工作上（4）危害分析（Hazard Analysis）與衛生標準操作程序（SSOP）工作上。

48.（3）下列何項不屬於衛生標準操作程序（SSOP）之項目？（1）用水（2）員工健康狀況之監控與衛生教育（3）危害管制點分析（4）蟲鼠害防治。

49.（3）製作三明治調理加工用之器具，因與食品直接接觸，為避免交叉污染，器具使用前採用乾熱殺菌法，則需以溫度 110℃以上之乾熱加熱（1）5 分鐘（2）10 分鐘（3）20 分鐘（4）30 分鐘。

50.（4）食品 GMP 工廠中所使用之清潔劑應清楚標示，且為避免污染產品，應貯存於（1）清潔作業區（2）準清潔作業區（3）一般作業區（4）非食品作業區。

51.（1）未包裝之烘焙產品販賣時應備有清潔之器具供顧客選用產品，其器具若使用煮沸殺菌法處理，應於 100℃之沸水中加熱（1）1 分鐘（2）2 分鐘（3）4 分鐘（4）5 分鐘　以上。

52.（4）下列何者不屬於食品良好規範規定（1）異常品回收之處理應作成記錄，以供查核（2）製程及品質管制應作成記錄及統計（3）對消費者申訴案件之處理應作成記錄，以供查核（4）對消費者作滿意度調查並作成記錄及統計。

複選題：

53.（123）　依食品業者良好衛生規範，食品作業場所之廠區環境應符合下列那些規定？（1）地面不得有塵土飛揚（2）排水系統不得有異味（3）禽畜應予管制，並有適當的措施以避免污染食品（4）可畜養狗以協助廠區安全管理。

54.（24）　餐飲業者良好衛生規範之有效殺菌，煮沸殺菌法下列那些正確？（1）使用溫度 80℃之熱水（2）使用溫度 100℃之沸水（3）毛巾、抹布煮沸時間 3 分鐘以上（4）毛巾、抹布煮沸時間 5 分鐘以上。

55.（134）　依食品業者良好衛生規範，食品作業場所建築與設施應符合下列那些規定？（1）牆壁、支柱與地面不得有納垢、侵蝕或積水等情形（2）食品暴露之正上方樓板或天花板有結露現象（3）出入口、門窗、通風口及其他孔道應設置防止病媒侵入設施（4）排水系統不得有異味，排水溝應有攔截固體廢棄物之設施，並應設置防止病媒侵入之設施。

56.（24） 餐飲業者良好衛生規範之有效殺菌，乾熱殺菌法下列那些正確？（1）使用溫度 80℃以上之乾熱（2）使用溫度 110℃以上之乾熱（3）餐具加熱時間 20 分鐘以上（4）餐具加熱時間 30 分鐘以上。

57.（234） 依食品業者良好衛生規範，食品作業場所建築與設施應符合下列那些規定？（1）工作台面應保持一百米燭光以上（2）配管外表應定期清掃或清潔（3）通風口應保持通風良好，無不良氣味（4）對病媒應實施有效之防治措施。

58.（123） 依食品業者良好衛生規範，食品作業場所建築與設施應符合下列那些規定？（1）凡清潔度要求不同之場所，應加以有效區隔及管理（2）蓄水池每年至少清理一次並做成紀錄（3）工作台面應保持二百米燭光以上（4）發現有病媒出沒痕跡，才實施有效之病媒防治措施。

59.（134） 依食品業者良好衛生規範，廁所應符合下列那些規定？（1）設置地點應防止污染水源（2）可設在食品作業場所（3）應保持整潔，不得有不良氣味（4）應於明顯處標示『如廁後應洗手』之字樣。

60.（124） 依食品業者良好衛生規範，用水應符合下列那些規定？（1）凡與食品直接接觸之用水應符合飲用水水質標準（2）應有足夠之水量及供水設施（3）地下水源應與化糞池至少保持十公尺之距離（4）飲用水與非飲用水之管路系統應明顯區分。

61.（123） 依食品業者良好衛生規範，設備與器具之清洗衛生應符合下列那些規定？（1）食品接觸面應保持平滑、無凹陷或裂縫（2）設備與器具使用前應確認其清潔，使用後應清洗乾淨（3）設備與器具之清洗與消毒作業，應防止清潔劑或消毒劑污染食品（4）已清洗與消毒過之設備和器具，隨處存放即可。

62.（12） 依食品業者良好衛生規範，從業人員應符合下列那些規定？（1）新進從業人員應先經衛生醫療機構檢查合格後，始得聘僱（2）每年應接受健康檢查乙次（3）有 B 型肝炎者不得從事與食品接觸之工作（4）凡與食品直接接觸的從業人員可蓄留指甲、塗抹指甲油及佩戴飾物等。

63.（12） 下列那些與重要危害分析管制點（HACCP）制度的落實有關？（1）良好衛生規範（GHP）（2）良好作業規範（GMP）（3）良好商店規範（GSP）（4）6 標準差（6σ）。

64.（12） 依食品業者良好衛生規範，從業人員應符合下列那些規定？（1）從業人員手部應經常保持清潔（2）作業人員工作中不得有吸菸、嚼檳榔、嚼口香糖、飲食及其他可能污染食品之行為（3）作業人員可以雙手直接調理不經加熱即可食用之食品（4）作業人員個人衣物可放置於作業場所。

65.（234） 有關重要危害分析管制點（HACCP）制度的敘述，下列那些正確？（1）HACCP 的觀念是起源於日本（2）最早應用 HACCP 觀念於食品的品項為水產品（3）烹調的中心溫度是重要的管制點（4）強調事前的監控勝於事後的檢驗。

66.（123） 依食品業者良好衛生規範，下列那些為食品製造業者製程及品質管制？（1）使用之原材料應符合相關之食品衛生標準或規定，並可追溯來源（2）原材料驗收不合格者，應明確標示（3）原材料之暫存應避免使製造過程中之半成品或成品產生污染（4）原材料使用應依買入即用之原則，並在保存期限內使用。

67.（134） 依食品業者良好衛生規範，下列那些為食品製造業者製程及品質管制？（1）原料有農藥、重金屬或其他毒素等污染之虞時，應確認其安全性後方可使用（2）食品添加物可與一般食材放置管理，並以專冊登錄使用（3）食品製造流程規劃應符合安全衛生原則（4）設備、器具及容器應避免遭受污染。

68.（234） 依食品業者良好衛生規範，下列那些為食品製造業者製程及品質管制？（1）食品在製造作業過程中可直接與地面接觸（2）應採取有效措施以防止金屬或其他外來雜物混入食品中（3）非使用自來水者，應指定專人每日作有效餘氯量及酸鹼值之測定，並作成紀錄（4）製造過程中需溫溼度、酸鹼值、水活性、壓力、流速、時間等管制者，應建立相關管制方法與基準，並確實記錄。

69.（123） 依食品業者良好衛生規範，下列那些為食品製造業者製程及品質管制？（1）食品添加物之使用應符合「食品添加物使用範圍及用量標準」之規定（2）食品之包裝應確保於正常貯運與銷售過程中不致於使產品產生變質或遭受外界污染（3）回收使用之容器應以適當方式清潔，必要時應經有效殺菌處理（4）成品為包裝食品者，其成分不需標示。

70.（134） 依食品業者良好衛生規範，下列那些為食品製造業者倉儲管制？（1）原材料、半成品及成品倉庫應分別設置或予適當區隔，並有足夠之空間，以供物品之搬運（2）倉庫內物品可隨處貯放於棧板、貨架上（3）倉儲作業應遵行先進先出之原則（4）倉儲過程中需溫溼度管制者，應建立管制方法與基準。

71.（134） 依食品業者良好衛生規範，下列那些為食品製造業者運輸管制？（1）運輸車輛應保持清潔衛生（2）低溫食品堆疊時應保持穩固及緊密（3）裝載低溫食品前，運輸車輛之廂體應維持有效保溫狀態（4）運輸過程中應避免日光直射。

72.（134） 依食品業者良好衛生規範，下列那些為食品工廠製程及品質管制？（1）製造過程之原材料、半成品及成品等之檢驗狀況，應予以適當標識及處理（2）成品不必留樣保存（3）有效日期之訂定，應有合理之依據（4）製程及品質管制應作紀錄及統計。

73.（234） 依食品業者良好衛生規範，當油炸油出現下列那些指標時，即不可使用？（1）發煙點溫度低於 200℃（2）油炸油色深且黏漬，泡沫多，具油耗味（3）酸價超過 2.0 mg KOH/g（4）總極性化合物含量達 25%以上。

74.（123） 依食品業者良好衛生規範，下列那些為食品物流業者物流管制標準作業程式？（1）貯存過程中應定期檢查，並確實記錄（2）如有異狀應立即處理，以確保食品或原料之品質及衛生（3）有造成污染原料、半成品或成品之虞的物品或包裝材料，應有防止交叉污染之措施（4）低溫食品理貨及裝卸貨作業均應在 20℃以下之場所進行。

75.（12） 依食品業者良好衛生規範，下列那些為食品工廠客訴與成品回收管制？（1）食品工廠應制定消費者申訴案件之標準作業程式，並確實執行（2）食品工廠應建立成品回收及處理標準作業程式，並確實執行（3）無理客訴不必處理（4）客訴與成品回收之處理應作成紀錄並立即銷毀。

76.（34） 依食品業者良好衛生規範，下列那些為食品物流業者物流管制標準作業程式？（1）不同食品作業場所不必做適當區隔（2）物品應分類貯放直接放置地面（3）作業應遵行先進先出之原則（4）作業中需溫溼度管制者，應建立管制方法與基準。

77.（124） 依食品業者良好衛生規範，食品販賣業者應符合下列那些規定？（1）販賣、貯存食品或食品添加物之設施及場所應設置有效防止病媒侵入之設施（2）食品或食品添加物應分別妥善保存、整齊堆放，以防止污染及腐敗（3）食品之熱藏（高溫貯存），溫度應保持在 50℃以上（4）倉庫內物品應分類貯放於棧板、貨架上，並且保持良好通風。

78.（123） 依食品業者良好衛生規範，食品販賣業者應符合下列那些規定？（1）應有衛生管理專責人員於現場負責食品衛生管理工作（2）販賣貯存作業應遵行先進先出之原則（3）販賣貯存作業中須溫溼度管制者，應建立管制方法與基準，並據以執行（4）販賣場所之光線應達到 100 米燭光以上，使用之光源應不至改變食品之顏色。

79.（13） 依食品業者良好衛生規範，販賣、貯存冷凍、冷藏食品之業者應符合下列那些規定？（1）販賣業者不得任意改變製造業者原來設定之產品保存溫度條件（2）冷凍食品之中心溫度應保持在－27℃以下；冷藏食品之中心溫度應保持在 10℃以下凍結點以上（3）冷凍（庫）櫃、冷藏（庫）櫃應定期除霜，並保持清潔（4）冷凍冷藏食品可使用金屬材料釘封或橡皮圈等物固定，包裝袋破裂時處理後再出售。

80.（124） 依食品業者良好衛生規範，販賣、貯存烘焙食品之業者，應符合下列那些規定？（1）未包裝之烘焙食品販賣時應使用清潔之器具裝貯，分類陳列，並應有防止污染之措施及設備（2）以奶油、布丁、果凍、餡料等裝飾或充餡之蛋糕、派等，應貯放於 10℃以下冷藏櫃內（3）有造成污染原料、半成品或成品之虞的物品或包裝材料可一起貯存（4）烘焙食品之冷卻作業應有防止交叉污染之措施與設備。

81.（12） 若廠區空間不足，下列那些管制可使用時間做為區隔？（1）物流動向：低清潔度區→高清潔度區（2）人員動向：高清潔度區→低清潔度區（3）氣流動向：低清潔度區→高清潔度區（4）水流動向：低清潔度區→高清潔度區。

07700 烘焙食品 乙級 工作項目 10：機械之原理及使用常識

單選題：

1.（1）枕頭式包裝機封口不良與下列何者無關？（1）產品大小（2）運轉速度（3）包材品質（4）封口溫度。

2.（4）為符合工業安全馬達之絕緣等級以何者為宜？（1）A級（2）B級（3）E級（4）F級。

3.（2）常用馬達過載保護器可保護（1）短路（2）欠相（3）電壓過低（4）不斷電。

4.（3）機械之基本保養工作由何者擔任較佳？（1）主管（2）工務人員（3）操作員（4）原廠技師。

5.（2）熱風旋轉爐設計良好計時器裝置設計之功能為（1）全機停止（2）停止加熱電鈴響餘繼續動作（3）停止送風加熱繼續動作（4）停止加熱送風。

6.（4）下列所述何者不是使用隧道爐主要功能？（1）產能提高（2）溫度穩定（3）節約人工（4）空間使用。

7.（1）旋轉爐台車進入爐內時，爐內溫度會（1）下降（2）上升（3）不升不降（4）先上升再下降。

8.（3）220V 三相電源攪拌機啟動時，發現攪拌方向錯誤，應先將電源關閉，然後（1）改變 110V 伏特電源（2）電源線內綠色線與其它紅白黑線任何一條線對調即可（3）電源線內除綠色線外其它紅白黑線任何兩條線對調即可（4）退貨原廠商。

9.（2）無段變速攪拌機傳動方式為（1）齒輪傳動（2）皮帶傳動（3）齒輪皮帶相互搭配（4）鋼帶傳動。

10.（1）華式溫度要換算攝式溫度為（1）5/9（℉-32）（2）9/5（℃+32）（3）5/9（℉+32）（4）9/5（℃-32）。

11.（3）有某項產品烤焙溫度為 200℃烤焙時間為 10 分鐘，若以隧道爐烤焙（烤焙量可以完全供應烤爐）請問下列那一個隧道爐長度產量最大？（1）8 公尺（2）12 公尺（3）16 公尺（4）10 公尺。

12.（3）台車式熱風旋轉爐烤焙，上下層色澤不均勻需要調整（1）爐溫（2）燃燒器（3）出風口間隙（4）溫度顯示器。

13.（1）攪拌機開始攪拌作業時應該（1）由低速檔至高速檔（2）由高速檔至低速檔（3）高低速檔都可以（4）關閉電源。

14.（3）枕頭式包裝機要包裝時（1）開機就可直接包裝（2）只要縱封溫度達設定溫度後即可包裝（3）橫封縱封溫度達到設定溫度後等溫度穩定後再包裝（4）只要橫封溫度達設定溫度後即可包裝。

15.（1）傳統立式電熱烤爐最佳的烤焙方式為（1）由高溫產品烤焙至低溫產品（2）由低溫產品烤焙至高溫產品（3）高低溫產品交叉烤焙（4）無一定烤焙溫度之設定。

16.（2）使用金屬檢測機最大的目的是（1）剔除遭異物污染的產品（2）找出污染源防止再度發生（3）應付檢查（4）偵測金屬物之強度。

17.（2）攪拌作業時攪拌桶邊緣會沾附一些原料（1）不用停機用手把桶壁沾附的原料撥入桶內（2）停機以刮刀將沾附原料刮入桶內再開機作業（3）等攪拌完成再將沾附原料刮入桶內（4）為了安全可不以理會。

18.（4）若以鋼帶式隧道爐自動化生產小西餅，擠出成型機（Depositor）有 18 個擠出花嘴，生麵糰長度為 6 公分寬度為 3公分，餅與餅之縱向距離為 3 公分，擠出成型機之 r.p.m.為 40 次／分，該項小西餅烘焙時間為 10 分鐘，請問隧道爐之長度為（1）18 公尺（2）24 公尺（3）30 公尺（4）36 公尺。

19.（3）若以鋼帶式隧道爐自動化生產小西餅，擠出成型機（Depositor）有 18 個擠出花嘴，生麵糰長度為 6 公分寬度為 3公分，餅與餅之橫向距離為 3 公分，擠出成型機之 r.p.m.為 40 次／分，該項小西餅烘焙時間為 10 分鐘，鋼帶兩邊應各保留 9 公分之空白，請問隧道爐之鋼帶寬度最適當為（1）105 公分（2）108 公分（3）123 公分（4）126 公分。

20.（1）麵糰分割機使用之潤滑油因會與麵糰接觸，需使用（1）食品級潤滑油（2）全合成機油（3）礦物油（4）普通黃油。

21.（3）以直立式攪拌機製作戚風蛋糕，其蛋白部分之打發步驟應選用何種拌打器？（1）槳狀（2）鉤狀（3）網狀（4）先用鉤狀再用槳狀。

22.（1）製作長形麵包，使用整形機作壓延捲起之整形，若整形出之麵糰形成啞鈴狀（兩端粗，中間細），則為（1）壓板調太緊，應調鬆作改善（2）壓板調太鬆，應調緊作改善（3）上滾輪間距太寬，應調窄作改善（4）下滾輪間距太寬，應調窄作改善。

23.（2）某生產土司之工廠，其生產線製程效率瓶頸在烤爐之速度，已知烤爐滿爐可烤 200 盤，每盤 3 條土司，烤焙時間 40 分鐘，則該工廠每小時最多可生產多少條土司？（1）600 條（2）900 條（3）1,200 條（4）1,500 條。

24.（3）使用直接法製作法國麵包，已知攪拌後麵糰溫度 28℃，當時室溫 25℃，麵粉溫度 24℃，水溫 23℃，則該攪拌機之機械摩擦增高溫度（Friction Factor）為（1）10℃（2）11℃（3）12℃（4）13℃。

烘焙食品學科測試試題(丙級)

106年度07705烘焙食品—西點蛋糕丙級技術士技能檢定學科測試試題

本試卷有選擇題80題，每題1.25分，皆為單選選擇題，測試時間為100分鐘，請在答案卡上作答，答錯不倒扣；未作答者，不予計分。

准考證號碼：

姓　　名：

單選題：

1.（2）奶油小西餅若以機器成型，每次擠出7個，每個麵糰重10公克，機器轉速（r.p.m）為50次／分，現有麵糰35公斤，需幾分鐘擠完？(1) 50分鐘 (2) 10分鐘 (3) 20分鐘 (4) 40分鐘。

2.（1）下列那一項因素不會影響麵包之基本發酵時間？(1) 容器 (2) 酵母量 (3) 鹽 (4) 麵糰溫度。

3.（1）塔塔粉是屬？(1) 酸性鹽 (2) 鹼性鹽 (3) 中性鹽 (4) 低鹼性鹽。

4.（3）以下對於「工讀生」之敘述，何者正確？(1) 屬短期工作者，加班只能補休 (2) 工資不得低於基本工資之80% (3) 國定假日出勤，工資加倍發給 (4) 每日正常工作時間不得少於8小時。

5.（2）下列材料中何者不屬於膨脹劑？(1) 發粉 (2) 可可粉 (3) 小蘇打粉 (4) 阿摩尼亞。

6.（1）下列何種材料無法用以延緩麵包老化？(1) 膨大劑 (2) 糖 (3) 油脂 (4) 乳化劑。

7.（3）以麵粉與油脂調製烘焙層次分明之酥鬆性產品是？(1) 脆餅 (2) 煎餅 (3) 鬆餅、派、起酥 (4) 小西餅。

8.（2）添加下列那一項材料不會增加蛋糕的柔軟度？(1) 蛋黃 (2) 麵粉 (3) 糖 (4) 油。

9.（2）麵包的組織鬆軟好吃，主要是在製作的過程中加入了？(1) 發粉 (2) 酵母 (3) 阿摩尼亞（碳酸氫銨等） (4) 小蘇打。

10.（4）下列何者應貯存於7℃以下之冷藏櫃販售？(1) 海綿蛋糕 (2) 椰子餅乾 (3) 葡萄土司 (4) 布丁派。

11.（3）長方形烤盤，其長為30公分、寬為22公分、高為5公分，其容積為？(1) 660立方公分 (2) 660 平方公分 (3) 3300立方公分 (4) 3300平方公分。

12.（3）麵包基本發酵過久其表皮的性質？(1) 薄而軟 (2) 堅硬 (3) 易脆裂呈片狀 (4) 韌性大。

13.（2）為使小西餅達到鬆脆與擴展的目的，配方內可多使用？(1) 糖粉 (2) 細砂糖 (3) 麥芽糖 (4) 糖漿。

14.（2）製作海綿類小西餅會影響體積的原因為？(1) 低溫長時間烤焙 (2) 麵糊放置時間 (3) 麵粉的選用 (4) 高溫長時間烤焙。

15.（4）蛋糕在包裝時為延長保存時間常使用？(1) 防腐劑 (2) 乾燥劑 (3) 抗氧化劑 (4) 脫氧劑。

16.（4）事業單位僱用勞工多少人以上者，應依勞動基準法規定訂立工作規則？(1) 200人 (2) 50人 (3) 100人 (4) 30人。

17.（2）下列何種產品，不需經烤焙過程？(1) 奶油空心餅 (2) 開口笑 (3) 戚風蛋糕 (4) 法國麵包。

18.（１）戚風類蛋糕其膨大的最主要因素是？(1) 蛋白中攪拌入空氣 (2) 蛋黃麵糊部分的攪拌 (3) 塔塔粉 (4) 水。

19.（３）下列那一種麵包，烤焙時間最短？(1) 450公克的圓頂葡萄乾土司 (2) 800公克的帶蓋土司 (3) 90 公克包餡的甜麵包 (4) 350公克的法國麵包。

20.（２）下列何者與食品中的微生物增殖沒有太多關係？(1) 酸度 (2) 脆度 (3) 溫度 (4) 濕度。

21.（３）服務業從業人員的道德規範不包括 (1) 公私分明 (2) 履行義務 (3) 急功近利 (4) 待客一視同仁。

22.（１）麵包製作採烘焙百分比，其配方總和為250%，若使用麵粉25公斤，在不考慮損耗之狀況下，可產出麵糰？(1) 62.5公斤 (2) 100公斤 (3) 50公斤 (4) 75公斤。

23.（４）何種攪拌方法能節省人工和縮短攪拌時間？(1) 糖水拌合法 (2) 糖油拌合法 (3) 麵粉油脂拌合法 (4) 直接法。

24.（１）蛋白成分除了水以外含量最多的是？(1) 蛋白質 (2) 葡萄糖 (3) 灰分 (4) 油脂。

25.（３）切割蛋糕用的刀子，下列那一種方式既可防止細菌污染又可達到切面整齊的要求？(1) 在沸水中燙一次用布擦一下使用 (2) 洗淨使用 (3) 浸在沸水中燙一次，切一次 (4) 以布擦拭後使用。

26.（２）員工想要融入一個組織當中，下列哪一個做法較為可行？(1) 經常送禮物給同事 (2) 經常參與公司的聚會與團體活動 (3) 經常加班工作到深夜 (4) 經常拜訪公司的客戶。

27.（３）為改善麵粉中澱粉之膠體性質及改良麵包之內部組織，一般可加入？(1) 蛋白質分解酵素 (2) 脂肪分解酵素 (3) 液化酵素 (4) 纖維分解酵素。

28.（２）下列那一種食品最容易感染黃麴毒素？(1) 乳品類 (2) 穀類 (3) 魚貝類 (4) 肉類。

29.（３）下列何種產品一定要使用高筋麵粉？(1) 比薩餅 (2) 海綿蛋糕 (3) 白土司麵包 (4) 天使蛋糕。

30.（３）奶水中含固形物（奶粉）量為？(1) 4% (2) 8% (3) 12% (4) 16%。

31.（３）可可粉加入蛋糕配方內時須注意調整其吸水量，今製作魔鬼蛋糕，為增加可口風味，配方中增加3%的可可粉，則配方中的吸水應該？(1) 減少4.5% (2) 減少3% (3) 增加4.5% (4) 增加3%。

32.（３）蛋白質1公克可供給多少熱量？(1) 4大卡 (2) 7大卡 (3) 9大卡 (4) 5大卡。

33.（３）麵包麵糰的中間發酵時間約為？(1) 8～15分鐘 (2) 0分鐘 (3) 25～30分鐘 (4) 3～5分鐘即可。

34.（３）以乾燥劑保存食品時，其採用的包裝材料要求較低的？(1) 透濕性 (2) 透光性 (3) 透氣性 (4) 透明性。

35.（３）蛋糕切開後底部有水線係因配方中？(1) 水量少 (2) 蛋量少 (3) 水量多 (4) 發粉多。

36.（２）雇主要求確實管制人員不得進入吊舉物下方，可避免下列何種災害發生？(1) 墜落 (2) 物體飛落 (3) 被撞 (4) 感電。

37.（４）奶油雞蛋布丁派是屬於？(1) 雙皮派 (2) 油炸派 (3) 熟派皮熟派餡 (4) 生派皮生派餡。

38.（４）法國麵包的風味是由於？(1) 添加適當的改良劑 (2) 配方內添加香料 (3) 配方內不含糖的關係 (4) 自然發酵的效果。

39.（３）在購買看不見內容物之包裝食品時，可憑何種簡易方法選購？(1) 看有效日期及外觀 (2) 憑感覺 (3) 看商標 (4) 打開看內容物。

40.（3）派皮整型時，使用防黏之麵粉應使用？ (1) 高筋麵粉 (2) 低筋麵粉 (3) 中筋麵粉 (4) 洗筋粉。

41.（4）依職業安全衛生法施行細則規定，下列何者非屬應實施作業環境測定之作業場所？ (1) 顯著發生噪音之作業場所 (2) 鉛作業場所 (3) 高溫作業場所 (4) 行政人員辦公場所。

42.（3）一般乳沫類蛋糕使用蛋白的溫度最好為？ (1) 26～30℃ (2) 36～40℃ (3) 17～22℃ (4) 31～35℃。

43.（4）蛋白的含水量為？ (1) 75% (2) 50% (3) 95% (4) 88%。

44.（2）下列有關著作權之概念，何者正確？ (1) 著作權要向智慧財產局申請通過後才可主張 (2) 國外學者之著作，可受我國著作權法的保護 (3) 以傳達事實之新聞報導，依然受著作權之保障 (4) 公務機關所函頒之公文，受我國著作權法的保護。

45.（4）使用中種法製作麵包，在正常情況下，攪拌後中種麵糰溫度／主麵糰溫度，以下列何者最適宜？ (1) 5／28 (2) 35／35 (3) 32／10 (4) 23～25／27～29℃。

46.（2）烘焙食品貯藏條件應選擇？ (1) 高溫、潮濕 (2) 陰冷、乾燥 (3) 高溫、陽光直射 (4) 陰冷、潮濕的地方。

47.（2）雞蛋蛋白的脂肪含量為？ (1) 30% (2) 0% (3) 20% (4) 10%

48.（3）食品之貯存應考慮？ (1) 隨心所欲 (2) 方便性即可 (3) 分門別類 (4) 全部集中。

49.（4）肉類中不含下列那一種營養素 (1) 維生素B_1 (2) 脂質 (3) 蛋白質 (4) 維生素C。

50.（4）控制發酵最有效的原料是？ (1) 糖 (2) 奶粉 (3) 改良劑 (4) 食鹽。

51.（2）下列氣體中何者最容易溶解在水中？ (1) 氦氣 (2) 二氧化碳 (3) 氮氣 (4) 氧氣。

52.（3）製作麵包有直接法和中種法，各有其優點和缺點，下列那一項不是中種法的優點？ (1) 省人力省設備 (2) 體積較大 (3) 產品較柔軟 (4) 味道較好。

53.（3）評定白麵包的風味應具有？ (1) 自然發酵的麥香味 (2) 奶油香味 (3) 具有清淡的香草香味 (4) 含有淡淡焦糖味。

54.（3）有關麵粉之貯藏，下列何者有誤？ (1) 貯藏之場所必須是乾淨，良好之通風設備 (2) 相對濕度在55%～65% (3) 麵粉靠近牆壁放置 (4) 溫度在18～24℃。

55.（2）餅乾在連續式隧道爐烤焙，若將烤爐分成四區時，餅體組織的固定是在？ (1) 第一區 (2) 第三區 (3) 第二區 (4) 第四區。

56.（3）麵糊類蛋糕之配方中油脂含量60%以下者，其麵糊攪拌不宜用？ (1) 麵粉油脂拌和法 (2) 糖油和法 (3) 兩步拌和法 (4) 直接拌和法。

57.（2）製作蛋糕時，為有效地控制釋出均勻且有規則的氣體，常使用？ (1) 銨粉 (2) 雙重反應發粉 (3) 快性反應發粉 (4) 慢性反應發粉。

58.（4）胚乳約佔整個小麥穀粒的？ (1) 92% (2) 100% (3) 75% (4) 83%。

59.（3）有關蛋糕之充氮包裝，以下敘述何者為非？ (1) 應使用中密度PE(聚乙烯)材質 (2) 可防止產品變色 (3) 可防止油脂酸敗 (4) 可抑制黴菌生長。

60.（3）麵粉含水量比標準減少1%時，則麵包麵糰攪拌時配方內水的用量可隨著增加？ (1) 6 (2) 4 (3) 2 (4) 0%。

61.（2）酸性食品與低酸性食品之pH界限為？ (1) 3.6 (2) 4.6 (3) 5.6 (4) 6.6。

62.（3）按照現行法律規定，侵害他人營業秘密，其法律責任為 (1) 僅需負民事損害賠償責任 (2) 僅需負刑事責任 (3) 刑事責任與民事損害賠償責任皆需負擔 (4) 刑事責任與民事損害賠償責任皆不需負擔。

63.（3）土司麵包（白麵包）配方，鹽的用量約為麵粉的？(1) 2%　(2) 0%　(3) 6%　(4) 4%。
64.（3）焦糖液保存溫度？(1) 11～15℃　(2) 16 ～20℃　(3) 0～5℃　(4) 6 ～10℃為宜。
65.（4）鬆餅（如眼鏡酥），其膨大的主要原因是？(1) 酵母產生的二氧化碳　(2) 發粉分解產生的二氧化碳　(3) 攪拌時拌入的空氣經加熱膨脹　(4) 水經加熱形成水蒸氣。
66.（2）下列材料中，甜度最低的是？(1) 果糖　(2) 乳糖　(3) 麥芽糖　(4) 砂糖。
67.（3）下列何者容易熱封？(1) 聚乙烯(PE)　(2) 鋁箔　(3) 聚酯(PET)　(4) 蠟紙。
68.（3）巧克力應貯存於？(1) 低溫乾燥之場所　(2) 高濕度之場所　(3) 高溫日照之地區　(4) 隨處均可放置。
69.（3）下列何種原因不會造成麵包產品貯藏性不良？(1) 冷卻不足即包裝　(2) 衛生條件差　(3) 奶粉太多　(4) 包裝不良。
70.（3）烘焙產品底部有黑色斑點原因是？(1) 烤盤不乾淨　(2) 烤爐溫度不均勻　(3) 烤盤擦油太多　(4) 配方內的糖太少。
71.（3）下列何者不屬於天然甜味劑？(1) 蔗糖　(2) 乳糖　(3) 糖精　(4) 玉米糖漿。
72.（2）麵糊類蛋糕的麵糊溫度應該是？(1) 30℃　(2) 22℃　(3) 10℃　(4) 15℃，在這個溫度的麵糊所烤出來的蛋糕，體積最大，內部組織細膩。
73.（4）帶蓋土司烤焙出爐，發現有銳角(俗稱出角)情況，可能是下列那個原因？(1) 烤焙溫度太高　(2) 基本發酵不夠　(3) 入爐時麵糰高度不夠高　(4) 最後發酵時間太久。
74.（4）新鮮雞蛋其PH值約為？(1) 6.5　(2) 5.2　(3) 9.0　(4) 7.6。
75.（2）酸度較強的派餡為防止貯存時出水，其濃度可用？(1) 酸　(2) 黏稠劑　(3) 油脂　(4) 防腐劑 調整。
76.（2）製作小西餅麵糰較為乾硬時，成品的質地是？(1) 酥脆　(2) 硬脆　(3) 鬆軟　(4) 酥鬆。
77.（1）殺菌軟袋(retort pou℃h)最好的包裝材料是？(1) 鋁箔積層　(2) 玻璃紙　(3) 尼龍積層　(4) 聚丙烯(PP)。
78.（1）冰箱小西餅切割時易碎裂原因為？(1) 冷藏時間太久，麵糰太硬　(2) 攪拌時間過久　(3) 配方內蛋量太多　(4) 冷藏時間不足，麵糰太軟。
79.（1）使用不同烤爐來烤焙麵包，下列何者敘述不正確？(1) 使用瓦斯爐，爐溫加熱上升較慢　(2) 使用蒸汽爐，烤焙硬式麵包表皮較脆　(3) 使用熱風爐，烤焙土司，顏色會較均勻　(4) 使用隧道爐，可連續生產，產量較大。
80.（3）澱粉回凝(老化)變硬的最適溫度是 (1) -18℃　(2) 25℃　(3) 5℃　(4) -30℃。

106年度07721烘焙食品—麵包丙級技術士技能檢定學科測試試題

本試卷有選擇題80題，每題1.25分，皆為單選選擇題，測試時間為100分鐘，請在答案卡上作答，答錯不倒扣；未作答者，不予計分。

准考證號碼：
姓　　名：

單選題：

1.（2）冰箱小西餅切割時易碎裂原因為？(1) 冷藏時間不足，麵糰太軟 (2) 冷藏時間太久，麵糰太硬 (3) 攪拌時間過久 (4) 配方內蛋量太多。

2.（4）要久存的食品要選用？(1) 聚乙烯(PE) (2) 牛皮紙 (3) 聚丙烯(PP) (4) 鋁箔膠膜積層。

3.（4）小麥之橫斷面呈粉質狀者為何？(1) 中筋麵粉 (2) 粉心麵粉 (3) 高筋麵粉 (4) 低筋麵粉。

4.（3）蛋白不易打發的原因繁多，下列何者並非其因素？(1) 使用陳舊蛋 (2) 蛋溫太低 (3) 高速攪拌 (4) 容器沾油。

5.（4）海綿蛋糕配方主要原料為？(1) 細砂糖、麵粉、鹽、牛奶 (2) 麵粉、沙拉油、水 (3) 麵粉、細砂糖、發粉 (4) 麵粉、細砂糖、蛋。

6.（4）下列何種為硬式麵包？(1) 全麥麵包 (2) 可鬆麵包 (3) 甜麵包 (4) 法國麵包。

7.（4）派皮堅韌不酥的原因為？(1) 派餡裝盤時太熱 (2) 烘烤時間不夠 (3) 油脂用量太多 (4) 麵糰拌合太久。

8.（4）餅乾用麵粉，若酸度偏高時，配方中應提高？(1) 油脂 (2) 水 (3) 氧化劑 (4) 小蘇打 的用量。

9.（3）下列哪一種麵包，烤焙時間最短？(1) 800公克的帶蓋土司 (2) 450公克的圓頂葡萄乾土司 (3) 900公克包餡的甜麵包 (4) 350公克的法國麵包。

10.（1）添加下列哪一項材料不會增加蛋糕的柔軟度？(1) 麵粉 (2) 油 (3) 糖 (4) 蛋黃。

11.（2）為使小西餅成品帶有金黃色色澤，配方中可使用？(1) 抗氧化劑 (2) 奶粉 (3) 防腐劑 (4) 澱粉。

12.（1）做麵包時配方中油脂量高，可使麵包表皮？(1) 柔軟 (2) 硬 (3) 顏色深 (4) 厚。

13.（1）小西餅配方中，細糖用量愈多，則其組織口感在官能品評上？(1) 愈硬 (2) 愈軟 (3) 愈鬆 (4) 不影響。

14.（3）製作蛋糕時，為有效地控制釋出均勻且有規則的氣體，常使用？(1) 快性反應發粉 (2) 慢性反應發粉 (3) 雙重反應發粉 (4) 銨粉。

15.（3）印刷性最佳之包裝材料為？(1) 聚氯乙烯(PV℃) (2) 保麗龍 (3) 聚酯(PET) (4) 鋁箔。

16.（2）下列哪一項和產品品質鑑定無關？(1) 表皮顏色 (2) 價格 (3) 體積 (4) 組織。

17.（3）下列哪一種酵素可分解澱粉 (1) 風味酶 (2) 蛋白酶 (3) 澱粉酶 (4) 脂肪酶。

18.（3）製作麵包有時要翻麵(Pun℃hing)，下列哪一項與翻麵的好處無關？(1) 使麵糰內部溫度均勻 (2) 更換空氣，促進酵母發酵 (3) 縮短攪拌時間 (4) 促進麵筋擴展，增加麵筋氣體保留性。

19.（2）下列何種產品之麵糰，其配方中糖油含量最低？(1) 口糧餅乾 (2) 蘇打餅乾 (3) 海綿蛋糕 (4) 戚風蛋糕。

20.（3）白麵包內部評分佔總分的？(1) 60% (2) 50% (3) 70% (4) 40%。

21.（1）冷凍食品之保存溫度為？(1) -18℃ (2) -5℃ (3) 0℃ (4) 4℃ 以下。

22.（２）下列何項可促進黴菌繁殖生長？(1) 水分低 (2) 水分高 (3) 油脂含量高 (4) 蛋白質高。

23.（１）下列何者不是在製作麵包發酵後產物？(1) 氨(NH_3) (2) 二氧化碳(℃O2) (3) 熱 (4) 酒精。

24.（３）奶油空心餅，蛋的最低用量為麵粉的？(1) 90% (2) 70% (3) 100% (4) 80%。

25.（３）因故意或過失而不法侵害他人之營業秘密者，負損害賠償責任。該損害賠償之請求權，自請求權人知有行為及賠償義務人時起，幾年間不行使就會消滅？(1) 5年 (2) 10年 (3) 2年 (4) 7年。

26.（１）下列何者非屬危險物儲存場所應採取之火災爆炸預防措施？(1) 使用工業用電風扇 (2) 裝設可燃性氣體偵測裝置 (3) 使用防爆電氣設備 (4) 標示「嚴禁煙火」。

27.（１）甲意圖得到回扣，私下將應保密之公司報價告知敵對公司之業務員乙，並進而使敵對公司順利簽下案件，導致公司利益受有損害，下列何者正確？ (1) 甲構成洩露業務上知悉工商秘密罪及背信罪 (2) 甲不構成任何犯罪 (3) 甲不構成洩露業務上知悉工商秘密罪，但構成背信罪 (4) 甲構成洩露業務上知悉工商秘密罪，不構成背信罪。

28.（３）製作泡芙(奶油空心餅)時常添加之化學膨大劑為？ (1) 酵母 (2) 小蘇打 (3) 碳酸氫銨(阿摩尼亞) (4) 發粉。

29.（１）若用快速酵母粉取代新鮮酵母時，快速酵母粉的用量應為新鮮酵母的？ (1) 1/3 (2) 等量 (3) 2倍 (4) 1/2。

30.（３）醣類1公克可供給多少熱量？(1) 5大卡 (2) 9大卡 (3) 4大卡 (4) 7大卡。

31.（３）利用低溫來貯藏食品的方法是 (1) 醃漬 (2) 濃縮 (3) 冷凍 (4) 乾燥。

32.（２）製作麵包時若鹽量錯放為原來兩倍，麵糰經正常基本發酵後則其高度產生下列哪種情形？ (1) 表面會有裂痕 (2) 比較低 (3) 比較高 (4) 一樣高。

33.（１）製作鬆餅折疊次數以下列何者為佳？ (1) 3折法×4次 (2) 3折法×1次 (3) 3折法×6次 (4) 3折法×2次。

34.（３）一般認為最不易造成公害的包裝材料是？ (1) 聚氯乙烯(PV℃) (2) 聚苯乙烯(PS) (3) 紙 (4) 聚乙烯(PE)。

35.（４）重奶油蛋糕如欲組織細膩可以採用？ (1) 糖油拌合法 (2) 直接法攪拌 (3) 兩步拌合法 (4) 麵粉油脂拌合法。

36.（２）酵母道納司品嚐時有酸味原因之一為？ (1) 中間鬆弛不足 (2) 最後發酵太久 (3) 油溫太低 (4) 基本發酵不足。

37.（２）健康食品之標示或廣告涉及醫療效能內容時，可處罰鍰 (1) 四萬元以上二十萬元以下 (2) 四十萬元以上二百萬元以下 (3) 六萬元以上三十萬元以下 (4) 三萬元以上十五萬元以下。

38.（４）下列何時「非」屬於營業秘密？(1) 負面或消極的資訊 (2) 公司內部的各種計畫方案 (3) 客戶名單 (4) 具廣告性質的不動產交易底價。

39.（２）一般麵包類製品中最基本且用量最多的一種材料為？(1) 油脂 (2) 麵粉 (3) 水 (4) 糖。

40.（２）麵包直接法配方中，已知水用量為360g，理想水溫為5℃，自來水溫為20℃，該日室溫為28℃，冰用量為 (1) 40g (2) 54g (3) 100g (4) 80g。

41.（３）圓烤盤其直徑為22公分、高5公分，其容積為？ (1) 7598.8立方公分 (2) 1997.7立方公分 (3) 1899.7立方公分 (4) 110立方公分。

42.（１）鬆餅(起酥，Puff Pastry)的麵糰軟硬度比其裹入用油脂的軟硬度應？(1) 一致 (2) 較軟 (3) 較硬 (4) 無關　，則能達到最佳效果。

43.（４）新鮮蛋放置一星期之後 (1) 蛋殼變得粗糙 (2) 蛋白黏稠度增加 (3) 蛋白PH值降低 (4) 蛋黃體積

變大。

44.（２）食品用油溶於水(O／W)之乳化劑，其親水親油平衡值(HLB：Hydrophili℃-Lipophili℃ Balan℃e value)之範圍介於？(1) 26～30 (2) 8～18 (3) 3.5～6 (4) 20～25。

45.（１）下列何種膠凍原料需添加適當比例的糖與酸，才能形成膠體？(1) 果膠 (2) 阿拉伯膠 (3) 動物膠 (4) 洋菜。

46.（１）麵粉含水量比標準減少1%時，則麵包麵糰攪拌時配方內水的用量可隨著增加？(1) 2 (2) 4 (3) 6 (4) 0 %。

47.（３）烤焙麵包時使用哪一種的能源品質最好？(1) 柴油 (2) 電 (3) 瓦斯 (4) 重油。

48.（２）麵包配方中糖含量(依烘焙百分比)佔20%以上的是？(1) 全麥麵包 (2) 甜麵包 (3) 法國麵包 (4) 土司麵包。

49.（１）蛋黃中含量最多的成分？(1) 水 (2) 蛋白質 (3) 油脂 (4) 灰分。

50.（４）下列何種油脂貯存於較高溫(如35℃)易變質？(1) 氫化豬油 (2) 氫化棕櫚油 (3) 椰子油 (4) 自製豬油。

51.（２）依勞動檢查法規定，勞動檢查機構於受理勞工申訴後，應儘速就其申訴內容派勞動檢查員實施檢查，並應於幾日內將檢查結果通知申訴人？(1) 30 (2) 14 (3) 20 (4) 60。

52.（１）理想的海綿蛋糕麵糊比重為？(1) 0.46 (2) 0.66 (3) 0.76 (4) 0.56 左右。

53.（３）戚風蛋糕蛋白部分要與麵粉拌合最好的階段是把蛋白攪到？(1) 乾性發泡 (2) 液體狀態 (3) 濕性發泡 (4) 棉花狀態。

54.（３）「感覺心力交瘁，感覺挫折，而且上班時都很難熬。」此現象與下列何者較不相關？(1) 工作相關過勞程度可能嚴重 (2) 可能已經快被工作累垮了 (3) 工作相關過勞程度輕微 (4) 可能需要尋找專業人員諮詢。

55.（１）食品包裝材料的必備特性，何者為非？(1) 高貴性 (2) 衛生性 (3) 作業性 (4) 便利性。

56.（３）食品包裝袋上不須標示 (1) 添加物名稱 (2) 原料名稱 (3) 配方表 (4) 有效日期。

57.（４）出爐後的蛋糕須冷卻至？(1) 40℃ (2) 50℃ (3) 60℃ (4) 30℃以下才可包裝。

58.（４）依照製作方法，乳沫類小西餅是以下列何者方式成型？(1) 線切成型 (2) 推壓成型 (3) 塊狀成型 (4) 擠出成型。

59.（１）下列原料何者不宜保存在常溫乾燥區(20℃，65%RH)？(1) 奶油 (2) 麵粉 (3) 巧克力 (4) 砂糖。

60.（４）經攪拌後之蛋白糖以手指勾起成山峰狀，倒置而不彎曲，此階段稱為？(1) 起泡狀 (2) 濕性發泡 (3) 棉花狀 (4) 乾性發泡。

61.（１）下列何種產品配方中使用酵母，以利產品之膨脹？(1) 丹麥式甜麵包 (2) 酥鬆性小西餅 (3) 鬆餅 (4) 綠豆椪。

62.（４）引導時，引導人應走在被引導人的 (1) 左或右後方 (2) 正後方 (3) 正前方 (4) 左或右前方。

63.（２）一般乳沫類蛋糕使用蛋白的溫度最好為？(1) 36～40℃ (2) 17～22℃ (3) 31～35℃ (4) 26～30℃。

64.（２）食品之貯存應考慮？(1) 方便性即可 (2) 分門別類 (3) 隨心所欲 (4) 全部集中。

65.（４）做蘇打餅乾應注意油脂的？(1) 可塑性好 (2) 打發性好 (3) 乳化效果好 (4) 安定性好、不易酸敗。

66.（４）麵糊類蛋糕體積小、組織堅實、邊緣低垂、中央隆起係因？(1) 爐溫太高 (2) 攪拌不足

(3) 攪拌過度 (4) 發粉用量不足。

67.（3）一般烘焙人員所稱的「重曹」(baking soda)是指？(1) 酵母 (2) 酵素 (3) 蘇打粉 (4) 發粉。

68.（1）冷藏或冷凍可 (1) 抑制微生物的生長 (2) 增加食品中酵素的活力 (3) 降低食品的脂肪 (4) 增加食品的重量。

69.（4）肉類貯存最合適之相對濕度為？(1) 60～70% (2) 50～60% (3) 70～80% (4) 80～90%。

70.（3）烘焙食品貯藏條件應選擇？(1) 高溫、陽光直射 (2) 高溫、潮濕 (3) 陰冷、乾燥 (4) 陰冷、潮濕的 地方。

71.（2）烘焙鬆餅(起酥，puff pastry)，除了以蒸氣控制表皮外，應先使用？(1) 小火 (2) 大火 (3) 下火 (4) 上火烤焙。

72.（2）廚房設置之排油煙機為下列何者？(1) 吹吸型換氣裝置 (2) 局部排氣裝置 (3) 排氣煙函 (4) 整體換氣裝置。

73.（2）麵粉之蛋白質組成成分中缺乏？(1) 丙苯胺酸 (2) 離胺酸 (3) 半胱胺酸 (4) 麩胺酸　因此必須添加奶粉。

74.（4）有關麵粉之貯藏，下列何者有誤？(1) 溫度在18～24℃ (2) 相對濕度在55%～65% (3) 貯藏之場所必須是乾淨，良好之通風設備 (4) 麵粉靠近牆壁放置。

75.（2）下列何者不是造成小西餅膨大之原因？(1) 酵母 (2) 砂糖 (3) 蘇打粉 (4) 攪拌時拌入油脂之空氣。

76.（4）下列包裝材料何者適合麵包高速包裝機使用？(1) 聚醋(PET) (2) 聚氯乙烯(PV℃) (3) 聚乙烯(PE) (4) 聚丙烯(PP)。

77.（1）麵包麵糰的中間發酵時間約為？(1) 8～15分鐘 (2) 3～5分鐘 (3) 0分鐘 (4) 25～30分鐘 即可。

78.（4）下列何種容器，不可放入微波爐中加熱 (1) 瓷碗 (2) 玻璃杯 (3) 聚丙烯(PP)塑膠餐盒 (4) 鋁盤。

79.（2）蒸烤布丁烤盤內的水宜選用？(1) 開水 (2) 溫水 (3) 冰水 (4) 冷水，可縮短烤焙時間又不影響其組織。

80.（3）新鮮酵母貯存的最佳溫度為？(1) -10～0℃ (2) 21～27℃ (3) 2～10℃ (4) 11～20℃。

105年度07705烘焙食品—西點蛋糕丙級技術士技能檢定學科測試試題

本試卷有選擇題80題，每題1.25分，皆為單選選擇題，測試時間為100分鐘，請在答案卡上作答，答錯不倒扣；未作答者，不予計分。

准考證號碼：
姓　　　名：

單選題：

1.（２）小西餅配方中糖的用量比油多、油的用量比水多，麵糰較乾硬，須擀平或用模型壓出的產品是？(1) 酥硬性小西餅 (2) 脆硬性小西餅 (3) 鬆酥性小西餅(4) 軟性小西餅。

2.（１）製作奶油空心餅若麵糊較硬，則其殼較？(1) 厚 (2) 軟 (3) 薄 (4) 不影響。

3.（１）烘焙產品使用何者糖，在其烤焙時較易產生梅納反應？(1) 果糖 (2) 砂糖 (3) 麥芽糖 (4) 乳糖。

4.（１）雇主得不經預告而終止契約的情況是 (1) 無正當理由連續曠工三日以上 (2) 無正當理由曠工一日 (3) 生產線減縮 (4) 遷廠。

5.（１）冷藏食品溫度要保持在？(1) 7℃以下 (2) -4℃以下 (3) 0℃以下 (4) 15℃以下。

6.（４）餅乾麵糰在壓延成型時，打孔洞的原因，下列何者敘述錯誤？ (1) 切斷麵糰筋性、防止緊縮作用 (2) 水分變成水蒸氣，有孔洞時可保持較均勻的膨脹度 (3) 有表面裝飾之作用 (4) 減少原料用量、降低成本。

7.（４）戚風類蛋糕其膨大的最主要因素是？(1) 塔塔粉 (2) 水 (3) 蛋黃麵糊部分的攪拌 (4) 蛋白中攪拌入空氣。

8.（２）製作甜麵包時，配方中蛋量和水量加起來為62%，如今已知使用3公斤麵粉，蛋量為240g，應添加多少水？(1) 1,520g (2) 1,620g (3) 1,820g (4) 1,720g。

9.（２）麵糰分割重量 600公克，烤好麵包重量為540公克，其烤焙損耗是？(1) 6% (2) 10% (3) 5% (4) 15%。

10.（３）下列何者常作為積層袋之熱封層？(1) 鋁箔 (2) 耐龍(Ny) (3) 聚乙烯(PE) (4) 聚酯(PET)。

11.（１）何種攪拌方法能節省人工和縮短攪拌時間？(1) 直接法 (2) 糖油拌合法 (3) 麵粉油脂拌合法 (4) 糖水拌合法。

12.（２）蛋白成分除了水以外含量最多的是？(1) 葡萄糖 (2) 蛋白質 (3) 灰分 (4) 油脂。

13.（１）依℃NS之標準，葡萄乾麵包應含葡萄乾量不少於麵粉的？ (1) 20% (2) 50% (3) 30% (4) 40%。

14.（３）新鮮雞蛋買來後最好放置於？(1) 不必注意 (2) 冷凍庫 (3) 冷藏冰箱 (4) 室溫。

15.（１）奶粉的重量2.2磅相當於公制單位的？(1) 1公斤 (2) 4.4公斤 (3) 1.5公斤 (4) 半公斤。

16.（３）製造小西餅麵糰較為乾硬時，成品的質地是？(1) 酥脆 (2) 鬆軟 (3) 硬脆 (4) 酥鬆。

17.（３）米、麵粉及玉米內所含之穀類蛋白，缺乏 (1) 色胺酸 (2) 酪胺酸 (3) 離胺酸 (4) 白胺酸。

18.（１）製作麵包有直接法和中種法，各有其優點和缺點，下列那一項不是中種法的優點？ (1) 省人力，省設備 (2) 體積較大 (3) 產品較柔軟 (4) 味道較好。

19.（１）蛋糕切開後底部有水線係因配方中？(1) 水量多 (2) 發粉多 (3) 蛋量少 (4) 水量少。

20.（３）未開封的乾酵母(即發酵母)貯存於21℃(700℉)可以保存？ (1) 永久 (2) 3個月 (3) 2年 (4) 6個月。

21.（４）下列何種蛋糕在製作時，不得沾上任何油脂？ (1) 蜂蜜蛋糕 (2) 大理石蛋糕 (3) 魔鬼蛋糕

(4) 天使蛋糕。

22.（ 3 ）下列何者為慢性發粉之主要成分？ (1) 碳酸鈉 (2) 碳酸氫鈉 (3) 酸性焦磷酸鹽 (4) 酸性磷酸鈣。

23.（ 2 ）蛋糕依麵糊性質和膨大方法的不同可分為？ (1) 五大類 (2) 三大類 (3) 二大類 (4) 四大類。

24.（ 1 ）一個中型雞蛋去殼後約重？ (1) 50公克 (2) 70公克 (3) 100公克 (4) 80公克。

25.（ 4 ）麵包放置一段時間後會變硬是因為？ (1) 油脂老化 (2) 維他命老化 (3) 蛋白質老化 (4) 澱粉老化之關係。

26.（ 4 ）戚風蛋糕出爐後底部有凹入的現象為？ (1) 麵糊攪拌均勻 (2) 適當使用發粉 (3) 麵粉採用低筋粉 (4) 底火太強。

27.（ 4 ）牛肉派是屬於？ (1) 油炸派 (2) 熟派皮熟派餡 (3) 生派皮生派餡 (4) 雙皮派。

28.（ 1 ）牛奶中不含下列哪一種營養素？ (1) 維生素℃ (2) 脂質 (3) 維生素B2 (4) 蛋白質。

29.（ 4 ）下列材料中何者不屬於膨脹劑？ (1) 小蘇打粉 (2) 阿摩尼亞 (3) 發粉 (4) 可可粉。

30.（ 4 ）奶油空心餅，蛋的最低用量為麵粉的？ (1) 70% (2) 90% (3) 80% (4) 100%。

31.（ 3 ）要烤出一個組織細緻的蒸烤布丁，烤爐溫度宜選用？ (1) 100℃ (2) 200℃ (3) 150℃ (4) 250℃。

32.（ 3 ）軟骨症是飲食中缺乏 (1) 維生素℃ (2) 維生素A (3) 維生素D (4) 維生素B2。

33.（ 3 ）食品貯存時溫度會影響品質所以？ (1) 應保存在37℃之溫度 (2) 應保存在50℃以上高溫 (3) 應低溫保存 (4) 不必考慮溫度變化。

34.（ 4 ）新鮮酵母最適當之貯存溫度範圍？ (1) -20℃ (2) -10℃～-5℃ (3) 20℃以上 (4) 1～10℃。

35.（ 2 ）稀釋奶油霜飾最適當的原料是？ (1) 水 (2) 稀糖漿 (3) 蛋 (4) 沙拉油。

36.（ 1 ）不是派餡用來做膠凍原料有？ (1) 果膠 (2) 雞蛋 (3) 動物膠 (4) 玉米澱粉。

37.（ 3 ）下列何者為常被加入食品中，當作乳化劑使用？ (1) 醬油 (2) 鹽 (3) 蛋黃 (4) 蒜頭。

38.（ 2 ）下列包裝材料何者耐溫範圍最大？ (1) 聚丙烯(PP) (2) 聚醋(PET) (3) 高密度聚乙烯(HDPE) (4) 聚苯乙烯(PS)。

39.（ 3 ）海綿蛋糕配方主要原料為？ (1) 麵粉、細砂糖、發粉 (2) 麵粉、沙拉油、水 (3) 麵粉、細砂糖、蛋 (4) 細砂糖、麵粉、鹽、牛奶。

40.（ 3 ）食品包裝材料用聚氯乙烯(PV℃)其氯乙烯單體必須在 (1) 沒有規定 (2) 100ppm以下 (3) 1ppm以下 (4) 1000ppm以下。

41.（ 2 ）塑膠包裝材料常有毒性，這毒性通常是來自？ (1) 變性 (2) 添加劑、色料 (3) 製程 (4) 塑膠本身。

42.（ 1 ）麵包配方經試驗為正確，但烤焙後其表皮顏色經常深淺不一，下列何者不是可能原因？ (1) 冷卻不足 (2) 整型的關係 (3) 發酵 (4) 烤爐溫度不平均。

43.（ 1 ）使用地下水源者，其水源應與化糞池、廢棄物堆積場所等污染源至少保持幾公尺之距離？ (1) 15公尺 (2) 20公尺 (3) 10公尺 (4) 5公尺。

44.（ 4 ）為避免蛋糕容易發黴，出爐後應？ (1) 隨便放置 (2) 放在熱而潮濕的地方 (3) 與舊產品放在一起 (4) 放在乾燥陰涼處。

45.（ 2 ）蛋糕配方中，如韌性原料太多，出爐後的蛋糕外表？ (1) 與正常相似 (2) 較正常色淺 (3) 表皮厚易脫落 (4) 較正常色深。

46.（ 3 ）以下敘述，何者為正確？ (1) 聚氯乙烯(PV℃)易於燃燒，並有極佳之抗油性 (2) 低密度聚乙烯(PE) 遇低溫會變脆 (3) 尼龍積層可用於蒸煮食品時使用 (4) 泡沫塑膠保濕效果差。

47.（２）油脂製品中添加抗氧化劑可 (1) 永久保存 (2) 防止或延遲過氧化物 (3) 提高油之揮發溫度 (4) 調味。

48.（２）長方形烤盤，其長為30公分、寬為22公分、高為5公分，其容積為？ (1) 660平方公分 (2) 3300立方公分 (3) 660立方公分 (4) 3300平方公分。

49.（２）圓烤盤，直徑為22公分、高5公分其容積為？ (1) 110立方公分 (2) 1899.7立方公分 (3) 1997. 7立方公分 (4) 7598.8立方公分。

50.（３）脆硬性砂糖小西餅表面無龜裂痕狀是由於？ (1) 爐溫太低 (2) 糖的顆粒太粗 (3) 糖的顆粒太細 (4) 麵糊攪拌不夠。

51.（２）食鹽的主成分為 (1) 氯化鉀 (2) 氯化鈉 (3) 碘酸鹽 (4) 氯化鈣。

52.（１）長崎蛋糕屬於？ (1) 乳沫類蛋糕 (2) 重奶油蛋糕 (3) 麵糊類蛋糕 (4) 戚風類蛋糕。

53.（１）下列那一項非麵包滾圓的目的？ (1) 鬆弛麵筋使麵糰易於整型 (2) 使氣體均勻分佈 (3) 使麵糰表面光滑不易黏手 (4) 使麵糰易於保住二氧化碳。

54.（２）下列何種小麥適合製作海綿蛋糕？ (1) 硬紅冬麥 (2) 軟質小麥 (3) 杜蘭小麥 (4) 硬紅春麥。

55.（２）以容器包裝的食品必須明顯標示 (1) 出廠日期 (2) 有效日期 (3) 販賣日期 (4) 使用日期。

56.（３）下列何種汽水包裝容器，由高處落地後比較不易變形、破裂 (1) 玻璃容器 (2) 金屬容器 (3) 塑膠容器 (4) 紙容器。

57.（４）中種麵糰攪拌後理想的溫度應為？ (1) 28～30℃ (2) 31～ 33℃ (3) 20～22℃ (4) 23～26℃。

58.（４）帶蓋土司烤焙出爐，發現有銳角(俗稱出角)情況，可能是下列那個原因？ (1) 基本發酵不夠 (2) 烤焙溫度太高 (3) 入爐時麵糰高度不夠高 (4) 最後發酵時間太久。

59.（１）鮑魚菇屬於 (1) 植物性食品原料 (2) 水產食品原料 (3) 香辛料 (4) 嗜好性飲料原料。

60.（２）蛋白的含水量為？ (1) 50% (2) 88% (3) 75% (4) 95%。

61.（２）香蕉貯存最合適之溫度為？ (1) 30℃以上 (2) 10℃～15℃ (3) 20℃～30℃ (4) -5℃～0℃。

62.（１）煙捲小西餅品嚐時不應具有下列何者？ (1) 柔軟 (2) 鬆脆之口感 (3) 奶油香 (4) 金黃色。

63.（１）印刷性最佳之包裝材料為？ (1) 聚醋(PET) (2) 鋁箔 (3) 聚氯乙烯(PV℃) (4) 保麗龍。

64.（３）一般攪拌好之麵糰PH值約為6.0，發酵後之麵糰PH值會？ (1) 不改變 (2) 上升 (3) 下降 (4) 先上升再下降。

65.（４）腸炎弧菌是來自 (1) 土壤 (2) 空氣 (3) 肉類 (4) 海鮮類。

66.（２）有關蛋糕之充氮包裝，以下敘述何者為非？ (1) 可防止產品變色 (2) 應使用中密度PE(聚乙烯)材質 (3) 可防止油脂酸敗 (4) 可抑制黴菌生長。

67.（２）西點用亮光糖漿製作原料，下列何者為非？ (1) 洋菜、水、糖 (2) 糖、水 (3) 桔子果醬、水 (4) 杏桃果膠、水。

68.（３）戚風蛋糕蛋白部分要與麵粉拌合最好的階段是把蛋白攪到？ (1) 乾性發泡 (2) 棉花狀態 (3) 濕性發泡 (4) 液體狀態。

69.（４）油炸甜圈餅(道納司，doughnuts)油脂宜選用？ (1) 豬油 (2) 奶油 (3) 沙拉油 (4) 油炸油。

70.（２）做麵包時配方中油脂量高，可使麵包表皮？ (1) 顏色深 (2) 柔軟 (3) 硬 (4) 厚。

71.（４）製作棉花糖時，加入下列何種具有打發起泡特性之膠凍原料？ (1) 阿拉伯膠 (2) 洋菜 (3) 果膠 (4) 動物膠。

72.（4）蒸烤布丁烤盤內的水宜選用？(1) 冷水 (2) 冰水 (3) 開水 (4) 溫水，可縮短烤焙時間又不影響其組織。

73.（1）巧克力應貯存於？(1) 低溫乾燥之場所 (2) 高溫日照之地區 (3) 高濕度之場所 (4) 隨處均可放置。

74.（2）天使蛋糕蛋白應打到何種程度，成品膨脹能力較佳？(1) 棉花狀 (2) 濕性發泡 (3) 顆粒狀 (4) 乾性發泡。

75.（1）使用分割滾圓機分割麵糰，假如機器分割麵糰每分鐘30粒每個50g，現有60公斤麵糰多少時間可分割完？(1) 40分 (2) 20分 (3) 30分 (4) 50分。

76.（3）煮好的布丁冷卻後，易於龜裂是由於？(1) 糖量太多 (2) 糖量太少 (3) 膠凍原料用量太多 (4) 水分太少。

77.（4）奶油空心餅成品底部凹陷大，是因為在製作時？(1) 技術好 (2) 底火太弱 (3) 上火太強 (4) 烤盤油擦太多。

78.（2）水果蛋糕水果下沉的原因？(1) 發粉用量不足 (2) 麵粉筋度太低 (3) 麵粉筋度太高 (4) 總水量不足。

79.（1）食醋、豆腐乳是 (1) 發酵食品 (2) 生鮮食品 (3) 冷凍食品 (4) 調理食品。

80.（1）為安全起見，距地多少範圍內機械的傳動帶及齒輪須加防護？(1) 2公尺 (2) 1公尺 (3) 1.5公尺 (4) 2.5公尺。

105年度07721烘焙食品—麵包丙級技術士技能檢定學科測試試題

本試卷有選擇題80題，每題1.25分，皆為單選選擇題，測試時間為100分鐘，請在答案卡上作答，答錯不倒扣；未作答者，不予計分。

准考證號碼：
姓　　名：

單選題：

1.（1）有關高架作業墜落的預防下列何者不正確？(1) 醉酒及睡眠不足仍可上高架工作 (2) 應架設防護欄網 (3) 高架作業應戴安全帽、安全吊索 (4) 平面兩公尺高以上即屬高架作業。

2.（1）胚乳約佔整個小麥穀粒的？(1) 83% (2) 100% (3) 92% (4) 75%。

3.（3）做蘇打餅乾應注意油脂的？(1) 乳化效果好 (2) 可塑性好 (3) 安定性好、不易酸敗 (4) 打發性好。

4.（3）食品若保溫貯存販賣(但罐頭食品除外)溫度應保持幾度以上？(1) 50℃ (2) 37℃ (3) 65℃ (4) 45℃。

5.（4）下列那一項包裝材料在預備(成型)使用時，會產生大量的塵埃、屑末等，對食品是一污染 (1)保鮮(縮收)膜 (2) 腸衣 (3) 真空包裝袋 (4) 紙箱。

6.（1）全胚芽如長時間的貯藏？(1) 游離脂肪酸 (2) 礦物質 (3) 維生素 (4) 蛋白質 的含量會增加。

7.（4）麵包麵糰的中間發酵時間約為？(1) 0分鐘 (2) 3～5分鐘 (3) 25～30分鐘 (4) 8～15分鐘即可。

8.（2）下列何者為法定食品用防腐劑 (1) 吊白塊 (2) 丙酸鈣 (3) 福馬林 (4) 硼砂。

9.（2）下列何種產品，不需經烤焙過程？(1) 法國麵包 (2) 開口笑 (3) 奶油空心餅 (4) 戚風蛋糕。

10.（4）下列何種蛋糕在製作時，不得沾上任何油脂？(1) 大理石蛋糕 (2) 蜂蜜蛋糕 (3) 魔鬼蛋糕 (4) 天使蛋糕。

11.（2）下列那一種酵素可分解澱粉 (1) 脂肪醃 (2) 澱粉醉 (3) 蛋白酶 (4) 風味醃。

12.（3）判斷麵包結構好壞應採用？(1) 嚐食法 (2) 觀察法 (3) 手指觸摸法 (4) 嗅覺法。

13.（4）下列何種產品一定要使用高筋麵粉？(1) 海綿蛋糕 (2) 比薩餅 (3) 天使蛋糕 (4) 白土司麵包。

14.（2）菠蘿甜麵包整型後，通常置於室內(或烤箱邊)，而不送人最後發酵箱其原因為？(1) 需較高濕度發酵 (2) 避免高濕高溫的發酵使菠蘿皮融解而化開 (3) 需較高溫度發酵 (4) 不需最後發酵。

15.（4）製作麵包時若鹽量錯放為原來兩倍麵糰經正常基本發酵後則其高度產生下列那種情形？(1) 比較高 (2) 表面會有裂痕 (3) 一樣高 (4) 比較低。

16.（3）下列何種糖吸濕性最小？(1) 轉化糖 (2) 蜂蜜 (3) 砂糖 (4) 果糖。

17.（2）下列那種油脂約含有10%的氣體(氮氣)？(1) 瑪琪琳 (2) 雪白乳化油 (3) 清香油 (4) 奶油。

18.（2）製造乾燥蛋白粉時，為避免於乾燥時產生變色反應，必須去除蛋白內之？(1) 脂肪 (2) 葡萄糖 (3) 蛋白質 (4) 礦物質。

19.（2）為使小西餅達到鬆脆與擴展的目的，配方內可多使用？(1) 糖粉 (2) 細砂糖 (3) 糖漿 (4) 麥芽糖。

20. (3) 木瓜貯存最合適之溫度為？(1) -5℃～0℃ (2) 30℃～35℃ (3) 7℃～10℃ (4) 35℃。
21. (2) 蛋糕切開後底部有水線係因配方中？(1) 蛋量少 (2) 水量多 (3) 發粉多 (4) 水量少。
22. (1) 天花板與堆積物間 ，至少要保持多遠以上？(1) 60公分 (2) 30公分 (3) 40公分 (4) 50公分。
23. (3) 透濕性最低的包裝材料是？(1) 紙 (2) 牛皮紙 (3) 聚乙烯(PE) (4) 蠟紙。
24. (1) 下列何種容器，不可放入微波爐中加熱 (1) 鋁盤 (2) 瓷碗 (3) 玻璃杯 (4) 聚丙烯(PP)塑膠餐盒。
25. (2) 帶蓋土司烤焙出爐，發現有銳角(俗稱出角)情況，可能是下列那個原因？ (1) 入爐時麵糰高度不夠高 (2) 最後發酵時間太久 (3) 基本發酵不夠 (4) 烤焙溫度太高。
26. (1) 何種攪拌方法能節省人工和縮短攪拌時間？ (1) 直接法 (2) 麵粉油脂拌合法 (3) 糖水拌合法 (4) 糖油拌合法。
27. (1) 下列何項可促進黴菌繁殖生長？(1) 水分高 (2) 水分低 (3) 油脂含量高 (4) 蛋白質高。
28. (2) 一般以中種法製作麵包，中種麵糰的原料不含？(1) 麵粉 (2) 鹽 (3) 酵母 (4) 水。
29. (2) 奶油空心餅外殼太厚是因為？(1) 蛋的用量不足 (2) 蛋的用量太多 (3) 麵糊溫度太高 (4) 麵糊溫度太低。
30. (3) 下列那一項非麵包滾圓的目的？(1) 使麵糰表面光滑不易黏手 (2) 使氣體均勻分佈 (3) 鬆弛麵筋使麵糰易於整型 (4) 使麵糰易於保住二氧化碳。
31. (4) 製作麵包有時要翻麵(pun℃hing)，下列那一項與翻麵的好處無關？(1) 更換空氣，促進酵母發酵 (2) 促進麵筋擴展，增加麵筋氣體保留性 (3) 使麵糰內部溫度均勻 (4) 縮短攪拌時間。
32. (4) 蛋糕表面有白色斑點是因為？(1) 發粉用量不足 (2) 蛋的用量太多 (3) 糖的顆粒太細 (4) 糖的顆粒太粗。
33. (4) 下列原料何者不宜保存在常溫乾燥區(20℃，65%RH)？ (1) 砂糖 (2) 巧克力 (3) 麵粉 (4) 奶油。
34. (3) 有關麵粉之貯藏，下列何者有誤？ (1) 貯藏之場所必須是乾淨，良好之通風設備 (2) 溫度在18～24℃ (3) 麵粉靠近牆壁放置 (4) 相對濕度在55%～65%。
35. (3) 裝飾用鮮奶油加入牛奶攪拌時，牛奶溫度必須保持在多少以下，以避免油水分離？ (1) 30℃ (2) 0℃ (3) 10℃ (4) 20℃。
36. (3) 下列那一種麵包，烤焙時間最短？ (1) 800公克的帶蓋土司 (2) 450公克的圓頂葡萄乾土司 (3) 90公克包餡的甜麵包 (4) 350公克的法國麵包。
37. (1) 冰淇淋，鮮奶油蛋糕適用的包裝材料？ (1) 泡沫塑膠 (2) 玻璃容器 (3) 紙製品 (4) 金屬容器。
38. (2) 下列何者應貯存於 7℃以下之冷藏櫃販售？(1) 葡萄土司 (2) 布丁派 (3) 海綿蛋糕 (4) 椰子餅乾。
39. (3) 麵粉如因貯存太久筋性受損，在做麵包時可酌量在配方內？ (1) 增加鹽的用量 (2) 增加乳化劑 (3) 使用脫脂奶粉 (4) 減少糖的用量。
40. (3) 標準土司麵包配方內水的用量應為？(1) 45～50% (2) 51～55% (3) 60～64% (4) 66～70%。
41. (1) 雇主得不經預告而終止契約的情況是 (1) 無正當理由連續曠工三日以上 (2) 遷廠 (3) 無正當理由曠工一日 (4) 生產線減縮。
42. (4) 雞蛋及其相關產品所引起的食物中毒，是由下列何種菌造成？ (1) 金黃色葡萄球菌 (2) 肉毒桿菌 (3) 大腸桿菌 (4) 沙門氏桿菌。
43. (1) 下列何者為慢性發粉之主要成分？ (1) 酸性焦磷酸鹽 (2) 碳酸氫鈉 (3) 碳酸鈉 (4) 酸性磷酸鈣。

44.（1） 烤焙法國麵包烤爐內必須有蒸氣設備，蒸氣的壓力為？(1) 壓力低，量大 (2) 只要有蒸氣產生就好 (3) 壓力大，量小 (4) 壓力大，量大。

45.（2）欲增加小西餅鬆酥的性質可酌量增加？(1) 水 (2) 油 (3) 高筋麵粉 (4) 糖。

46.（4）烤焙甜麵包時，若烤焙時間相同烤爐溫度太低會造成？ (1) 底部顏色深 (2) 體積不變 (3) 組織細緻 (4) 表皮顏色淺。

47.（3）土司麵包(白麵包)配方，鹽的用量約為麵粉的？(1) 4% (2) 6% (3) 2% (4) 0%。

48.（3）砂糖一包，每次用 2 公斤，可用 20 天，如果每次改用 5 公斤，可用 (1) 7 天 (2) 5 天 (3) 8 天 (4) 6天。

49.（2）製作麵包時麵粉筋性較弱，應採用何種攪拌速度？ (1) 快速 (2) 中速 (3) 慢速 (4) 先用快速再改慢速。

50.（1）以保麗龍為材料之餐具，不適合盛裝 (1) 100℃ (2) 60℃ (3) 70℃ (4) 80℃ 以上之食品。

51.（3）為改善海綿蛋糕組織之韌性，在製作時可加入適量？ (1) 蛋白 (2) 食鹽 (3) 蛋黃 (4) 麵粉。

52.（4）欲控制攪拌後麵糰溫度，以直接法製作時與下列那項因素無關？ (1) 室溫 (2) 機器攪拌所產生的摩擦溫度 (3) 粉溫(或材料溫度) (4) 中種麵糰溫度。

53.（3）以乾燥劑保存食品時，其採用的包裝材料要求較低的？ (1) 透明性 (2) 透光性 (3) 透濕性 (4) 透氣性。

54.（4）味精顯出的味道是 (1) 鹹味 (2) 甜味 (3) 酸味 (4) 鮮味。

55.（2）蛋在牛奶雞蛋布丁餡中的功能，除了提高香味和品質外還具有？ (1) 容易烤焙 (2) 凝固 (3) 防腐 (4) 流散 的功能。

56.（2）食品加工使用最多的溶劑為 (1) 酒精 (2) 水 (3) 牛油 (4) 沙拉油。

57.（4）未開封的乾酵母(即發酵母)貯存於 21℃(70℉)可以保存？ (1) 6 個月 (2) 永久 (3) 3 個月 (4) 2 年。

58.（2）奶水中含固形物(奶粉)量為？ (1) 4% (2) 12% (3) 16% (4) 8%。

59.（3）整型後的丹麥麵包或甜麵包麵糰，如需冷藏，冰箱溫度應為？ (1) 6～10℃ (2) 11～15℃ (3) 0～5℃ (4) 16～20℃。

60.（2）良好的鬆餅製作環境室溫宜控制在？ (1) 45℃±5℃ (2) 20℃±5℃ (3) 35℃±5℃ (4) 5℃±5℃ 。

61.（3） 配方中採用高筋麵粉，比較適合製作下列何種產品？ (1) 魔鬼蛋糕 (2) 擠出小西餅 (3) 法國麵包 (4) 天使蛋糕。

62.（3）蛋白打發時，為增加其潔白度，可加入適量的？ (1) 沙拉油 (2) 食鹽 (3) 檸檬汁 (4) 味素。

63.（1）製造奶粉及蛋白粉的乾燥脫水方式一般採用？ (1) 噴霧乾燥法 (2) 箱式乾燥法 (3) 鼓式乾燥法 (4) 隧道乾燥法。

64.（1）麵粉中添加維生素 ℃ 作為改良劑之主要效用為？ (1) 熟成作用 (2) 漂白作用 (3) 殺菌作用 (4) 熟成及漂白作用。

65.（3）烤焙不帶蓋土司若烤焙時間相同，烤爐溫度太高會造成？ (1) 烘焙損耗小 (2) 表皮顏色淺 (3) 表皮顏色深 (4) 體積大。

66.（1）飲食中缺乏維生素 ℃ 易罹患 (1) 壞血病 (2) 口角炎 (3) 乾眼症 (4) 腳氣病。

67.（2）派皮堅韌不酥的原因為？ (1) 烘烤時間不夠 (2) 麵糰拌合太久 (3) 派餡裝盤時太熱 (4) 油

脂用量太多。

68.（4）麵筋是利用麵粉中的何種成份製成的？(1) 水分 (2) 澱粉 (3) 油脂 (4) 蛋白質。

69.（4）低成分重奶油蛋糕，採用何種攪拌方法為宜？(1) 糖水拌合法 (2) 麵粉油脂拌合法 (3) 兩步拌合法 (4) 糖油拌合法。

70.（3）一般麵包類製品中最基本且用量最多的一種材料為？(1) 水 (2) 油脂 (3) 麵粉 (4) 糖。

71.（1）食品包裝材料的必備特性，何者為非？(1) 高貴性 (2) 作業性 (3) 便利性 (4) 衛生性。

72.（3）油脂製品中添加抗氧化劑可 (1) 調味 (2) 永久保存 (3) 防止或延遲過氧化物 (4) 提高油之揮發溫度。

73.（4）丹麥麵包麵糰組織粗糙與下列那一項有關？(1) 配方中採用冰水 (2) 裹入油太多 (3) 麵糰攪拌後未予鬆弛 (4) 發酵過度。

74.（3）烤焙麵糰極軟的小西餅時最好使用？(1) 細網狀 (2) 圓孔狀 (3) 平板狀 (4) 粗網狀 烤盤(鋼帶)。

75.（3）蛋糕在烤焙中下陷的原因係？(1) 爐溫太高 (2) 蛋不新鮮 (3) 配方總水量不足 (4) 攪拌不足。

76.（3）肉酥的製造過程中，如果加入高量的砂糖，會增加成品的 (1) 水分 (2) 蛋白質 (3) 碳水化合物 (4) 脂肪。

77.（1）製作麵包在發酵過程中，麵糰的酸鹼度(PH值)會？(1) 下降 (2) 不變 (3) 有時高、有時低 (4) 上升。

78.（4）下列何種產品，以烘焙百分比而言，其配方中用蛋量超過100%？(1) 麵包 (2) 鬆餅 (3) 中點 (4) 蛋糕。

79.（2）製作大量手工丹麥小西餅，粉與糖油拌勻時應留意？(1) 麵粉不經過篩即可與糖油拌勻 (2) 分次攪拌 (3) 糖油不需打發即可與粉拌勻 (4) 一次攪拌完成，方不致麵糰乾硬而不易成型。

80.（4）容易熱封，耐低溫的包裝材料是？(1) 保麗龍 (2) 玻璃紙 (3) 牛皮紙 (4) 聚乙烯(PE)。

104年度07705烘焙食品—西點蛋糕丙級技術士技能檢定學科測試試題

本試卷有選擇題80題，每題1.25分，皆為單選選擇題，測試時間為100分鐘，請在答案卡上作答，答錯不倒扣；未作答者，不予計分。

准考證號碼：
姓　　　名：

單選題：

1.（1）食品包裝袋上不須標示 (1) 配方表 (2) 添加物名稱 (3) 有效日期 (4) 原料名稱。

2.（2）做蘇打餅乾應注意油脂的？ (1) 乳化效果好 (2) 安定性好、不易酸敗 (3) 可塑性好 (4) 打發性好。

3.（4）切割蛋糕用的刀子，下列那一種方式既可防止細菌污染又可達到切面整齊的要求？ (1) 以布擦拭後使用 (2) 洗淨使用 (3) 在沸水中燙一次用布擦一下使用 (4) 浸在沸水中燙一次，切一次。

4.（4）蛋糕容易發黴，常常由於？ (1) 烤焙時間長 (2) 蛋糕糖分含量太高 (3) 蛋糕油脂含量太高 (4) 出爐後長時間放置於高溫、高濕之環境中。

5.（3）食品之貯存應考慮？ (1) 方便性即可 (2) 全部集中 (3) 分門別類 (4) 隨心所欲。

6.（3）一般沙拉油放置一段時間，會？ (1) 長黴菌 (2) 發酵 (3) 酸敗 (4) 結晶。

7.（2）製作轉化糖漿，以下列何者為原料，加水溶解再加入稀酸、加熱使之轉化的液體糖？ (1) 蜂蜜 (2) 砂糖 (3) 乳糖 (4) 麥芽糖。

8.（4）以直接法製作鹹餅乾，麵糰發酵的溫度以下列何者為宜？ (1) 62℃ (2) 42℃ (3) 52℃ (4) 32℃。

9.（4）製作蛋糕道納司所使用之膨脹劑是？ (1) 酵母 (2) 小蘇打(B.S) (3) 油脂 (4) 發粉(B .P)。

10.（2）以中種法製作蘇打餅乾，中種麵糰之攪拌應攪拌至？ (1) 麵筋完成階段 (2) 捲起階段 (3) 麵筋斷裂階段 (4) 麵筋擴展階段。

11.（4）派皮自模型中取出易破碎原因為？ (1) 配方中油脂含量太少 (2) 鬆弛時間不夠 (3) 烤焙不足 (4) 派皮過熱自盤中取出。

12.（4）酸度較強的派餡為防止貯存時出水，其濃度可用？ (1) 油脂 (2) 酸 (3) 防腐劑 (4) 黏稠劑調整。

13.（3）下列那一項和產品品質鑑定無關？ (1) 表皮顏色 (2) 體積 (3) 價格 (4) 組織。

14.（3）重奶油蛋糕油脂的最低使用量為？ (1) 50% (2) 30% (3) 60% (4) 40%。

15.（1）牛奶中不含下列哪一種營養素？ (1) 維生素℃ (2) 維生素B2 (3) 脂質 (4) 蛋白質。

16.（2）烘焙產品底部有黑色斑點原因是？ (1) 配方內的糖太少 (2) 烤盤不乾淨 (3) 烤爐溫度不均勻 (4) 烤盤擦油太多。

17.（3）鬆餅(如眼鏡酥)，其膨大的主要原因是？ (1) 發粉分解產生的二氧化碳 (2) 酵母產生的二氧化碳 (3) 水經加熱形成水蒸氣 (4) 攪拌時拌入的空氣經加熱膨脹。

18.（2）油炸甜圈餅(道納司，doughnuts)的油溫以？ (1) 140～150℃ (2) 180～190℃ (3) 210～220℃ (4) 230～240℃為佳。

19.（2）麵包配方中何種材料添加愈多發酵愈快？ (1) 油脂 (2) 酵母 (3) 蛋黃 (4) 細砂糖。

20.（3）牛奶製成奶粉最常用 (1) 滾筒乾燥 (2) 熱風乾燥 (3) 噴霧乾燥 (4) 冷凍乾燥。

21.（4）不需要使用酵母的烘焙產品是？ (1) 包子 (2) 饅頭 (3) 麵包 (4) 重奶油蛋糕。

22.（4）下列何者不是在製作麵包發酵後產物？(1) 熱 (2) 二氧化碳(℃02) (3) 酒精 (4) 氨(NH3)。

23.（1）食品包裝紙印刷油墨的溶劑常採用？(1) 甲苯 (2) 乙醇 (3) 汽油 (4) 雙氧水。

24.（4）雇主得不經預告而終止契約的情況是 (1) 無正當理由曠工一日 (2) 遷廠 (3) 生產線減縮 (4) 無正當理由連續曠工三日以上。

25.（2）下列何項可促進黴菌繁殖生長？(1) 蛋白質高 (2) 水分高 (3) 水分低 (4) 油脂含量高。

26.（1）中種麵糰攪拌後理想的溫度應為？(1) 23～26℃ (2) 28～30℃ (3) 31～33℃ (4) 20～22℃。

27.（1）蛋黃成分中所含的油脂具有？(1) 乳化作用 (2) 安定作用 (3) 膨大作用 (4) 起泡作用。

28.（2）線切小西餅，若以機器成型，每次可切出7個，機器轉速為40次／分，現有麵糰28公斤，共花了20分鐘切完，則每個麵糰重為？(1) 10公克 (2) 5公克 (3) 8公克 (4) 7公克。

29.（4）裏油麵包烤焙出爐，組織類似甜麵包而無層次，下列何者不是可能原因？(1) 折疊次數太多 (2) 忘記裏入油 (3) 操作室溫太高，裹入油已融化 (4) 忘記加鹽。

30.（3）下列何種容器，不可放入微波爐中加熱 (1) 玻璃杯 (2) 聚丙烯(PP)塑膠餐盒 (3) 鋁盤 (4) 瓷碗。

31.（4）要烤出一個組織細緻的蒸烤布丁，烤爐溫度宜選用？(1) 200℃ (2) 250℃ (3) 100℃ (4) 150℃。

32.（2）戚風類蛋糕其膨大的最主要因素是？(1) 塔塔粉 (2) 蛋白中攪拌入空氣 (3) 蛋黃麵糊部分的攪拌 (4) 水。

33.（2）下列何種產品之麵糰是屬於發酵性麵糰？(1) 蛋黃酥 (2) 美式甜麵包 (3) 奶油小西餅 (4) 廣式月餅。

34.（3）戚風蛋糕出爐後底部有凹入的現象為？(1) 麵糊攪拌均匀 (2) 適當使用發粉 (3) 底火太強 (4) 麵粉採用低筋粉。

35.（1）奶油空心餅產品內壁呈青色，底部會有很多黑色小孔是配方中使用過多的？(1) 碳酸氫銨 (2) 油脂 (3) 蛋 (4) 麵粉。

36.（2）下列何者常作為積層袋之熱封層 (1) 鋁箔 (2) 聚乙烯(PE) (3) 耐龍(Ny) (4) 聚酯(PET)。

37.（3）製作泡芙(奶油空心餅)時常添加之化學膨大劑為？(1) 酵母 (2) 小蘇打 (3) 碳酸氫銨(阿摩尼亞) (4) 發粉。

38.（1）水果蛋糕配方正常，但切片時容易碎裂，其原因為？(1) 烘焙時爐溫太低 (2) 麵糊攪拌不足 (3) 爐溫太高 (4) 麵糊攪拌不勻。

39.（1）下列何種產品，以烘焙百分比而言，其配方中用蛋量超過100% ？(1) 蛋糕 (2) 麵包 (3) 中點 (4) 鬆餅。

40.（1）下列何者與食品中的微生物增殖沒有太多關係？(1) 脆度 (2) 溫度 (3) 濕度 (4) 酸度。

41.（3）餅乾麵糰在壓延成型時須考慮收縮比的產品為？(1) 煎餅 (2) 線切成型小西餅 (3) 蘇打餅乾 (4) 乳沫類小西餅。

42.（2）冷凍食品之保存溫度為？(1) 4℃ (2) -18℃ (3) -5℃ (4) 0℃以下。

43.（2）奶油海綿蛋糕中奶油用量最多可用？(1) 10～20% (2) 40～50% (3) 21～30% (4) 31～39%。

44.（2）全胚芽如長時間的貯藏？(1) 維生素 (2) 游離脂肪酸 (3) 礦物質 (4) 蛋白質 的含量會增加。

45.（3）麵包基本發酵過久其表皮的性質？(1) 韌性大 (2) 薄而軟 (3) 易脆裂呈片狀 (4) 堅硬。

46.（2）麵粉的PH值變小時，小西餅的體積？(1) 變大 (2) 變小 (3) 變厚 (4) 不變。

47.（4）為促進蛋白的起泡性並改善蛋糕的風味可在配方中酌加？(1) 麩胺酸鈉 (2) 酒精 (3) 亞硝酸鉀

(4) 檸檬汁。

48.（2）有關感電之預防何者不正確？ (1) 經常檢查線路並更換老舊線路設施 (2) 於潮濕地面工作可穿破舊鞋子 (3) 機器上裝置漏電斷路器開關 (4) 同一插座不宜同時接用多項電器設備。

49.（3）有關麵粉之貯藏，下列何者有誤？ (1) 溫度在18～24℃ (2) 相對濕度在55％～65％ (3) 麵粉靠近牆壁放置 (4) 貯藏之場所必須是乾淨，良好之通風設備。

50.（3）具有很好的遮光性及防水功能的包裝材料是？ (1) 鋁箔 (2) 聚丙烯(PP) (3) 鋁箔十聚乙烯(PE) (4) 聚乙烯(PE)。

51.（2）製作組織鬆軟體積較大的奶油蛋糕通常採用？ (1) 麵粉油脂拌合法 (2) 糖油拌合法 (3) 糖水拌合法 (4) 直接拌合法。

52.（1）下列何者撕裂強度範圍最大？ (1) 聚氯乙烯(PV℃) (2) 紙 (3) 鋁箔 (4) 聚丙烯(PP)。

53.（4）欲使麵包烤焙後高度一定，最後發酵時間常需和麵包烤焙彈性(oven spring)配合，當烤焙彈性大的麵包，入爐時間應？ (1) 延後 (2) 隨便 (3) 不變 (4) 提早。

54.（2）雙皮水果派切開時派餡部分應？ (1) 堅硬挺立不外流 (2) 果餡似流而不流 (3) 果餡應向四周流散 (4) 應為凍狀。

55.（1）有關蛋糕之充氮包裝，以下敘述何者為非？ (1) 應使用中密度PE(聚乙烯)材質 (2) 可抑制黴菌生長 (3) 可防止油脂酸敗 (4) 可防止產品變色。

56.（2）澱粉回凝(老化)變硬的最適溫度是 (1) -18℃ (2) 5℃ (3) -30℃ (4) 25℃。

57.（2）容易熱封，耐低溫的包裝材料是？ (1) 保麗龍 (2) 聚乙烯(PE) (3) 玻璃紙 (4) 牛皮紙。

58.（2）塔塔粉是屬？ (1) 鹼性鹽 (2) 酸性鹽 (3) 低鹼性鹽 (4) 中性鹽。

59.（4）一般最適合於麵包製作的水是？ (1) 蒸餾水 (2) 軟水 (3) 鹼水 (4) 中硬度水。

60.（2）食品用水溶於油(W／O)之乳化劑，其親水親油平衡值(HLB:Hydrophili℃一Lipophili℃Balan℃e value)之範圍介於？ (1) 8～18 (2) 3.5～6 (3) 26～30 (4) 20～25。

61.（3）重奶油蛋糕如欲組織細膩可以採用？ (1) 糖油拌合法 (2) 直接法攪拌 (3) 麵粉油脂拌合法 (4) 兩步拌合法。

62.（1）食品工廠用的油炸用油最好選用？ (1) 氫化油 (2) 黃豆油 (3) 奶油 (4) 沙拉油。

63.（1）製作大量手工丹麥小西餅，粉與糖油拌勻時應留意？ (1) 分次攪拌 (2) 糖油不需打發即可與粉拌勻 (3) 一次攪拌完成 (4) 麵粉不經過篩即可與糖油拌勻，方不致麵糰乾硬而不易成型。

64.（4）下列何種油脂貯存於較高溫(如35℃)易變質？ (1) 椰子油 (2) 氫化棕櫚油 (3) 氫化豬油 (4) 自製豬油。

65.（4）稀釋奶油霜飾最適當的原料是？ (1) 沙拉油 (2) 蛋 (3) 水 (4) 稀糖漿。

66.（4）組織鬆軟細緻之蛋糕，經放置一段時間後變成質地粗糙品質低劣係因？ (1) 蛋糕熟成化 (2) 酵素自家分解作用 (3) 澱粉α化 (4) 澱粉β化。

67.（4）下列那一種油脂，含不飽和脂肪酸最豐富？ (1) 牛油 (2) 椰子油 (3) 豬油 (4) 沙拉油。

68.（3）飲食中缺乏維生素℃易罹患 (1) 口角炎 (2) 腳氣病 (3) 壞血病 (4) 乾眼症。

69.（1）為安全起見，距地多少範圍內機械的傳動帶及齒輪須加防護？ (1) 2公尺 (2) 1公尺 (3) 2.5公尺 (4) 1.5公尺。

70.（1）西點用亮光糖漿製作原料，下列何者為非？ (1) 糖、水 (2) 杏桃果膠、水 (3) 桔子果醬、水 (4) 洋菜、水、糖。

71.（4）新鮮雞蛋買來後最好放置於？ (1) 冷凍庫 (2) 室溫 (3) 不必注意 (4) 冷藏冰箱。

72.（１）麵包配方中正常用糖量如從5％增加為10％，則烤好後的麵包最明顯的不同是？ (1) 表皮顏色加深 (2) 表皮變薄而軟 (3) 表皮顏色變淺 (4) 表皮變粗糙。

73.（４）下列那一種油脂其烤酥性最大？ (1) 雪白油 (2) 人造奶油 (3) 純奶油 (4) 豬油。

74.（２）硼砂進入人體後轉變為硼酸，在體內會 (1) 沒影響 (2) 積存於體內造成傷害 (3) 隨汗排出 (4) 隨尿排出。

75.（２）下列何者不是造成小西餅膨大之原因？ (1) 蘇打粉 (2) 砂糖 (3) 酵母 (4) 攪拌時拌入油脂之空氣。

76.（１）食品加工廠最普遍使用下列何種成分配製消毒水？ (1) 氯 (2) 溴 (3) 四基銨 (4) 碘。

77.（１）能將葡萄糖轉變成酒精及二氧化碳的是 (1) 酵母 (2) 變形蟲 (3) 細菌 (4) 黴菌。

78.（１）製造調味餅乾在表面加入調味粉最適當之時機為？ (1) 出烤爐噴油後 (2) 在烤焙時 (3) 進包裝機前 (4) 餅片成型後、入烤爐前。

79.（２）利用低溫來貯藏食品的方法是 (1) 濃縮 (2) 冷凍 (3) 醃漬 (4) 乾燥。

80.（３）依照製作方法，乳沫類小西餅是以下列何者方式成型？ (1) 塊狀成型 (2) 線切成型 (3) 擠出成型 (4) 推壓成型。

104年度07721烘焙食品—麵包丙級技術士技能檢定學科測試試題

本試卷有選擇題80題，每題1.25分，皆為單選選擇題，測試時間為100分鐘，請在答案卡上作答，答錯不倒扣；未作答者，不予計分。

准考證號碼：
姓　　名：

單選題：

1.（3）餅乾麵糰在壓延成型時須考慮收縮比的產品為？(1) 線切成型小西餅 (2) 乳沫類小西餅 (3) 蘇打餅乾 (4) 煎餅。

2.（4）為促進蛋白的起泡性並改善蛋糕的風味可在配方中酌加？(1) 酒精 (2) 亞硝酸鉀 (3) 麩胺酸鈉 (4) 檸檬汁。

3.（1）製作轉化糖漿，以下列何者為原料，加水溶解再加入稀酸、加熱使之轉化的液體糖？(1) 砂糖 (2) 蜂蜜 (3) 乳糖 (4) 麥芽糖。

4.（3）烤焙甜麵包時，若烤焙時間相同烤爐溫度太低會造成？(1) 底部顏色深 (2) 組織細緻 (3) 表皮顏色淺 (4) 體積不變。

5.（3）製作蛋糕使用未經鹼處理過的可可粉時，應以部分小蘇打代替發粉，其用量為可可粉用量之？(1) 10% (2) 2% (3) 7% (4) 15%。

6.（4）麵粉含水量比標準減少1%時，則麵包麵糰攪拌時配方內水的用量可隨著增加？(1) 0 (2) 4 (3) 6 (4) 2%。

7.（4）下列那一項非麵包滾圓的目的？(1) 使氣體均勻分佈 (2) 使麵糰表面光滑不易黏手 (3) 使麵糰易於保住二氧化碳 (4) 鬆弛麵筋使麵糰易於整型。

8.（3）測定低筋粉或軟麥麵粉中膠性黏度之儀器設備為？(1) 麵糰攪拌特性測定儀(Farinograph) (2) 麵糰拉力特性測定儀(Extensograph) (3) 連續溫度黏度測定儀(Vis℃os graph) (4) 麵粉沉降係數測定儀(Falling Number)。

9.（3）有關職業災害勞工保護法何者錯誤？(1) 已於九十一年四月二十八日開始實施 (2) 未投保勞工也可適用 (3) 發生職災時，轉包工程之雇主沒有責任 (4) 提供職傷重殘者生活津貼及看護費補助。

10.（4）麵包放置一段時間後會變硬是因為？(1) 油脂老化 (2) 維他命老化 (3) 蛋白質老化 (4) 澱粉老化之關係。

11.（2）下述包裝材料，何者之香氣保存性最佳？(1) 高密度聚乙烯(HDPE) (2) 鋁箔積層 (3) 聚丙烯(PP) (4) 玻璃紙。

12.（2）麵包的組織鬆軟好吃，主要是在製作的過程中加入了？(1) 發粉 (2) 酵母 (3) 阿摩尼亞(碳酸氫銨等) (4) 小蘇打。

13.（2）烘焙用乾酪(℃heese)原料，其主要的組成成分為？(1) 澱粉 (2) 蛋白質 (3) 醣 (4) 灰粉。

14.（2）派皮過度收縮的原因是？(1) 派皮中油脂量太多 (2) 揉捏整型過久 (3) 麵粉筋度太弱 (4) 水分太少。

15.（4）使用不同烤爐來烤焙麵包，下列何者敘述不正確？(1) 使用隧道爐，可連續生產，產量較大 (2) 使用熱風爐，烤焙土司，顏色會較均勻 (3) 使用蒸汽爐，烤焙硬式麵包表皮較脆 (4) 使用瓦斯爐，爐溫加熱上升較漫。

16.（1）組織鬆軟細緻之蛋糕，經放置一段時間後變成質地粗糙品質低劣係因？(1) 澱粉β化 (2)

酵素自家分解作用 (3) 蛋糕熟成化 (4) 澱粉α化。

17.(3)水果蛋糕水果下沉的原因？(1) 總水量不足 (2) 發粉用量不足 (3) 麵粉筋度太低 (4) 麵粉筋度太高。

18.(3)提高食品保存性之原理何者為誤？(1) 滲透壓增高 (2) 酸度提高 (3) 酸度降低 (4) 水分降低。

19.(2)評定白麵包的風味應具有？(1) 奶油香味 (2) 自然發酵的麥香味 (3) 具有清淡的香草香味 (4) 含有淡淡焦糖味。

20.(2)評定餐包的表皮性質是？(1) 可吃就好 (2) 薄而軟 (3) 有斑紋 (4) 厚而硬。

21.(1)以乾燥劑保存食品時，其採用的包裝材料要求較低的？(1) 透濕性 (2) 透光性 (3) 透明性 (4) 透氣性。

22.(2)雇主得不經預告而終止契約的情況是 (1) 遷廠 (2) 無正當理由連續曠工三日以上 (3) 生產線減縮 (4) 無正當理由曠工一日。

23.(4)烤焙法國麵包烤爐內必須有蒸氣設備，蒸氣的壓力為？(1) 只要有蒸氣產生就好 (2) 壓力大，量大 (3) 壓力大，量小 (4) 壓力低，量大。

24.(3)蒸烤布丁烤盤內的水宜選用？(1) 開水 (2) 冰水 (3) 溫水 (4) 冷水，可縮短烤焙時間又不影響其組織。

25.(4)塔塔粉是屬？(1) 低鹼性鹽 (2) 中性鹽 (3) 鹼性鹽 (4) 酸性鹽。

26.(1)下列何者是屬於水溶性維生素 (1) 維生素B (2) 維生素E (3) 維生素A (4) 維生素D。

27.(2)薑粉、胡椒粉、大蒜粉和味精(L-一麩酸鈉)均係常用之調味性產品，何者列屬食品添加物管理？(1) 薑粉 (2) 味精 (3) 胡椒粉 (4) 大蒜粉。

28.(1)食品之熱藏，溫度至少應保持在？(1) 65℃ (2) 40℃ (3) 45℃ (4) 50℃。

29.(3)在購買看不見內容物之包裝食品時，可憑何種簡易方法選購？(1) 打開看內容物 (2) 看商標 (3) 看有效日期及外觀 (4) 憑感覺。

30.(1)食品包裝對廠商與消費者何者有利？(1) 兩者均受益 (2) 消費者有利 (3) 廠商有利 (4) 兩者均無利。

31.(2)未開封的乾酵母(即發酵母)貯存於21℃(700℉)可以保存？(1) 3個月 (2) 2年 (3) 永久 (4) 6個月。

32.(1)貯存麵粉的最適溫度是？(1) 18～24℃ (2) 26～30℃ (3) 10～16℃ (4) 32～34℃。

33.(4)使用蒸發奶水代替鮮奶時，應照鮮奶用量？(1) 1/3蒸發奶水加2/3水 (2) 等量使用 (3) 2/3蒸發奶水加1/3水 (4) 1/2蒸發奶水加1/2水。

34.(2)酵母油炸甜圈餅(酵母道納司，yeast doughnuts)製作時，若要控制成金黃色澤產品時，在製程上應注意？(1) 過度的發酵 (2) 適當的發酵 (3) 較硬之麵糰 (4) 低溫長時間之油炸。

35.(3)下列何種油脂含有反式脂肪酸？(1) 完全氫化植物油 (2) 麻油 (3) 牛油 (4) 花生油。

36.(1)法國麵包的風味是由於？(1) 自然發酵的效果 (2) 配方內不含糖的關係 (3) 添加適當的改良劑 (4) 配方內添加香料。

37.(4)土司麵包(白麵包)配方，鹽的用量約為麵粉的？(1) 6% (2) 0% (3) 4% (4) 2%。

38.(1)植物中含蛋白質最豐富的是 (1) 豆類 (2) 薯類 (3) 穀類 (4) 蔬菜類。

39.(1)土司麵包的表面顏色太淺可能是？(1) 基本發酵過久 (2) 烤焙時間太久 (3) 烤爐溫度太高 (4) 材料的糖量過多。

40.(3)牛肉派是屬於？(1) 生派皮生派餡 (2) 熟派皮熟派餡 (3) 雙皮派 (4) 油炸派。

41.(4)餅乾麵糰在壓延成型時，打孔洞的原因，下列何者敘述錯誤？(1) 有表面裝飾之作用 (2) 切斷麵糰筋性、防止緊縮作用 (3) 水分變成水蒸氣，有孔洞時可保持較均勻的膨脹度 (4) 減少原料用量、降低成本。

42.(1) 不是派餡用來做膠凍原料有？(1) 果膠 (2) 雞蛋 (3) 玉米澱粉 (4) 動物膠。

43.(1) 食品加工設備較安全之金屬材質為 (1) 不鏽鋼 (2) 銅 (3) 生鐵 (4) 鋁。

44.(4) 有關麵粉之貯藏，下列何者有誤？ (1) 溫度在18～24℃ (2) 相對濕度在55%～65% (3) 貯藏之場所必須是乾淨，良好之通風設備 (4) 麵粉靠近牆壁放置。

45.(2) 人體之必需胺基酸有幾種 (1) 21 (2) 8或9 (3) 7 (4) 5或6。

46.(2) 能將葡萄糖轉變成酒精及二氧化碳的是 (1) 黴菌 (2) 酵母 (3) 細菌 (4) 變形蟲。

47.(3) 糙米，除可提供醣類、蛋白質外，尚可提供 (1) 維生素A (2) 維生素D (3) 維生素B群 (4) 維生素℃。

48.(1) 食用大豆油應為 (1) 無色或金黃色透明狀 (2) 黃褐色透明狀 (3) 黃褐色半透明狀 (4) 綠色不透明狀。

49.(3) 食品包裝材料用聚氯乙烯(PV℃)其氯乙烯單體必須在 (1) 100ppm以下 (2) 1000ppm以下 (3) lppm 以下 (4) 沒有規定。

50.(1) 蒸發奶水含固形物為？(1) 26% (2) 35% (3) 40% (4) 30%。

51.(1) 麵糊類蛋糕的麵糊溫度應該是？(1) 22℃ (2) 15℃ (3) 10℃ (4) 30℃在這個溫度的麵糊所烤出來的蛋糕，體積最大，內部組織細膩。

52.(4) 製作麵包有直接法和中種法，各有其優點和缺點，下列那一項不是中種法的優點？ (1) 體積較大 (2) 味道較好 (3) 產品較柔軟 (4) 省人力，省設備。

53.(2) 有關高架作業墜落的預防下列何者不正確？ (1) 應架設防護欄網 (2) 醉酒及睡眠不足仍可上高架工作 (3) 高架作業應戴安全帽、安全吊索 (4) 平面兩公尺高以上即屬高架作業。

54.(2) 製作轉化糖漿時，以下列何種酸水解得到之品質最佳？ (1) 鹽酸 (2) 酒石酸 (3) 磷酸 (4) 硫酸。

55.(2) 製作麵包有時要翻麵(pun℃hing)，下列那一項與翻麵的好處無關？ (1) 促進麵筋擴展，增加麵筋氣體保留性 (2) 縮短攪拌時間 (3) 更換空氣，促進酵母發酵 (4) 使麵糰內部溫度均勻。

56.(4) 中種麵糰攪拌後理想的溫度應為？(1) 31~33℃ (2) 28~30℃ (3) 20~22℃ (4) 23~26℃。

57.(4) 澱粉類食品貯存一段時間後若有黏物產生是由於 (1) 自然現象 (2) 酵母作用 (3) 黴菌作用 (4) 細菌作用。

58.(1) 依℃NS之標準，葡萄乾麵包應含葡萄乾量不少於麵粉的？ (1) 20% (2) 30% (3) 50% (4) 40%。

59.(1) 打發鮮奶油若需要添加細砂糖時，在下列那一種階段下加入較為適宜？ (1) 攪拌開始時 (2) 鮮奶油體膨脹兩倍時 (3) 攪拌終了前 (4) 鮮奶油即將凝固時。

60.(4) 良好的鬆餅製作環境室溫宜控制在？ (1) 5℃±5℃ (2) 35℃±5℃ (3) 45℃±5℃ (4) 20℃±5℃。

61.(3) 下列包裝材料何者耐熱性最佳？(1) 聚酯(PET) (2) 聚丙烯(PP) (3) 鋁箔 (4) 聚乙烯(PE)。

62.(3) 麵筋是利用麵粉中的何種成份製成的？(1) 水分 (2) 油脂 (3) 蛋白質 (4) 澱粉。

63.(3) 為改善麵粉中澱粉之膠體性質及改良麵包之內部組織，一般可加入？ (1) 蛋白質分解酵素 (2) 脂肪分解酵素 (3) 液化酵素 (4) 纖維分解酵素。

64.(3) 添加下列那一項材料不會增加蛋糕的柔軟度？(1) 糖 (2) 蛋黃 (3) 麵粉 (4) 油。

65.（４）小西餅配方中糖的用量比油多、油的用量比水多，麵糰較乾硬，須擀平或用模型壓出的產品是？(1) 軟性小西餅 (2) 鬆酥性小西餅 (3) 酥硬性小西餅 (4) 脆硬性小西餅。

66.（２）帶蓋土司烤焙出爐，發現有銳角(俗稱出角)情況，可能是下列那個原因？ (1) 烤焙溫度太高 (2) 最後發酵時間太久 (3) 基本發酵不夠 (4) 入爐時麵糰高度不夠高。

67.（２）麵包麵糰的中間發酵時間約為？ (1) 25～30分鐘 (2) 8～15分鐘 (3) 3～5分鐘 (4) 0分鐘即可。

68.（１）生鮮奇異果應？(1) 低溫冷藏 (2) 放在地上 (3) 冷凍貯存 (4) 曝曬在太陽下。

69.（２）欲控制攪拌後麵糰溫度，以直接法製作時與下列那項因素無關？ (1) 粉溫(或材料溫度) (2) 中種麵糰溫度 (3) 機器攪拌所產生的摩擦溫度 (4) 室溫。

70.（３）容易熱封，耐低溫的包裝材料是？(1) 保麗龍 (2) 牛皮紙 (3) 聚乙烯(PE) (4) 玻璃紙。

71.（４）蛋黃中含量最多的成分？(1) 灰分 (2) 油脂 (3) 蛋白質 (4) 水。

72.（１）麵糰分割重量600公克，烤好麵包重量為540公克，其烤焙損耗是？ (1) 10% (2) 15% (3) 6% (4) 5 %。

73.（１）下列何者常作為積層袋之熱封層 (1) 聚乙烯(PE) (2) 聚醋(PET) (3) 耐龍(Ny) (4) 鋁箔。

74.（１）酸性食品與低酸性食品之pH界限為？(1) 4.6 (2) 6.6 (3) 5.6 (4) 3.6。

75.（２）調理麵包使用之蔬菜應洗滌，殺菁後才使用。下列各項何者為正確？(1) 處理過之蔬菜可置於常溫下慢慢使用 (2) 應儘速使用完畢 (3) 調理麵包加工時可不戴衛生手套，不必消毒 (4) 使用後之剩餘蔬菜不須冷藏，隔天再使用。

76.（３）蛋糕可使用的防腐劑為？(1) 異抗壞血酸 (2) 苯甲酸 (3) 丙酸鈉 (4) 對經苯甲酸丁酯。

77.（１）有關糖對麵包品質之影響，下列何者有誤？(1) 可防止麵包變硬 (2) 增加風味 (3) 烤焙時著色快 (4) 是一種柔性材料。

78.（１）下列何種產品之麵糰是屬於發酵性麵糰？(1) 美式甜麵包 (2) 廣式月餅 (3) 奶油小西餅 (4) 蛋黃酥。

79.（１）脆硬性砂糖小西餅表面無龜裂痕狀是由於？(1) 糖的顆粒太細 (2) 爐溫太低 (3) 糖的顆粒太粗 (4) 麵糊攪拌不夠。

80.（２）製作丹麥麵包整型宜在？(1) 近烤爐邊 (2) 在溫度較低的場所 (3) 一般的工作間 (4) 與溫度無關，在哪裡整型皆可。

烘焙食品學科測試試題(乙級)

107年度(3月)07711烘焙食品—西點蛋糕、麵包乙級技術士技能檢定學科測試試題

本試卷有選擇題80題【單選選擇題60題，每題1分；複選選擇題20題，每題2分】，測試時間為100分鐘，請在答案卡上作答，答錯不倒扣；未作答者，不予計分。

准考證號碼：
姓　　名：

單選題：

1.（２）有關食物之配膳及包裝場所，何者正確 (1) 門戶可雙向進出 (2) 室內應保持正壓 (3) 屬於準清潔作業區 (4) 進入門戶必須設置空氣浴塵室 。

2.（２）關於肉毒桿菌食品中毒案件之敘述，下列何者正確 (1) 多人以上攝取相同的食品而發生不同的症狀 (2) 一人中毒即成立 (3) 二人或二人以上攝取相同的食品而發生相似的症狀 (4) 民眾檢舉即成立 。

3.（４）有關依據GHP更換油炸油之規定，何者正確 (1) 酸價應在25mg KOH/g以下 (2) 酸價應在25mg KOH／g 以上 (3) 總極性化合物(TP℃) 含量25%以上 (4) 總極性化合物(TP℃)含量25%以下 。

4.（３）各產業中耗能佔比最大的產業為 (1) 公用事業 (2) 農林漁牧業 (3) 能源密集產業(4)服務業 。

5.（３）海綿蛋糕攪拌蛋、糖時，蛋的溫度在 (1) 55～60℃ (2) 11～13 ℃ (3) 40 ～42 ℃ (4) 2 0～21℃ 時，所需攪拌時間較短。

6.（４）管制圖呈常態分配±3σ時，檢驗1000次中，約有幾次出現在界限外，仍屬於管制狀態中？(1) 30次 (2) 0.3次 (3) 5次 (4) 3次。

7.（３）製作小西餅下列何種膨大劑不適合使用？ (1) 碳酸氫銨 (2) 小蘇打 (3) 酵母(4)發粉(B.P.)。

8.（３）食物溫度之量測，何者最正確 (1) 冷凍食品之表面溫度應在-18℃以下 (2) 每次量測應固定同一位置 (3) 微波加熱食品之量測，一般是以表面溫度為準 (4) 溫度計每兩年應至少校正一次。

9.（２）勞工若面臨長期工作負荷壓力及工作疲勞累積，沒有獲得適當休息及充足睡眠，便可能影響體能及精神狀態，甚而較易促發下列何種疾病？ (1) 多發性神經病變 (2) 腦心血管疾病 (3) 肺水腫 (4) 皮膚癌 。

10.（１）新鮮酵母容易死亡，必須貯藏在冰箱(3～7℃)中，通常保存期限不宜超過 (1) 3～4星期 (2) 1～2年 (3) 6～9月 (4) 3～4月。

11.（３）攪拌作業時攪拌桶邊緣會沾附一些原料 (1) 等攪拌完成再將沾附原料刮入桶內 (2) 為了安全可不予理會 (3) 停機以刮刀將沾附原料刮入桶內再開機作業 (4) 不用停機用手把桶壁沾附的原料撥入桶內。

12.（１）廢棄物應依下列何者法規規定清除及處理 (1) 廢棄物清理法 (2) 食品良好衛生規範準則 (3) 環境保護法 (4) 食品安全衛生管理法。

13.（２）海綿蛋糕下層接近底部處如有黏實的麵糊或水線，其原因為 (1) 配方內水分用量太少 (2) 攪拌未能將油脂拌勻 (3) 配方內使用氯氣麵粉 (4) 底火太強。

14.（2）下列何者不屬於人工甘味料(代糖)？(1) 醋磺內鉀(A℃E-K) (2) 楓糖 (3) 阿斯巴甜 (4) 糖精。

15.（1）健康飲食建議的鹽量，每日不超過幾公克？(1) 6公克 (2) 15公克 (3) 10公克 (4) 2公克。

16.（1） 乾料庫房之最佳濕度比應為何 (1) 70% (2) 95% (3) 90% (4) 80%。

17.（3）食材貯存應注意之事項，下列敘述何者正確 (1) 不須定時查看溫度及濕度 (2) 應大量囤積，先進後出 (3) 應標記內容，以利追溯來源 (4) 即期品應透過冷凍延長貯存期限。

18.（2）100克的食品，下列何者所含膳食纖維最高？(1) 麵線 (2) 綠豆 (3) 冬粉 (4) 番薯。

19.（3）下列何項不須貯存於上鎖的固定位置，並派專人管理 (1) 食品添加劑 (2) 清潔劑 (3) 麵粉 (4) 消毒劑。

20.（2）一般製作拉糖，其糖液需加熱至 (1) 126～135℃ (2) 150～160℃ (3) 120～125 ℃ (4) 140～145℃。

21.（1）員工應善盡道德義務，但也享有相對的權利，以下有關員工的倫理權利，何者不包括？(1) 進修教育補助權利 (2) 程序正義權利 (3) 抱怨申訴權利 (4) 工作保障權利。

22.（1）奶油空心餅烤焙時應注意之事項，何者不正確 (1) 爐溫上大下小，至膨脹後改為上小下大 (2) 烤焙前段不可開爐門 (3) 麵糊進爐前噴水，以助膨大 (4) 若底火太大則底部有凹洞。

23.（3）調煮糖液時，水100℃℃，砂糖100g在20℃狀態其糖度約為 (1) 60% (2) 40% (3) 50% (4) 30%。

24.（1）流行病學實證研究顯示，輪班、夜間及長時間工作與心肌梗塞、高血壓、睡眠障礙、憂鬱等的罹病風險之相關性一般為何？(1) 正 (2) 無 (3) 可正可負 (4) 負。

25.（3）餐具於三槽式洗滌中，洗潔劑應在 (1) 第二槽 (2) 不一定添加 (3) 第一槽 (4) 第三槽。

26.（2）下列何種水龍頭，無法防止已清洗及消毒的雙手再污染 (1) 自動式 (2) 手動式 (3) 電眼式 (4) 肘動式。

27.（3）配合物流倉儲運輸作業，下列何者不是紙箱品質選擇之主要考慮因素 ？ (1) 破裂強度 (2) 耐壓強度 (3) 美觀性 (4) 成本。

28.（4）鹽漬的水產品或肉類，使用後若有剩餘，下列何種作法最不適當 (1) 放置冰箱冷藏 (2) 放在陰涼通風處 (3) 可不必冷藏 (4) 放在陽光充足的通風處。

29.（4）依照食品良好衛生規範準則，當油炸油品質有下列哪些情形者，應予以更新 (1) 油炸豬肉後 (2) 油炸超過1小時 (3) 出現泡沫時 (4) 總極性化合物超過25%。

30.（2）依職業安全衛生教育訓練規則規定，新僱勞工所接受之一般安全衛生教育訓練，不得少於幾小時？(1) 0.5 (2) 3 (3) 2 (4) 1。

31.（3）有關飽和脂肪的敘述，何者正確 (1) 於常溫下固態性油脂(例如豬油)其飽和脂肪含較液態性油脂(例如大豆油及橄欖油)低 (2) 動物性肉類中以紅肉(例如牛肉、羊肉、豬肉)的飽和脂肪含量較低 (3) 攝取過多飽和脂肪易增加血栓、中風、心臟病等心血管疾病的風險 (4) 世界衛生組織建議應以飽和脂肪取代不飽和脂肪。

32.（1）下列何種開發行為若對環境有不良影響之虞者，應實施環境影響評估：A.開發科學園區；B.新建捷運工程；℃.採礦？(1) AB℃ (2) AB (3) A℃ (4) B℃。

33.（2）下列何者為非再生能源？(1) 水力能 (2) 核能 (3) 太陽能 (4) 地熱能。

34.（1）在溫度2℃以下，使用同量的水及砂糖，下列何者膠凍原料用量需要最多，才能使其產品凍結凝固？(1) 動物膠 (2) 鹿角菜膠 (3) 洋菜 (4) 果膠。

35.（2）下列有關智慧財產權行為之敘述，何者有誤？ (1) 商標權是為促進文化發展為目的，保護的財產權之一 (2) 製造、販售仿冒品不屬於公訴罪之範疇，但已侵害商標權之行為 (3) 以 101大樓、美麗華百貨公司做為拍攝電影的背景，屬於合理使用的範圍 (4) 原作者自行創作某音樂作品後，即可宣稱擁有該作品之著作權。

36. (4) 麵包廠創業貸款400萬元，年利率12%，每月應付利息為 (1) 5萬元 (2) 6萬元 (3) 3萬元 (4) 4萬元 。

37. (3) 硬式麵包的產品特性為 (1) 表皮硬、內部脆 (2) 表皮硬、內部硬 (3) 表皮脆、內部軟 (4) 表皮脆、內部硬。

38. (4) 臺灣嘉南沿海一帶發生的烏腳病可能為哪一種重金屬引起？(1) 鉛 (2) 汞 (3) 鎘 (4) 砷。

39. (1) 餅乾烤焙時，表面產生氣泡現象的原因，與以下何者無關 (1) 香料 (2) 膨脹劑種類 (3) 配方平衡 (4) 烤爐溫度。

40. (3) 製作奶油空心餅時，下列何種原料可以不加 (1) 蛋 (2) 水 (3) 碳酸氫銨 (4) 油脂 依然可以得到良好的產品。

41. (2) 餐具洗淨後應 (1) 立即放入櫃內貯存 (2) 先讓其風乾，再放入櫃內貯存 (3) 以操作者方便的方法入櫃貯存 (4) 以毛巾擦乾。

42. (3) 製作土司麵包，其烘焙總百分比為200%，其中水60%。今為提升產品品質，配方修改為水40%，鮮乳20%，若水不計費用，鮮乳每公斤50元，則製作每條麵糰重900克之土司，每條土司原料成本將增加 (1) 13.5元 (2) 9元 (3) 4.5元 (4) 45元。

43. (4) 按照現行法律規定，侵害他人營業秘密，其法律責任為：(1) 刑事責任與民事損害賠償責任皆不須負擔 (2) 僅需負民事損害賠償責任 (3) 僅需負刑事責任 (4) 刑事責任與民事損害賠償責任皆須負擔。

44. (3) 品質管制的工作是 (1) 販賣人員 (2) 生產製造人員 (3) 全體員工 (4) 檢驗人員之責任。

45. (4) 下列那一種蛋糕以使用多量蛋白做為原料? (1) 魔鬼蛋糕 (2) 長崎蛋糕 (3) 大理石蛋糕 (4) 天使蛋糕。

46. (2) 標準的水果派皮性質應該 (1) 酥硬的特質 (2) 具鬆酥的片狀組織 (3) 具脆而硬的特質 (4) 酥軟的特質。

47. (2) 為保持中央空調主機效率，每 (1) 2 (2) 半 (3) 1 (4) 1.5年應請維護廠商或保養人員檢視中央空調主機。

48. (4) 儲存食品或原料的場所 (1) 不可養狗，但可養貓以便捉老鼠 (2) 可以與寵物共處一處 (3) 若空間太小可以考慮共用 (4) 不可養豬狗等寵物。

49. (2) 如果睡過頭，上班遲到，應該如何做比較好？(1) 遲到反正是扣獎金，遲到就算了，不用告知，休息一天 (2) 應該親自打電話給主管，說明請假理由，並指定工作代理人 (3) 和比較要好同事說，請他代為轉達 (4) 用通訊中的簡訊告知就可以了。

50. (1) 都市中常產生的「熱島效應」會造成何種影響？(1) 空氣污染物不易擴散 (2) 空氣污染物易擴散 (3) 增加降雨 (4) 溫度降低。

51. (3) 葡萄乾麵包若增加葡萄乾的用量則應增加 (1) 蛋 (2) 糖 (3) 酵母 (4) 油的用量。

52. (1) 製作蛋糕時為促進蛋白之潔白性及韌性，打發蛋白時可加入適量 (1) 塔塔粉 (2) 小蘇打粉 (3) 太白粉 (4) 石膏粉。

53. (3) 工作場所化學性有害物進入人體最常見路徑為下列何者？(1) 皮膚 (2) 口腔 (3) 呼吸道 (4) 眼睛。

54. (2) 某公司希望能進行節能減碳，為地球盡點心力，以下何種作為並不恰當？(1) 將採購規定列以下文字：「汰換設備時首先考慮具有節能標章、或能源效率1級之產品」(2) 為考慮經營成本，汰換設備時採買最便宜的機種 (3) 實行能源管理 (4) 盤查所有能源使用設備。

55. (1) 餅乾類食品為了長期保存，最好的包裝材料是 (1) 鋁箔積層 (2) 結晶化聚丙烯(°CPP) (3) 聚氯乙烯(PV°C) (4) 聚乙烯(PE)。

56. (4) 下列何種油脂含有約 3%的鹽？ (1) 酥油 (2) 雪白油 (3) 豬油 (4) 瑪琪琳。

57. (1) 餐飲服務人員對於掉落地上的餐具，應如何處理 (1) 回收洗淨晾乾後，方可提供使用 (2) 如果髒污，使用面紙擦拭後就可繼續提供使用 (3) 沒有髒污就可以繼續提供使用 (4) 使用桌布擦拭後繼續提供使用。

58. (4) 小麥胚芽中含有 (1) 20% (2) 15% (3) 30% (4) 25%的蛋白質。

59. (4) 連續式隧道烤爐，對烘烤甜餅乾之產品結構有固定作用的是 (1) 第二區 (2) 第四區 (3) 第一區 (4) 第三區

60. (2) 何謂水足跡，下列何者是正確的？ (1) 水利用的途徑 (2) 消費者所購買的商品，在生產過程中消耗的用水量 (3) 水循環的過程 (4) 每人用水量紀錄。

複選題：

61. (134) 下列哪些是建立標準檢驗程式的主要目的？ (1) 降低檢驗的誤差與變異 (2) 在產品不良時採取矯正與預防對策 (3) 降低檢驗作業的錯誤機率 (4) 提升檢驗效率與避免爭議。

62. (123) 下列哪些為義大利點心？ (1) 油炸脆餅(Frappe) (2) 提拉米蘇(Tiramisu) (3) 義大利脆餅(Bis°Cotti) (4) 年輪蛋糕(Baum-Ku°Chen)。

63. (12) 為節省作業程式，以奶油100%、砂糖100%、雞蛋50%拌勻成半成品後，再添加適當麵粉即可轉變成下列哪些產品使用？ (1) 菠蘿皮 (2) 塔皮 (3) 起酥皮 (4) 墨西哥皮。

64. (124) 依食品良好衛生規範準則，食品作業場所建築與設施應符合下列哪些規定？ (1) 蓄水池每年至少清理一次並做成紀錄 (2) 凡清潔度要求不同之場所，應加以有效區隔及管理 (3) 發現有病媒出沒痕跡，才實施有效之病媒防治措施 (4) 工作台面應保持二百米燭光以上。

65. (23) 製作雙色花樣冰箱小西餅，使用每公斤成本30元之白色麵糰及每公斤成本40元之巧克力麵糰，假設白色麵糰與巧克力麵糰之使用量為2：3，製作每個麵糰重10公克之雙色花樣冰箱小西餅，若製造損耗為10%，下列哪些正確？ (1) 製作1500個小西餅需使用6公斤白色麵糰 (2) 白色麵糰佔總成本33.3% (3) 每個原料成本為0.4元 (4) 製作2000個小西餅需使用12公斤黑色麵糰。

66. (13) 麵包製作時，食鹽在麵糰發酵之功能，下列哪些正確？ (1) 抑制麵糰發酵 (2) 增進麵糰膨脹性 (3) 阻礙麵糰氣體生成 (4) 促進酸化作用。

67. (234) 下列哪些因素是造成餅乾成品在貯存時破裂現象(°Che°Cking)的原因？ (1) 表面噴油 (2) 成品內部水分不平均 (3) 烘焙不當 (4) 烘焙後急速冷卻。

68. (23) 老麵微生物中的野生酵母(除商業酵母外之其他酵母)及乳酸菌，下列哪些正確？ (1) 乳酸菌1500-2800萬個 (2) 乳酸菌6-20億個 (3) 野生酵母有1500-2800萬 (4) 野生酵母6-20億個。

69. (23) 有關丹麥麵包裹入用油脂的性質，下列哪些正確？ (1) 打發性要好 (2) 延展性要好 (3) 安定性要好 (4) 融點高約44℃。

70. (23) 蛋糕烤焙後體積膨脹不足的原因，下列哪些正確？ (1) 麵糊打發過度 (2) 麵糊打發不足 (3) 化學膨大劑添加太少 (4) 化學膨大劑添加太多。

71. (23) 麵包烤焙時其麵糰之化學反應有哪些？ (1) 表皮薄膜化形成 (2) 梅納反應 (3) 生成二氧化碳 (4) 酒精昇華。

72.（134）改變食品貯藏環境(包括包裝內)的氣體成份，抑制食品品質劣變的方法有哪些？(1) 充氮包裝 (2) 充氧包裝 (3) 添加脫氧劑 (4) 真空包裝。

73.（123）完整包裝之烘焙食品應以中文及通用符號顯著標示下列哪些事項？(1) 品名 (2) 食品添加物名稱 (3) 內容物名稱及重量 (4) 生產者姓名。

74.（23）關於杏仁膏Marzipan下列哪些正確？(1) 可塑性細工用(杏仁1：砂糖1) (2) 餡料用(杏仁2：砂糖1) (3) 可塑性細工用(杏仁1：砂糖2) (4) 可塑性細工用(杏仁3：砂糖1)。

75.（24）有關慕斯餡(mousse)的製作，下列哪些正確？(1) 片狀動物膠使用量須比粉狀動物多 (2) 選用殺菌蛋品製作，衛生品質較有保障 (3) 一般以果膠為膠凍材料 (4) 需經冷凍處理。

76.（34）某麵包店每月固定支出店租10萬元，人事費35萬元，水、電、瓦斯5萬元，其他支出10萬元，若原、物料費用佔售價40%，下列哪些正確？(1) 若每月營業額為50萬元，則店淨損20萬元 (2) 若營業額每月達150萬元，則店利益有50萬元 (3) 要達到損益兩平，每月營業額應達100萬元 (4) 若某月促銷，全產品打8折，要達到損益兩平，營業額應達120萬元。

77.（13）若廠區空間不足，下列哪些管制可使用時間做為區隔？(1) 物流動向：低清潔度區→高清潔度區 (2) 水流動向：低清潔度區→高清潔度區 (3) 人員動向：高清潔度區→低清潔度區 (4) 氣流動向：低清潔度區→高清潔度區。

78.（134）下列哪些為奧地利點心？(1) 沙哈蛋糕(Sa℃her Torte) (2) 核桃塔(Engadiner Nuss Torte) (3) 林芝蛋糕(Linzer Torte) (4) 鹿背蛋糕(Belvederre S℃hnitten)。

79.（123）下列哪些敘述正確？(1) 過程量測與監控的目的在於提早發現問題並避免不合格品的大量出現 (2) 過程有時被稱為流程，但在製造業裡被稱為製程 (3) 組織的品質水準必須予以持續的量測與監控 (4) 一般而言製程檢查是比產品的檢查來得容易許多。

80.（34）製作麵包時，對於麵糰配方與攪拌的關係，下列哪些正確？(1) 增加鹽的添加量可縮短麵糰攪拌時間 (2) 柔性材料越多，麵糰攪拌時間越短 (3) 柔性材料越多，捲起時間越長 (4) 韌性材料多，麵筋擴展時間縮短。

106年度(11月)07711烘焙食品—西點蛋糕、麵包乙級技術士技能檢定學科測試試題

本試卷有選擇題 80 題【單選選擇題 60 題，每題 1 分；複選選擇題 20 題，每題 2 分】，測試時間為 100 分鐘，請在答案卡上作答，答錯不倒扣；未作答者，不予計分。

准考證號碼：

姓　　名：

單選題：

1.(２)麵包表皮顏色太深其可能的原因為 (1) 酵母太多 (2) 糖量太多 (3) 烤爐溫度太低 (4) 最後發酵溫度太高。

2.(２)人體生長發育與組織修補的主要營養素為下列何者？(1) 脂肪 (2) 蛋白質 (3) 維生素 (4) 醣類。

3.(３)在人事與組織中，生產製造負責人不得相互兼任的是 (1) 安全管理 (2) 衛生管理 (3) 品質管制 (4) 人事管理 部門。

4.(４)請問下列敘述，哪一項不是立法保護營業秘密的目的？(1) 維護產業倫理 (2) 確保商業競爭秩序 (3) 調和社會公共利益 (4) 保障企業獲利。

5.(１)下列何者「非」屬於以不正當方法取得營業秘密？(1) 還原工程 (2) 引誘他人違反其保密義務 (3) 擅自重製 (4) 賄賂。

6.(１)無水奶油每公斤新台幣 160 元，含水奶油(實際油量 80%)每公斤 140 元，依實際油量核算則含水奶油每公斤比無水奶油每公斤 (1) 貴 15 元 (2) 便宜 15 元 (3) 便宜 20 元 (4) 相同。

7.(２)小麥製粉過程中有一步驟稱為漂白(Blea℃hing)，其主要的目的是 (1) 加水強化麥穀韌性以利分離、軟化或催熟胚乳 (2) 催熟麵粉中和色澤 (3) 分析小麥的蛋白質含量及品質 (4) 利用機械操 作除去小麥中的雜質。

8.(４)某鷹架公司承包芊功營造廠之大樓新建工程之外牆施工架組裝部分，施工時發生鷹架公司所僱勞工墜落死亡職業災害，請問依勞動基準法規定，下列對於職業災害之補償責任敘述何者正確？ (1) 由縣市政府負全責 (2) 應看是誰有過失時才需負責 (3) 應全由營造廠負責 (4) 應由營造廠與鷹架公司連帶負責。

9.(２)製作某麵包其配方及原料單價如下：麵粉100%；單價 12 元／公斤、水 60%、鹽 2%；單價 8 元／公斤、油 2%；單價 40 元／公斤、酵母 2%；單價 14 元／公斤，合計 166%，假定損耗 5%，則分割重量 300 公克／條之原料成本為 (1) 3.88 (2) 2.52 (3) 3.52 (4) 3.02 元／條。

10.(１)海綿或戚風蛋糕的頂部呈現深色之條紋係因 (1) 上火太大 (2) 麵糊攪拌不足 (3) 麵糊水分不足 (4) 烤焙時間太久。

11.(３)下列奶製品中，最容易變質的是 (1) 奶粉 (2) 煉乳 (3) 布丁 (4) 保久乳。

12.(１)在產品包裝上標示的「己二烯酸鉀」是一種 (1) 防腐劑 (2) 乳化劑 (3) 抗氧化劑 (4) 著色劑。

13.(４)下列何種乳製品可不需冷藏 (1) 乳酪 (2) 布丁 (3) 鮮奶 (4) 奶粉。

14.(２)帶殼蛋每公斤38元，但帶殼蛋的破損率為15%，連在蛋殼上的蛋液有5%，蛋殼本身佔全蛋的10%，因此帶殼蛋真正可利用的蛋液，每公斤的價格應為 (1) 62.5 元 (2) 52.3 元 (3) 45.6 元 (4) 50.6 元。

15. (3) 為對問題尋求解決方案常常利用腦力激盪，其原則為 (1) 觀念愈少愈好 (2) 事先安排好發言人 (3) 絕不批評 (4) 互相批評。

16. (3) 天使蛋糕配方中鹽和塔塔粉的總和為 (1) 0.4% (2) 0.5% (3) 1% (4) 1.5%。

17. (2) 製作舒弗蕾(Souffle)產品所使用的模型為 (1) 鋁製 (2) 陶瓷 (3) 鐵製 (4) 銅製。

18. (3) 某生產土司之工廠，其生產線製程效率瓶頸在烤爐之速度，已知烤爐滿爐可烤200 盤，每盤3條土司，烤焙時間40分鐘，則該工廠每小時最多可生產多少條土司？ (1) 1200 條 (2) 1500 條 (3) 900 條 (4) 600 條。

19. (1) 使用人造奶油取代烤酥油製作重奶油蛋糕時應調整 (1) 水份 (2) 麵粉 (3) 發粉 (4) 糖份。

20. (1) 下列海綿蛋糕，在製作時那一種最容易消泡 (1) 巧克力海綿蛋糕 (2) 香草海綿蛋糕 (3) 咖啡海綿蛋糕 (4) 草莓海綿蛋糕。

21. (4) 戚風蛋糕若底部發生凹陷是因為 (1) 麵糊攪拌不足 (2) 麵粉筋性太低 (3) 底火太低 (4) 麵糊攪拌過度。

22. (4) 奶油空心餅在烤焙過程中產生小油泡是因為 (1) 蛋用量太多 (2) 烤爐溫度太高 (3) 烤爐溫度太低 (4) 麵糊調製時油水乳化情形不良。

23. (1) 冷凍戚風派餡的膠凍原料為 (1) 動物膠 (2) 低筋粉 (3) 玉米粉 (4) 洋菜。

24. (2) 貯存時應使物品距離地面至少 (1) 50 (2) 5 (3) 0 (4) 20 公分以上，可利空氣的流通及物品的搬運。

25. (4) 下列何者屬於食品添加物 (1) 酵母 (2) 奶粉 (3) 麵粉 (4) 小蘇打。

26. (1) 生派皮生派餡的派是屬於 (1) 單皮派 (2) 冷凍戚風派 (3) 雙皮派 (4) 油炸派。

27. (2) 包裝食品之內包裝工作室應屬於 (1) 一般作業區 (2) 清潔作業區 (3) 準清潔作業區 (4) 非管制作業區。

28. (2) 造成勞工危害之暴露劑量與下列何者有關？ (1) 濃度乘作業面積 (2) 濃度乘暴露時間 (3) 作業面積乘作業高度 (4) 濃度乘作業高度。

29. (1) 酵母的主成份為 (1) 蛋白質 (2) 油脂 (3) 澱粉 (4) 酵素。

30. (3) 下列那一項不是導致甜麵包表面產生皺紋的可能原因？ (1) 攪拌過度 (2) 最後發酵時間太久 (3) 麵粉筋性太低 (4) 酵母用量太多。

31. (1) 無鹽奶油每一箱重 25 磅市價 1200 元，請問每公斤多少元？(1) 106 (2) 58 (3) 48 (4) 126 元。

32. (4) 鬆餅不夠酥鬆過於硬脆，乃因 (1) 使用太多低筋麵粉 (2) 裹入用油比例太高 (3) 爐溫過高 (4) 折疊操作不當。

33. (3) 餅乾表面若欲噴油時，對使用油脂特性不需考慮的是 (1) 風味融合性 (2) 安定性 (3) 包裝型態 (4) 化口性。

34. (2) 假設麵粉的密度為 400 公斤／立方公尺，今有 10 噸的散裝麵粉，則需要多少空間來儲存？ (1) 28 (2) 25 (3) 20 (4) 22 立方公尺。

35. (2) 何者不屬於計量值管制圖 (1) $\bar{X}$-R管制圖 (2) P管制圖 (3) $\tilde{X}$-R管制圖 (4) $\bar{X}$-α管制圖。

36. (3) 奶油空心餅烤焙時應注意之事項，何者不正確 (1) 烤焙前段不可開爐門 (2) 麵糊進爐前噴水，以助膨大 (3) 爐溫上大下小，至膨脹後改為上小下大 (4) 若底火太大則底部有凹洞。

37. (3) 為防止麵包老化常在製作時加入 (1) 酸鹼中和劑 (2) 膨大劑 (3) 乳化劑 (4) 抗氧化劑。

38. (2) 海綿蛋糕在烘焙過程中收縮與下列何者無關 (1) 蛋糕在爐內受到震動 (2) 油脂用量不夠 (3) 配方內糖的用量太多 (4) 麵粉用量不夠。

39.（1）下列何種不適奶粉包裝 (1) 透明玻璃 (2) 鋁箔積層 (3) 馬口鐵罐 (4) 積層牛皮紙。

40.（1）派皮缺乏酥片之主要原因 (1) 麵皮攪拌溫度過高 (2) 水份太多 (3) 麵粉筋度太高 (4) 使用多量之含水油脂。

41.（1）與公務機關有業務往來構成職務利害關係者，下列敘述何者正確？(1) 將餽贈之財物請公務員父母代轉，該公務員亦已違反規定 (2) 與公務機關承辦人飲宴應酬為增進基本關係的必要方法 (3) 機關公務員藉子女婚宴廣邀業務往來廠商之行為，並無不妥 (4) 高級茶葉低價售予有利害關係之承辦公務員，有價購行為就不算違反法規。

42.（1）下列何者不是砂糖對小西餅製作產生的功能 (1) 調整酸鹼度(pH) (2) 賦予甜味 (3) 調節硬脆度 (4) 著色。

43.（3）海綿蛋糕配方中若蛋的用量增加，則蛋糕的膨脹性 (1) 受鹽用量之影響 (2) 減少 (3) 增加 (4) 不變。

44.（2）餅乾類食品為了長期保存，最好的包裝材料是 (1) 結晶化聚丙烯(℃PP) (2) 鋁箔積層 (3) 聚氯乙烯(PV℃) (4) 聚乙烯(PE)。

45.（2）下列對於外國人之營業秘密，在我國是否受保護的敘述，何者正確？ (1) 外國人所有之營業秘密需先向主管或專責機關登記才可以在我國受到保護 (2) 外國人所屬之國家若與我國簽訂相互保護營業秘密之條約或協定才受到保護 (3) 營業秘密的保護僅止於本國人而不包含外國人 (4) 我國保護營業秘密不區分本國人與外國人。

46.（1）配方總百分比為 185%時，其麵粉係數為 (1) 0.54 (2) 0.65 (3) 0.6 (4) 0.45。

47.（4）下列何者不是造成油脂酸敗的因素 (1) 水解作用 (2) 高溫氧化 (3) 有金屬離子存在時 (4) 低溫冷藏。

48.（3）麵包表皮顏色太深其可能的原因為 (1) 中間發酵時間太長 (2) 使用過多的手粉 (3) 最後發酵濕度太高 (4) 麵粉筋度太高。

49.（2）海綿蛋糕之理想比重為 (1) 0.30 (2) 0.46 (3) 0.55 (4) 0.7。

50.（1）下列那一項不是導致甜麵包底部裂開的可能原因？ (1) 最後發酵箱濕度太高 (2) 麵糰太硬 (3) 改良劑用量過多 (4) 麵糰溫度太高。

51.（4）高溫作業流汗導致人體血液內之電解質不足時，可能導致下列何種症狀？ (1) 熱衰竭 (2) 中暑 (3) 失水 (4) 熱痙攣。

52.（2）葡萄乾今年的價格是去年的 120%，今年每公斤為 48 元，去年每公斤應為 (1) 46 (2) 40 (3) 44 (4) 42 元。

53.（1）一般使用可可粉製作巧克力產品時，欲使顏色較深可添加 (1) 小蘇打 (2) 發粉 (3) 磷酸二鈣 (4) 塔塔粉。

54.（3）食品工廠調理台面光線亮度依規定要求為多少米燭光以上 (1) 100 (2) 150 (3) 200 (4) 50。

55.（4）下列何項不屬於衛生標準操作程序(SSOP)之項目？ (1) 用水 (2) 員工健康狀況之監控與衛生教育 (3) 蟲鼠害防治 (4) 危害管制點分析。

56.（3）殺菌軟袋使用之包材中，下列何者為外層適宜印刷及具強度？ (1) 鋁箔 (2) 聚丙烯(PP) (3) 聚酯(PET) (4) 耐龍(PA)。

57.（4）在烘焙過程中，能使奶油空心餅膨大並保持最大體積的原料 (1) 洗筋粉 (2) 低筋麵粉 (3) 玉米澱粉 (4) 高筋麵粉。

58.（2）水果蛋糕若水果沉澱於蛋糕底部與下列何者無關 (1) 爐溫太低 (2) 油脂用量不足 (3) 水果未經處理 (4) 水果切得太大。

59.（ 2 ）事業單位之勞工發生死亡職業災害時，雇主應經以下何單位之許可，方得移動或破壞現場？(1) 調解委員會 (2) 勞動檢查機構 (3) 保險公司 (4) 法律輔助機構。

60.（ 4 ）派皮過於堅韌，下列原因何者錯誤？(1) 麵糰揉捏過度 (2) 麵粉筋度太高 (3) 使用太多回收麵皮 (4) 水份太少。

複選題：

61.（24） 有關派的製作，下列那些正確？ (1) 製作檸檬布丁派使用雞蛋作為主要膠凍原料 (2) 派皮整型前，需放入冰箱中冷藏的目的為使油脂凝固，易於整型 (3) 製作生派皮生派餡派使用玉米澱粉做為膠凍原料 (4) 派皮配方中油脂用量太少會使派皮過度收縮。

62.（123）下列那些可做為慕斯餡(Mousse)的膠凍材料？ (1) 動物膠(gelatin) (2) 巧克力 (3) 玉米粉 (4) 洋菜(agar-agar)。

63.（124）麵包攪拌功能中，下列那些正確？ (1) 使配方中所有的材料混合均勻分散於麵糰中 (2) 使麵筋擴展 (3) 使麵糰減少吸水 (4) 加速麵粉吸水形成麵筋。

64.（12） 下列那些敘述正確？(1) 管製圖使用前應完成標準化作業 (2) 管製圖使用前應先決定管制項目 (3) 管制項目與使用之管製圖種類無關 (4) 使用規格值製作管製圖。

65.（24） 下列何者營養素具有調節生理機能 (1) 脂質 (2) 礦物質 (3) 醣類 (4) 蛋白質。

66.（134）依食品業者良好衛生規範，食品販賣業者應符合下列那些規定？ (1) 食品或食品添加物應分別妥善保存、整齊堆放，以防止污染及腐敗 (2) 食品之熱藏(高溫貯存)，溫度應保持在50 ℃以上 (3) 倉庫內物品應分類貯放於棧板、貨架上，並且保持良好通風 (4) 販賣、貯存食品或 食品添加物之設施及場所應設置有效防止病媒侵入之設施。

67.（124）蛋糕攪拌的重點是打發拌入空氣，而拌入空氣便會改變麵糊的比重，下列那些正確？(1) 天使類在 0.35~0.38 之間 (2) 海綿類在 0.40~0.45 之間 (3) 麵糊類的比重在 0.35~0.38 之間 (4) 麵糊類的比重在 0.82~0.85 之間。

68.（14） 有關天然奶油和人造奶油的比較，下列那些正確？(1) 裹入用人造奶油有較佳可塑性 (2) 餐桌用人造奶油有較佳的打發性 (3) 烘烤用人造奶油融點較低 (4) 天然奶油有較佳的烤焙風味。

69.（23） 某麵包工廠生產每個麵糰 60 公克售價 20 元的麵包，各工段設備最大能力：麵糰攪拌為 300 公斤／時，分割機 8000 個／時，人工整型 5680 個／時，最後發酵 9500 個／時，烤焙滿爐可烤 1200 個麵包，烤焙時間 15 分鐘，生產線共有員工 18人，平均薪資 320 元／時，若不考量各工段生產損耗，全線連續生產不中斷及等待，下列那些正確？(1) 每個麵包人工成本為 1.5 元 (2) 若工廠改善製程將烤焙時間縮短為 12 分鐘，則人工費率為 5.76% (3) 若某天三人辭職，造成加班，平均薪資增加 40 元／時，每個麵包人工成本可降低 0.075 元 (4) 若要降低人工費率 3%，則可訓練人工整型速度提升 3%，至 5850 個／時。

70.（234）下列那些是建立標準檢驗程式的主要目的？ (1) 在產品不良時採取矯正與預防對策 (2) 提升檢驗效率與避免爭議 (3) 降低檢驗的誤差與變異 (4) 降低檢驗作業的錯誤機率。

71.（13） 製作產品與使用的麵粉，下列那些正確？ (1) 義大利麵—杜蘭麵粉 (2) 起酥皮—低筋麵粉 (3) 白土司—高筋麵粉 (4) 廣式月餅—中筋麵粉。

72.（23） 攝食下列何者脂肪酸對身體健康較有不良影響 (1) 順式脂肪酸 (2) 反式脂肪酸 (3) 月桂酸 (4) 花生四烯酸。

73.（123）下列那些因素會造成麵包在烤焙時體積比預期小？ (1) 將高筋麵粉誤用為低筋麵粉 (2) 麵糰溫度過低，發酵不足 (3) 麵糰攪拌不足，造成麵筋未擴展，保氣力不足 (4) 烤爐溫度較低，無法立即使酵母失活。

74.（123）某食品公司擬生產鳳梨水果罐頭，其內容量應為600g，開罐固形量450g，設鳳梨殺菌後收縮率為15%，調理後測得生鳳梨糖度10° Brix，成品開罐糖度為16° Brix，問應調配之糖液濃度下列何者不正確？ (1) 51% (2) 41% (3) 71% (4) 61%。

75.（123）影響酵母發酵產氣的各種因子有： (1) 溫度 (2) 死的酵母 (3) 滲透壓 (4) 小麥種類。

76.（34） 加熱殺菌方法有殺菌(pasteurization)和滅菌(sterilization)二種，下列那些敘述錯誤？ (1) 滅菌是高溫，使用120℃(一大氣壓)15磅蒸汽的溫度，15~20分鐘會將孢子和所有微 生物殺死 (2) 殺菌是低溫，使用63℃、30分鐘，或瞬間殺菌71℃、8~15秒鐘 (3) 殺菌是高溫， 使用120℃(一大氣壓)15 磅蒸汽的溫度，15~20 分鐘會將孢子和所有微生物殺死 (4) 滅菌 是低溫，使用63℃、30分鐘，或瞬間殺菌 71℃、8~15 秒鐘。

77.（24） 為節省作業程式，以奶油 100%、砂糖 100%、雞蛋 50%拌勻成半成品後，再添加適當麵粉即可轉變成下列那些產品使用？ (1) 墨西哥皮 (2) 菠蘿皮 (3) 起酥皮 (4) 塔皮。

78.（123）食品從業人員應符合下列那些規定？ (1) 應接受衛生主管機關或其認可之相關機構所辦之衛生講習 (2) 有A型肝炎者不得從事與食品接觸之工作 (3) 每年健康檢查乙次 (4) 上班前應從家裡直接穿好工作服裝，以節省時間。

79.（234）不同基本發酵時間對土司麵包製作之影響，下列那些正確？ (1) 基本發酵時間超過標準時，麵糰中剩餘糖量太多，麵包底部有不均勻的黑色斑點 (2) 基本發酵時間超過標準時，麵包表皮顏色成蒼白，體積較小 (3) 基本發酵時間低於標準時，麵糰整型後烤盤流性極佳，四角及邊緣尖銳整齊 (4) 基本發酵時間超過標準時，進爐後缺乏烤焙彈性。

80.（124）依食品業者良好衛生規範，下列那些為食品製造業者製程及品質管制？ (1) 原料有農藥、重金屬或其他毒素等污染之虞時，應確認其安全性後方可使用 (2) 設備、器具及容器應避免遭受污染 (3) 食品添加物可與一般食材放置管理，並以專冊登錄使用 (4) 食品製造流程規劃應符合安全衛生原則。

106年度(7月)07711烘焙食品─西點蛋糕、麵包乙級技術士技能檢定學科測試試題

本試卷有選擇題 80 題【單選選擇題 60 題，每題 1 分；複選選擇題 20 題，每題 2 分】，測試時間為 100 分鐘，請在答案卡上作答，答錯不倒扣；未作答者，不予計分。

准考證號碼：

姓　　名：

單選題：

1.（３）砂糖的溶解度會隨著溫度的升高而 (1) 無關 (2) 減低 (3) 增加 (4) 不變。

2.（３）下列何者不是造成油脂酸敗的因素 (1) 有金屬離子存在時 (2) 水解作用 (3) 低溫冷藏 (4) 高溫氧化。

3.（２）工業安全與衛生的基本目標是 (1) 維護生產線正常運作，確保產能充裕 (2) 維護工作者的安全與健康，避免意外事故發生 (3) 維護企業形象，避免品質不良 (4) 維護公司的利益，避免公司財務損失。

4.（３）食品 GMP 工廠中所使用之清潔劑應清楚標示，且為避免污染產品，應貯存於 (1) 準清潔作業區 (2) 一般作業區 (3) 非食品作業區 (4) 清潔作業區。

5.（２）使用硬水製作麵包時避免 (1) 增加酵母量 (2) 增加食鹽量 (3) 增加水量 (4) 將麵糰溫度上升。

6.（４）成品包裝後放置在 (1) 直接置地面 (2) 墊紙的地上 (3) 墊布的地上 (4) 棧板或台架上 較佳。

7.（２）蛋糕中央部份有裂口其原因為 (1) 筋度太弱 (2) 爐溫太高 (3) 攪拌均勻 (4) 麵粉用量太少。

8.（４）下列何種成分與麵包香味無關？ (1) 油脂 (2) 酒精 (3) 雞蛋 (4) 二氧化碳。

9.（３）高水活性的烘焙食品，為了使產品品嚐時，具有濕潤感及鮮美，應將其儲放在 (1) 高溫、低濕 (2) 低溫、低濕 (3) 低溫、高濕 (4) 高溫、高濕。

10.（４）假設法國麵包之發酵及烘焙損耗合計為 10%，以成本每公斤 18 元之麵糰製作成品重 180公克之法國麵包 150 個，則所需之原料成本為 (1) 486 元 (2) 1500 元 (3) 510 元 (4) 540 元。

11.（４）要做好品質管制最基本的是 (1) 要訓練人員 (2) 要做好包裝 (3) 要做好檢驗 (4) 要建立各項標準。

12.（２）下列何種水龍頭，無法防止已清洗及消毒的雙手再污染 (1) 肘動式 (2) 手動式 (3) 電眼式 (4) 自動式。

13.（３）甲為求其申請案件能通過相關審核作業，即包了一萬元紅包予承辦公務員乙，下列敘述何者正確？ (1) 如果甲申請文件不符合規定，乙亦未依規定審核而通過該申請案件，則甲構成對公務員違背職務行為行賄罪，乙不構成犯罪 (2) 如果甲申請文件均符合規定，乙亦依規定審核，則甲乙皆不構成犯罪 (3) 如果甲申請文件均符合規定，乙亦依規定審核，則甲構成對公務員不違背職務行為行賄罪，乙構成不違背職務受賄罪 (4) 如果甲申請文件不符合規定，乙亦未依規定審核而通過該申請案件，則甲不構成犯罪，乙則構成違背職務受賄罪。

14.（４）維生素 ℃ 除了是營養添加劑，亦可作為 (1) 漂白劑 (2) 殺菌劑 (3) 保色劑 (4) 抗氧化劑。

15.（４）若某烘焙食品公司其銷貨毛利為 40%，但其營業利益只有 5%，請問何種費用偏高所引起的？ (1) 包裝材料費用與管理費用 (2) 原料費用與製造費用 (3) 銷售費用與直接人工成本 (4) 銷售費用與管理費用。

16.（３）危害較易發生於下列何作業？ (1) 電腦裝配作業 (2) 機器腳踏車修護作業 (3) 電力活線作業 (4) 混凝土作業。

17.（２）紅豆所含之成份中，下列何者含量最多？ (1) 礦物質 (2) 澱粉 (3) 蛋白質 (4) 維生素。

18.（３）某家銀行之主任甲，不遵守總行之限制放款辦法，知道某錢莊即將倒閉，便與該錢莊之經理乙，互相勾串貸給該錢莊鉅款。之後錢莊立即倒閉，導致該銀行受大量損失。則甲主任會受刑法中何種罰則？ (1) 無罪 (2) 詐欺罪 (3) 背信罪 (4) 侵占罪。

19.（３）天然奶油今年價格降低2成，若今年每公斤為90元，則去年每公斤為 (1) 106.5 元 (2) 108元

(3) 112.5 元 (4) 110 元。

20.（2）鬆餅麵糰配方中加蛋的目的為 (1) 增加膨脹力 (2) 增加產品顏色與風味 (3) 增加麵糰韌性 (4) 增加產品酥鬆感。

21.（1）已知海綿蛋糕烘焙總百分比為400%，其中全蛋液佔150%，每公斤全蛋液單價為40元，若改用每公斤30元之帶殼蛋取代(假設蛋殼及敲蛋損耗合計為20%)，則生產每個麵糊重 100 公克之蛋糕10000個，原料成本可節省 (1) 937.5 元 (2) 3750 元 (3) 2500 元 (4) 375 元。

22.（3）下列那一種糖的甜度最低？ (1) 蔗糖 (2) 果糖 (3) 乳糖 (4) 葡萄糖。

23.（2）不耐低溫的包材是 (1) 保麗龍 (2) 聚丙烯(PP) (3) 耐龍(PA) (4) 聚乙烯(PE)。

24.（2）下列何者對奶油空心餅產生膨大無關 (1) 水汽脹力 (2) 調整風味 (3) 濕麵筋承受力 (4) 油脂可塑性。

25.（2）一般製作拉糖，其糖液需加熱至 (1) 140～145℃ (2) 150～160℃ (3) 126～135℃ (4) 120～125℃。

26.（1）製作蛋糕時為促進蛋白之潔白性及韌性，打發蛋白時可加入適量 (1) 塔塔粉 (2) 小蘇打粉 (3) 太白粉 (4) 石膏粉。

27.（3）下列何者非為動物膠之特性？ (1) 遇酸會分解而失去一部份膠體 (2) 60℃熱水溶解為佳，時間不可太長 (3) 加熱會增加其凝固力 (4) 冷水中可吸水膨脹不會溶解。

28.（1）製作霜飾時，需使用下列何種原料，才有膠凝作用 (1) 洋菜 (2) 香料 (3) 油脂 (4) 水。

29.（4）地下水源應與污染源保持 (1) 10 (2) 20 (3) 5 (4) 15 公尺以上的距離，以防止污染。

30.（3）一般市售甜麵包不宜使用何種材質之包裝袋？ (1) 聚丙烯(PP) (2) 聚乙烯(PE) (3) 聚氯乙烯(PV℃) (4) 延伸性聚丙烯(OPP)。

31.（4）有關油炸油使用常識下列何者是對？ (1) 油炸油不用時也要保持於 180℃，以免油炸油溫度變化太大而影響油脂品質 (2) 應選擇不飽和脂肪酸多的油脂作為油炸油 (3) 油炸油應每星期 過濾一次 (4) 使用固體油炸油比液體油炸油炸出的成品較乾爽。

32.（3）柏拉圖是用來解決多少不良原因的圖表？ (1) 30～40% (2) 100% (3) 70～80% (4) 10～20%。

33.（3）某工廠專門生產土司麵包，其每小時產能 900 條。若每條土司麵糰為 900 克，烘焙總百分比 200%，該工廠每天生產 16 小時，則需使用麵粉 (1) 12960 公斤 (2) 2592 公斤 (3) 6480 公斤 (4) 810 公斤。

34.（4）蒸烤乳酪蛋糕，在銷售時應儲存在 (1) -18℃ (2) 室溫 (3) -40℃ (4) 4～7℃ 櫃子展售，以維持產品的鮮度與好吃。

35.（4）有關洗手設施下列敘述何者為錯 (1) 在洗手設備鄰近應備有液體清潔劑 (2) 乾手設備應採用烘手器或擦手紙巾 (3) 洗手設施鄰近應有簡明易懂之洗手方法標示 (4) 有水龍頭可洗手即可。

36.（2）製作墨西哥麵包的外皮原料使用比率為麵粉：砂糖：奶油：蛋＝ (1) 1：2：1：1 (2) 1：1：1：1 (3) 1：1：2：1 (4) 2：1：1：1。

37.（2）小黃是公司停車收費員，親朋好友們來停車，他都免費讓朋友停車，請問可以嗎？ (1) 可以，反正有空位，不影響別人 (2) 不可以，應該公事公辦 (3) 可以，反正沒人看到 (4) 可以，因為是好友，免費停一下可增進友誼。

38.（1）含糖比例最高的產品是 (1) 水果蛋糕 (2) 鬆餅 (3) 蘇打餅乾 (4) 法國麵包。

39.（2）配方中何種原料，可使餅乾烘烤後產生金黃色之色澤 (1) 麵粉 (2) 高果糖 (3) 玉米澱粉 (4) 蛋白。

40.（2）葡萄乾麵包若增加葡萄乾的用量則應增加 (1) 糖 (2) 酵母 (3) 油 (4) 蛋 的用量。

41.（2）殺菌軟袋使用之包材中，下列何者為外層適宜印刷及具強度？ (1) 耐龍(PA) (2) 聚酯(PET) (3) 聚丙烯(PP) (4) 鋁箔。

42.（1）製作法式西點時常使用的材料「T.P.T.」是指 (1) 杏仁粉 1：糖粉 1 (2) 玉米粉 1：糖粉 1 (3) 核桃粉 2：糖粉 1 (4) 杏仁粉 2：糖粉 1。

43.（3）熱藏食品之保存溫度為 (1) 30℃ (2) 40℃ (3) 65℃ (4) 50℃ 以上。

44.（4）在使用小蘇打加入麵糰攪拌，不可同時混合的原料為 (1) 玉米粉 (2) 碳酸氫銨 (3) 水 (4) 檸檬酸。

45.（4）戚風蛋糕出爐後底部常有凹入部份其原因為 (1) 蛋白打至濕性發泡 (2) 蛋糕在攪拌時拌入太多空氣 (3) 發粉使用過量 (4) 配方內選用高筋粉。

46.（2）含酒石酸的發粉其作用是屬於 (1) 次快性的 (2) 快性的 (3) 慢性的 (4) 與反應速度無關。

47.（2）某麵粉含水 13%、蛋白質 13.5%、吸水率 66%，經過一段時間儲存後，水分降至 10%，則其蛋白質含量變為 (1) 12.52 (2) 13.97 (3) 10.75 (4) 11.63 %。

48.（1）小麥胚芽中含有 (1) 25% (2) 15% (3) 20% (4) 30% 的蛋白質。

49.（3）下列何者非屬應對在職勞工施行之健康檢查？ (1) 一般健康檢查 (2) 特定對象及特定項目之檢查 (3) 體格檢查 (4) 特殊健康檢查。

50.（3）會引起小西餅組織過於鬆散，下列那一項不是其可能原因？ (1) 油量過多 (2) 攪拌不正確 (3) 油量太少 (4) 化學膨大劑過多。

51.（4）勞工在何種情況下，雇主得不經預告終止勞動契約？ (1) 經常遲到早退者 (2) 確定被法院判刑 6 個月以內並諭知緩刑超過1 年以上者 (3) 非連續曠工但一個月內累計達 3 日以上者 (4) 不服指揮對雇主暴力相向者。

52.（1）裝飾蛋糕用之奶油霜飾，其軟硬度的調整通常不使用 (1) 全蛋 (2) 糖漿 (3) 果汁 (4) 奶水。

53.（2）砂糖的濃度愈高，其沸點也相對的 (1) 減低 (2) 升高 (3) 無關 (4) 不變。

54.（3）派皮過度收縮其原因為 (1) 配方中採用冰水 (2) 使用中筋或低筋麵粉 (3) 整型時揉捏過多 (4) 派皮中油脂用量太多。

55.（2）依勞動檢查法規定，勞動檢查機構於受理勞工申訴後，應儘速就其申訴內容派勞動檢查員實施檢查，並應於幾日內將檢查結果通知申訴人？ (1) 60 (2) 14 (3) 20 (4) 30。

56.（2）下列那一項不是導致甜麵包底部裂開的可能原因？ (1) 麵糰太硬 (2) 最後發酵箱濕度太高 (3) 麵糰溫度太高 (4) 改良劑用量過多。

57.（1）下列那一項不是導致小西餅容易黏烤盤的可能原因？ (1) 糖量太少 (2) 攪拌不正確 (3) 烤盤擦油不足 (4) 烤盤不乾淨。

58.（1）使用金屬檢測機最大的目的是 (1) 找出污染源防止再度發生 (2) 剔除遭異物污染的產品 (3) 應付檢查 (4) 偵測金屬物之強度。

59.（1）乳酸硬脂酸鈉(SSL，Sodium Stearyl-2-La℃tylate)是屬於那一類的食品添加物？ (1) 乳化劑 (2) 品質改良劑 (3) 防腐劑 (4) 殺菌劑。

60.（3）奶油空心餅的麵糊在最後階段可以用下列何種原料來控制濃稠度 (1) 沙拉油 (2) 麵粉 (3) 蛋 (4) 小蘇打。

複選題：

61.（234）依食品業者良好衛生管理基準，設備與器具之清洗衛生應符合下列那些規定？ (1) 已清洗與消毒過之設備和器具，隨處存放即可 (2) 設備與器具之清洗與消毒作業，應防止清潔劑或消毒劑污染食品(3)食品接觸面應保持平滑、無凹陷或裂縫 (4) 設備與器具使用前應確認其清潔，使用後應清洗乾淨。

62.（24） 蛋糕烤焙後體積膨脹不足的原因，下列那些正確？ (1) 化學膨大劑添加太多 (2) 化學膨大劑添加太少 (3) 麵糊打發過度 (4) 麵糊打發不足。

63.（12） 下列何者飲食因素會減少鈣質吸收率 (1) 攝食過量的膳食纖維 (2) 攝食多量的磷 (3) 攝食多量的乳糖 (4) 攝食多量的維生素 D。

64.（123）有關重要危害分析管制點(HA℃℃P)制度的敘述，下列那些正確？ (1) 烹調的中心溫度是重

要的管制點 (2) 強調事前的監控勝於事後的檢驗 (3) 最早應用 HA℃℃P 觀念於食品的品項 為水產品 (4) HA℃℃P 的觀念是起源於日本。

65.（234）下列何者不是油脂冬化(winterization)的目的？ (1) 可以使固體脂析出，再予以去除 (2) 用於大豆沙拉油製造，夏季高溫貯存時油脂較澄清 (3) 使油脂增加濁度 (4) 去除熔點低的高不飽和度的液體脂類。

66.（23） 下列何種產品須經發酵過程製作？(1) 可麗露(°Cannlés de Badeaux) (2) 披薩(Pizza) (3) 沙巴琳(Savarin) (4) 法式道納斯(Fran°Ce Doughnut)。

67.（14）下列那些是品質管理的應用範圍？(1) 品質政策之擬定 (2) 營運計劃 (3) 企業策略 (4) 品質改善之推行。

68.（134）下列那些是麵包外部品質評分項目？(1) 表皮質地 (2) 組織 (3) 體積 (4) 表皮顏色。

69.（23） 下列那些慕斯(Mousse)配方中無動物膠即可完成慕斯產品作業？ (1) 核果慕斯 (2) 巧克力慕斯 (3) 乳酪慕斯 (4) 水果慕斯。

70.（1234）下列那些應符合食品安全衛生管理法之規定 (1) 食品用洗潔劑 (2) 食品器具 (3) 食品添加物 (4) 食品。

71.（13） 加熱殺菌方法有殺菌(pasteurization)和滅菌(sterilization)二種，下列那些敘述錯誤？(1) 滅菌是低溫，使用 63℃、30 分鐘，或瞬間殺菌 71℃、8～15 秒鐘 (2) 殺菌是低溫， 使用 63℃、30 分鐘，或瞬間殺菌 71℃、8～15 秒鐘 (3) 殺菌是高溫，使用 120℃(一大氣 壓)15 磅蒸汽的溫度，15～20 分鐘會將孢子和所有微生物殺死 (4) 滅菌是高溫，使用 120 ℃(一大氣壓)15 磅蒸汽的溫度，15～20 分鐘會將孢子和所有微生物殺死。

72.（12） 下列那些是 Q℃ 工程圖(製程管制方案)之內容？(1) 檢查頻率 (2) 管制項目 (3) 現場作業人數 (4) 標準工時。

73.（234）以天然酵母(nature yeast)培養的老麵，也稱為複合酵母，是將自然界的微生物培養成適合製作麵包的菌種，其中含有那些微生物？(1) 商業酵母 (2) 醋酸菌 (3) 乳酸菌 (4) 野生酵母。

74.（14） 老麵微生物中的野生酵母(除商業酵母外之其他酵母)及乳酸菌，下列那些正確？ (1) 乳酸菌 6-20 億個 (2) 乳酸菌 1500-2800 萬個 (3) 野生酵母 6-20 億個 (4) 野生酵母有 1500-2800 萬。

75.（1234）下列何者產品，須經二種不同加熱方式，才能完成產品作業？ (1) 泡芙(Pâte ā °Choux) (2) 貝果(Bagel) (3) 沙巴琳(Savarin) (4) 可麗露(°Cannlés de Badeaux)。

76.（24） 下列何者營養素具有調節生理機能 (1) 醣類 (2) 礦物質 (3) 脂質 (4) 蛋白質。

77.（134）麵包製作時，食鹽在麵糰攪拌之功能，下列那些正確？ (1) 阻礙水合作用 (2) 促進水合作用 (3) 延長攪拌時間 (4) 增進麵糰機械耐性。

78.（14） 每個菠蘿麵包之原、物料費為 5.5 元，已知佔售價之 25%，若人工費用每個 2.2 元，製造 費用每個 1.6 元，則下列那些正確？(1) 人工費率為 10% (2) 麵包售價為 25 元 (3) 製造費率為 8% (4) 毛利率 57.7%。

79.（34） 下列那些正確？ (1) 以攪拌機攪拌吐司麵糰時，應先以快速攪拌使所有原料混合均勻，再以最慢速攪拌使麵筋結構緩慢形成 (2) 攪拌機的轉速與攪拌所需時間有關，所以為求最快之攪拌時間，攪拌機轉速的選擇愈高愈好 (3) 包裝機之熱封溫度與包裝機之速度有關，若速度變動，熱封溫度亦需作調整，以確保包裝封口之完整性 (4) 齒輪傳動之攪拌機，調整轉速時一定要先把攪拌機停止，再調整排檔，啟動開關。

80.（12） 下列那些因素可造成烘焙產品在烤焙過程中發生膨脹作用？ (1) 麵糰中之水汽 (2) 麵糊攪拌時拌入空氣 (3) 麵糊添加多磷酸鈉 (4) 重奶油蛋糕添加塔塔粉。